普通高等教育“十一五”国家级规划教材

高等学校测绘工程系列教材

变形监测数据处理

（第二版）

黄声享 尹 晖 蒋 征 编著

U0250059

WUHAN UNIVERSITY PRESS
武汉大学出版社

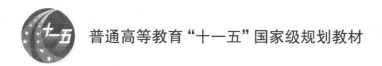

图书在版编目(CIP)数据

变形监测数据处理/黄声享,尹晖,蒋征编著.—2版.—武汉:武汉大学出版社,2010.10(2024.1重印)
普通高等教育"十一五"国家级规划教材
高等学校测绘工程系列教材
ISBN 978-7-307-08227-4

Ⅰ.变…　Ⅱ.①黄…　②尹…　③蒋…　Ⅲ.变形观测—数据处理—高等学校—教材　Ⅳ.P227

中国版本图书馆CIP数据核字(2010)第192611号

责任编辑:王金龙　　责任校对:黄添生　　版式设计:支　笛

出版发行:**武汉大学出版社**　(430072　武昌　珞珈山)
(电子邮箱:cbs22@whu.edu.cn　网址:www.wdp.com.cn)
印刷:武汉中科兴业印务有限公司
开本:787×1092　1/16　印张:11.5　字数:286千字
版次:2003年1月第1版　2010年10月第2版
2024年1月第2版第9次印刷
ISBN 978-7-307-08227-4/P·176　定价:29.00元

版权所有,不得翻印;凡购买我社的图书,如有质量问题,请与当地图书销售部门联系调换。

第二版前言

《变形监测数据处理》教材自 2002 年出版以来，经兄弟院校和武汉大学测绘工程本科专业多年的教学实践，证明该教材的课程体系较好，教学内容是符合教学规律的，因此，第二版保留了原教材的结构体系。为适应当代科学技术的发展和人才培养教学改革的要求，有必要对原教材作一定的修改，修改的主要内容有：

1. 第 3 章增加了地面三维激光扫描技术的内容；
2. 第 6 章补充了适当的算例，以加强对变形分析建模方法的理解；
3. 对第 5 章 5.1 节和 5.2 节的内容，重新进行了编写；
4.对教材 5.3.3 节的算例进行了重新调整；
5. 对教材在教学过程中所反映的个别问题进行了全面修改。

本教材修订工作由黄声享组织，集体讨论，分工负责。编写工作的分工为：黄声享（第 1 章、第 2 章、第 4 章，第 5 章的 5.4 节及第 6 章的 6.4～6.6 节）；尹晖（第 3 章、第 6 章的 6.1～6.3 节）；蒋征（第 5 章的 5.1～5.3 节、第 7 章）。全书由黄声享负责统稿工作。

本教材是普通高等教育“十一五”国家级规划教材建设项目，在课程教学和生产实践中，一些师生和技术管理人员为教材内容提出了宝贵修改意见，谨此致谢。

限于我们的水平，书中不当之处恳请读者批评指正。

作　者

2010 年 8 月于武汉

前　言

变形监测工作正向边缘、交叉学科方向发展，所涉及的变形监测技术、数据处理与分析建模的理论和方法很多，目前也是工程测量、大地测量和工程地质等学科研究的重点。国民经济建设的发展，对从事工程变形与地质灾害监测工作的人才需求和要求非常迫切，为使本专业学生能够胜任这一工作，我校工程测量教研室于1984年开始开设该课程，采用吴子安教授编著的《工程建筑物变形观测数据处理》教材，沿用至今。十几年来，变形监测技术及数据处理方法得到了飞速发展，为了反映国内外最新研究成果，使教材更紧密结合教学与生产实际，测绘学院工程与工业测量教研室曾多次召开本书新编工作讨论会，并于2000年确定了负责撰写人员。

本书的基本思想是：紧密结合专业特点，注重教材内容的系统性、科学性、实用性和先进性，其直接读者对象是测绘工程、工程地质等专业的本科生，同时，也可供从事变形监测和工程测量工作的科研、生产、教学人员参考。本书对变形监测技术和变形分析的内涵及其研究进展作了较为全面的回顾和展望，在变形监测技术方面纳入了精度高、自动化程度强的空间定位技术（GPS）和测量机器人（Georobot）等最新技术，在数据处理与分析建模方面着重纳入了随机过程、小波变换、时序分析、灰色系统、Kalman滤波、人工神经网络、频谱分析等新理论和新方法，并对大坝变形的确定性模型、混合模型和反分析理论作了介绍。

本书共分7章，其中第1、2、4章，第5章的5.4节及第6章的6.4~6.6节由黄声享撰写；第3章及第6章的6.1~6.3节由尹晖撰写；第5章的5.1~5.3节及第7章由蒋征撰写；梅文胜为第3章提供了部分素材。全书由黄声享负责统稿。

本书是根据武汉大学测绘学院测绘工程专业最新的教学大纲和教学计划而撰写的，得到了测绘学院教学指导委员会的重视，是武汉大学“十五”规划教材。本书的出版得到了武汉大学出版社的大力支持，在此深表谢意。

限于我们的水平，书中不当之处恳请读者批评指正。

作　者

2002年11月于武汉

目　录

第1章　引　　论

1.1　变形监测的内容、目的与意义

1.1.1　变形监测的基本概念

变形是自然界普遍存在的现象，它是指变形体在各种荷载作用下，其形状、大小及位置在时间域和空间域中的变化。变形体的变形在一定范围内被认为是允许的，如果超出允许值，则可能引发灾害。自然界的变形危害现象很普遍，如地震、滑坡、岩崩、地表沉陷、火山爆发、溃坝、桥梁与建筑物的倒塌等。

所谓变形监测，就是利用测量与专用仪器和方法对变形体的变形现象进行监视观测的工作。其任务是确定在各种荷载和外力作用下，变形体的形状、大小及位置变化的空间状态和时间特征。变形监测工作是人们通过变形现象获得科学认识、检验理论和假设的必要手段。

变形体的范畴可以大到整个地球，小到一个工程建(构)筑物的块体，它包括自然和人工的构筑物。根据变形体的研究范围，可将变形监测研究对象划分为这样3类：

(1)全球性变形研究，如监测全球板块运动、地极移动、地球自转速率变化、地潮等；

(2)区域性变形研究，如地壳形变监测、城市地面沉降等；

(3)工程和局部性变形研究，如监测工程建筑物的三维变形、滑坡体的滑动、地下开采引起的地表移动和下沉等。

在精密工程测量中，最具有代表性的变形体有大坝、桥梁、矿区、高层(耸)建筑物、防护堤、边坡、隧道、地铁、地表沉降等。

1.1.2　变形监测的内容

变形监测的内容，应根据变形体的性质与地基情况来定。要求有明确的针对性，既要有重点，又要作全面考虑，以便能正确地反映出变形体的变化情况，达到监视变形体的安全、了解其变形规律的目的。例如：

(1)工业与民用建筑物：主要包括基础的沉陷观测与建筑物本身的变形观测。就其基础而言，主要观测内容是建筑物的均匀沉陷与不均匀沉陷。对于建筑物本身来说，则主要是观测倾斜与裂缝。对于高层和高耸建筑物，还应对其动态变形(主要为振动的幅值、频率和扭转)进行观测。对于工业企业、科学试验设施与军事设施中的各种工艺设备、导轨等，其主要观测内容是水平位移和垂直位移。

(2)水工建筑物：对于土坝，其观测项目主要为水平位移、垂直位移、渗透以及裂缝观测；对于混凝土坝，以混凝土重力坝为例，由于水压力、外界温度变化、坝体自重等因素的作用，其主要观测项目为垂直位移(从而可以求得基础与坝体的转动)、水平位移(从而可以求得坝体

的扭曲)以及伸缩缝的观测,这些内容通常称为外部变形观测。此外,为了了解混凝土坝结构内部的情况,还应对混凝土应力、钢筋应力、温度等进行观测,这些内容通常称为内部观测。虽然内部观测一般不由测量人员进行,但在进行变形监测数据处理时,特别是对变形原因作物理解释时,则必须将内、外部观测的资料结合起来进行分析。

(3)地面沉降:对于建立在江河下游冲积层上的城市,由于工业用水需要大量地开采地下水,而影响地下土层的结构,将使地面发生沉降现象。对于地下采矿地区,由于大量的采掘,也会使地表发生沉降现象。在这种沉降现象严重的城市地区,暴雨以后将发生大面积的积水,影响仓库的使用与居民的生活。有时甚至造成地下管线的破坏,危及建筑物的安全。因此,必须定期进行观测,掌握其沉降与回升的规律,以便采取防护措施。对于这些地区主要应进行地表沉降观测。

1.1.3 变形监测的目的和意义

人类社会的进步和国民经济的发展,加快了工程建设的进程,并且对现代工程建筑物的规模、造型、难度提出了更高的要求。与此同时,变形监测工作的意义更加重要。众所周知,工程建筑物在施工和运营期间,由于受多种主观和客观因素的影响,会产生变形,变形如果超出了规定的限度,就会影响建筑物的正常使用,严重时还会危及建筑物的安全,给社会和人民生活带来巨大的损失。尽管工程建筑物在设计时采用了一定的安全系数,使其能安全承受所考虑的多种外荷载影响,但是由于设计中不可能对工程的工作条件及承载能力做出完全准确的估计,施工质量也不可能完美无缺,工程在运行过程中还可能发生某些不利的变化因素,因此,国内外仍有一些工程出现事故。以大坝为例,法国67m高的马尔巴塞(Malpasset)拱坝1959年垮坝;意大利262m高的瓦依昂(Vajont)拱坝1963年因库岸大滑坡导致涌浪翻坝且水库淤满失效;美国93m高的提堂(Teton)土坝1976年溃决;我国板桥和石漫滩两座土坝1975年洪水漫坝失事等。再如近几年发生的桥梁垮塌事例,2007年6月15日广东九江大桥的船撞桥事故,造成200m桥面被撞垮塌;美国当地时间2007年8月1日,明尼阿波利斯市位于密西西比河上的一座高速桥梁发生桥面突然坍塌,造成至少7人死亡,37人受伤。可见,保证工程建筑物安全是一个十分重要且很现实的问题。为此,变形监测的首要目的是要掌握变形体的实际性状,为判断其安全提供必要的信息。

目前,灾害的监测与防治已越来越受到全社会的普遍关注,各级政府及主管部门对此问题十分重视,诸多国际学术组织,如国际大地测量协会(IAG)、国际测量师联合会(FIG)、国际岩石力学协会(ISRM)、国际大坝委员会(ICOLD)、国际矿山测量协会(ISM)等,经常定期地召开专业会议进行学术交流和研究对策。经过广大测量科技工作者和工程技术人员近40年的共同努力,在变形监测领域取得了丰硕的理论研究成果,并发挥了实用效益。以我国为例:

(1)利用地球物理大地测量反演理论,于1993年准确地预测了1996年发生的丽江大地震。

(2)1985年6月12日长江三峡新滩大滑坡的成功预报,确保灾害损失减少到了最低限度。它不仅使滑坡区内457户1 371人在滑坡前夕全部安全撤离,无一人伤亡,而且使正在险区长江上、下游航行的11艘客货轮及时避险,免遭灾难。为国家减少直接经济损失8 700万元,被誉为我国滑坡预报研究史上的奇迹。

(3)隔河岩大坝外观变形GPS自动化监测系统在1998年长江流域抗洪错峰中所发挥的巨大作用,确保了安全度汛,避免了荆江大堤灾难性的分洪。

科学、准确、及时地分析和预报工程及工程建筑物的变形状况,对工程建筑物的施工和运营管理极为重要,这一工作属于变形监测的范畴。由于变形监测涉及到测量、工程地质、水文、结构力学、地球物理、计算机科学等诸多学科的知识,因此,它是一项跨学科的研究,并正向边缘学科的方向发展,也已成为测量工作者与其他学科专家合作研究的领域。

变形监测所研究的理论和方法主要涉及这样 3 个方面的内容:变形信息的获取、变形信息的分析与解释以及变形预报。其研究成果对预防自然灾害及了解变形机理是极为重要的。对于工程建筑物,变形监测除了作为判断其安全的耳目之外,还是检验设计和施工的重要手段。

总而言之,变形监测工作的意义重点表现在两方面:首先是实用上的意义,主要是掌握各种建筑物和地质构造的稳定性,为安全性诊断提供必要的信息,以便及时发现问题并采取措施;其次是科学上的意义,包括更好地理解变形的机理,验证有关工程设计的理论和地壳运动的假说,进行反馈设计以及建立有效的变形预报模型。

1.2 变形监测技术及其发展

变形信息获取方法的选择取决于变形体的特征、变形监测的目的、变形大小和变形速度等因素。

在全球性变形监测方面,空间大地测量是最基本且最适用的技术,它主要包括全球定位系统(GPS)、甚长基线射电干涉测量(VLBI)、卫星激光测距(SLR)、激光测月技术(LLR)以及卫星重力探测技术(卫星测高、卫星跟踪卫星和卫星重力梯度测量)等技术手段。

在区域性变形监测方面,GPS 已成为主要的技术手段。近 20 年发展起来的空间对地观测遥感新技术——合成孔径雷达干涉测量(Interferometric Synthetic Aperture Radar, InSAR),在监测地震变形、火山地表移动、冰川漂移、地面沉降、山体滑坡等方面,其试验成果的精度已可达 cm 级或 mm 级,表现出了很强的技术优势,但精密水准测量依然是高精度高程信息获取的主要方法。

在工程和局部性变形监测方面,地面常规测量技术、地面摄影测量技术、特殊和专用的测量手段、以及以 GPS 为主的空间定位技术等均得到了较好的应用。地面三维激光扫描技术和地面微波干涉测量技术的试验应用已取得大量的实用性成果。

合理设计变形监测方案是变形监测的首要工作。对于周期性变形监测网设计而言,其主要内容包括:确定监测网的质量标准;选择观测方法;点位的最佳布设和观测方案的最优选择。在过去的 40 年里,变形监测方案设计和监测网优化设计的研究较为深入和全面,取得了丰富的理论研究成果和较好的实用效益,这一点可从众多文献中得到体现。目前,在变形监测方案与监测系统设计方面,其主要发展是监测方案的综合设计和监测系统的数据管理与综合处理。例如,在大坝的变形监测中,要综合考虑外部和内部观测设计,大地测量与特殊测量的观测量(Geodetic and Geotechnical Observations)要进行综合处理与分析。

纵观国内外数 10 年变形监测技术的发展历程,传统的地表变形监测方法主要采用的是大地测量法和近景摄影测量法。

(1)常规地面测量方法的完善与发展,其显著进步是全站型仪器的广泛使用,尤其是全自动跟踪全站仪(Robotic Total Stations, RTS),有时也称测量机器人(Georobot),为局部工程变形的自动监测或室内监测提供了一种很好的技术手段,它可进行一定范围内无人值守、全天候、全方位的自动监测。实际工程试验表明,测量机器人监测精度可达到亚 mm 级。比如,在美国加州南部的一个新水库(Diamond Valley Lake)就安装了由8个永久性RTS(仪器型号为Leica TCA1800)和218个棱镜组成的地面自动监测系统。但是,TPS(Terrestrial Positional System,地面定位系统)最大的缺陷是受测程限制,测站点一般都处在变形区域的范围之内。

(2)地面摄影测量技术在变形监测中的应用虽然起步较早,但是由于摄影距离不能过远,加上绝对精度较低,使得其应用受到局限,过去仅大量应用于高塔、烟囱、古建筑、船闸、边坡体等的变形监测。近几年发展起来的数字摄影测量和实时摄影测量为地面摄影测量技术在变形监测中的深入应用开拓了非常广泛的前景。

(3)光、机、电技术的发展,研制了一些特殊和专用的监测仪器可用于变形的自动监测,它包括应变测量、准直测量和倾斜测量。例如,遥测垂线坐标仪,采用自动读数设备,其分辨率可达0.01mm;采用光纤传感器测量系统将信号测量与信号传输合二为一,具有很强的抗雷击、抗电磁场干扰和抗恶劣环境的能力,便于组成遥测系统,实现在线分布式监测。

(4)以GPS为代表的现代空间定位技术,已逐渐在越来越多的领域取代了常规光学和电子测量仪器。自20世纪80年代以来,尤其是进入90年代后,GPS卫星定位和导航技术与现代通信技术相结合,在空间定位技术方面引起了革命性的变化。用GPS同时测定三维坐标的方法将测绘定位技术从陆地和近海扩展到整个海洋和外层空间,从静态扩展到动态,从单点定位扩展到局部与广域差分,从事后处理扩展到实时(准实时)定位与导航,绝对和相对精度扩展到m级、cm级乃至亚mm级,从而大大拓宽了它的应用范围和在各行各业中的作用。地学工作者已将GPS应用于地表变形监测的多个试验中,取得了丰富的理论研究成果,并逐步走向了实用阶段。数据通信技术、计算机技术和以GPS为代表的空间定位技术的日益发展和完善,使得GPS法由原来的周期性观测走向高精度、实时、连续、自动监测成为可能。

GPS用于变形监测的作业方式可划分为周期性和连续性(Episodic and Continuous Mode)两种模式。

周期性变形监测与传统的变形监测网没有多大区别,因为有的变形体的变形极为缓慢,在局部时间域内可以认为是稳定的,其监测频率有的是几个月,有的甚至长达几年,此时,采用GPS静态相对定位法进行测量,数据处理与分析一般都是事后的。经过10多年的努力,GPS静态相对定位数据处理技术已基本成熟。在周期性监测方面,利用GPS技术的最大屏障还是变形基准的选择与确定,它已成为近几年研究的热点。

连续性变形监测指的是采用固定监测仪器进行长时间的数据采集,获得变形数据序列。虽然连续性监测模式也是对测点进行重复性的观测,但其观测数据是连续的,具有较高的时间分辨率。根据变形体的不同特征,GPS连续性监测可采用静态相对定位和动态相对定位两种数据处理方法进行观测,一般要求变形响应的实时性,它为数据解算和分析提出了更高要求。比如,大坝在超水位蓄洪时就必须时刻监视其变形状况,要求监测系统具有实时的数据传输和数据处理与分析能力。当然,有的监测对象虽然要求较高的时间采样率,但是数据解算和分析可以是事后的。比如,桥梁的静动载试验和高层建筑物的振动测量,其监测的目的在于获取变形信息,数据处理与分析可以事后进行。

在动态监测方面,过去一般采用加速度计、激光干涉仪等测量设备测定建筑结构的振动特性,但是,随着建筑物高度的增高,以及连续性、实时性和自动化监测程度要求的提高,常规测量技术已越来越受到局限。GPS作为一种新方法,由于其硬件和软件的发展与完善,特别是高采样率(目前已达20Hz)GPS接收机的出现,在大型结构物动态特性和变形监测方面已表现出其独特的优越性。近10年来,一些大型工程建筑物已开展了卓有成效的GPS动态监测实验与测试工作。例如,应用 GPS 技术成功地对加拿大卡尔加里(Calgary)塔在强风作用下的结构动态变形进行了测定;国内外一些大型桥梁(尤其是大跨度悬索桥和斜拉桥,如广东虎门大桥)已尝试安装 GPS 实时动态监测系统;深圳帝王大厦的风力振动特性采用了 GPS 进行测量。目前,GPS 动态监测数据处理主要采用的是整周模糊度动态解算法(Ambiguity Resolution On-The-Fly,OTF 法)。同时,GPS 变形监测单历元求解算法及其相应软件开发的研究也在发展之中。已有研究表明,对于长期监测的 GPS 系统,采用 Kalman 滤波三差法代替 RTK(Real-Time Kinematic)技术中的双差相位求解,可以实现 mm 级精度。令人鼓舞的是,正如 Loves(1995)所言,随着 GPS 动态变形监测能力的进一步证实,这一技术可望被采纳为测量结构振动的标准技术。

展望变形监测技术的未来方向有以下几个方面:

①多种传感器、数字近景摄影、全自动跟踪全站仪、地面三维激光扫描系统和 GPS 的应用,将向实时、连续、高效率、自动化、动态监测系统的方向发展,比如,某大坝变形监测系统是由测量机器人、GPS 和特殊测量仪器所构成的最优观测方案;

②变形监测的时空采样率会得到大大提高,变形监测自动化为变形分析提供了极为丰富的数据信息;

③高度可靠、实用、先进的监测仪器和自动化系统,要求在恶劣环境下长期稳定可靠地运行;

④实现远程在线实时监控,在大坝、桥梁、地铁、边坡体等工程中将发挥巨大作用,网络监控是推进重大工程安全监控管理的必由之路。

1.3 变形分析的内涵及其研究进展

人们对自然界现象的观察,总是对有变化、无规律的部分感兴趣,而对无变化、规律性很强的部分反映则比较平淡。如何从平静中找出变化,从变化中找出规律,由规律预测未来,这是人们认识事物、认识世界的常规辩证思维过程。变化越多、反应越快,系统就越复杂,这就导致了非线性系统的产生。人的思维实际是非线性的,而不是线性的,不是对表面现象的简单反应,而是透过现象看本质,从杂乱无章中找出其内在规律,然后遵循规律办事。这就是变形分析的真正内涵。

变形分析的研究内容涉及变形数据处理与分析、变形物理解释和变形预报的各个方面,通常可将其分为变形的几何分析和变形的物理解释两部分。变形的几何分析是对变形体的形状和大小的变形作几何描述,其任务在于描述变形体变形的空间状态和时间特性。变形物理解释的任务是确定变形体的变形和变形原因之间的关系,解释变形的原因。

1.3.1 变形的时空特征分析及其建模方法

传统的变形几何分析主要包括参考点的稳定性分析、观测值的平差处理和质量评定以及变形模型参数估计等内容。

监测点的变形信息是相对于参考点或一定基准的,如果所选基准本身不稳定或不统一,则由此获得的变形值就不能反映真正意义上的变形,因此,变形的基准问题是变形监测数据处理首先必须考虑的问题。过去对参考点的稳定性分析研究主要局限于周期性的监测网,其方法有很多,例如,A. Chrzanowski(1981)论述了这样的 5 种方法:以方差分析进行整体检验为基础的 Hannover 法(H. Pelzer,1971),即通常所采用的“平均间隙法”;以 *B* 检验法为基础的 Delft 法,即单点位移分量法;以方差分析和点的位移向量为基础的 Karlsruhe 法;考虑大地基准的 Munich 法;以位移的不变函数分析为基础的 Fredericton 法。后来又发展了稳健-*S* 变换法,也称逐次定权迭代法。

观测值的平差处理和质量评定非常重要,观测值的质量好坏直接关系到变形值的精度和可靠性。在这方面,主要涉及观测值质量、平差基准、粗差处理、变形的可区分性等几项内容。在固定基准的经典平差基础上,发展了重心基准的自由网平差和拟稳基准的拟稳平差(周江文,1980;陶本藻,1984)。在 W. Baarda(1968)提出数据探测法后,粗差探测与变形的可区分性研究成果已极为丰富,这已体现在李德仁(1988)、黄幼才(1991)、陶本藻(1992)等的著作中。

对于变形模型参数估计,陈永奇(1988)概括了两种基本的分析方法,即直接法和位移法。直接法是直接用原始的重复观测值之差计算应变分量或它们的变化率;位移法是用各测点坐标的平差值之差(位移值)计算应变分量。同时,他还提出了变形分析通用法,研制了相应的软件 DEFNAN。

1978 年 FIG 工程测量专业委员会设立了由国际测绘界 5 所权威大学组成的特别委员会“变形观测分析专门委员会”,极大地推动了变形分析方法的研究,并取得了显著成果。正如 A. Chrzanowski(1996)所评价的,变形几何分析的主要问题已经得到解决。

实质上,自 20 世纪 70 年代末至 90 年代初,对几何变形分析研究得较为完善的是用常规地面测量技术进行周期性监测的静态模型,但它考虑的仅仅是变形体在不同观测时刻的空间状态,并没有很好地建立各个状态间的联系,更谈不上变形监测自动化系统的变形分析研究。事实上,变形体在不同状态之间是具有时间关联性的。为此,后来许多学者转向了对时序观测数据的动态模型研究,如变形的时间序列分析方法建模;基于数字信号处理的数字滤波技术分离时效分量;变形的卡尔曼滤波模型;用 FIR(Finite Impulse Response)滤波器抑制 GPS 多路径效应等。

动态变形分析既可以在时间域进行,也可以在频率域进行。频谱分析方法是将时域内的数据序列通过傅立叶(Fourier)级数转换到频域内进行分析,它有利于确定时间序列的准确周期并判别隐蔽性和复杂性的周期数据。有些学者应用频谱分析法研究了时序观测资料的干扰因素,以便获得真正的变形信息,并取得了一定效果。频谱分析法用于确定动态变形特征(频率和幅值)是一种常用的方法,尤其在建筑物结构振动监测方面被广为采用。但是,频谱分析法的苛刻条件是数据序列的等时间间隔要求,这为一些工程变形监测分析的实用性增加了难度,因为对于非等间隔时间序列进行插补和平滑处理必然会带入人为因素的影响。

多年来,对变形数据分析方法研究是极为活跃的,除了传统的多元回归分析法以及上述的时间序列分析法、频谱分析法和滤波技术之外,灰色系统理论、神经网络等非线性时间序列预测方法也得到了一定程度的应用。比如,应用灰关联分析方法研究多个因变量和多个自变量的变形问题;应用灰色理论建模预测深基坑事故隐患;应用人工神经网络建模进行短期的变形预测。

在变形分析中,为了弥补单一方法的缺陷,研究多种方法的结合得到了一定程度的发展。例如,将模糊数学原理与灰色理论相结合,应用灰关联聚类分析法进行多测点建模预测;将模糊数学与人工神经网络相结合,应用模糊人工神经网络方法建模进行边坡和大坝的变形预报;在回归分析法中,为处理数据序列的粗差问题,提出了应用抗差估计理论对多元回归分析模型进行改进的抗差多元回归模型；还有研究认为，人工神经网络与专家系统相结合，是解决大坝安全监控专家系统开发中“瓶颈”问题的一个好方法。

由于变形体变形的错综复杂，可以将其视为一个复杂性系统。这个复杂系统含有许多非线性、不确定性等复杂因素以及它们之间相互作用所形成的复杂的动力学特性。创立于20世纪70年代的非线性科学理论在变形研究中也得到了反映。例如，根据突变理论，用尖点突变模型研究大坝及岩基的稳定性；将大坝运行性态看成一种非线性动力系统，来研究大坝观测数据序列中的混沌现象。

在变形分析中，出于实用、简便上的考虑，我们一般应用较多的是单测点模型，同时，为顾及监测点的整体空间分布特性，多测点变形监控模型也得到了发展。

但是，从现行的变形分析方法中，我们不难发现，大多是离线的（事后的），不能进行即时预报与监控，无法在紧急关头为突发性灾害提供即时决策咨询，这与目前的自动化监测系统的要求很不相符，为此，研究在线实时分析与监控的方法成为技术的关键。已有研究表明，采用递推算法的贝叶斯动态模型进行大坝监测的动态分析是可行的。在隔河岩大坝GPS自动化监测系统中，我们采用递推式卡尔曼滤波模型进行全自动在线实时数据处理起到了较好效果。

在GPS监测系统中，数据处理的主要工作是观测资料的解算，如GPS差分求解、GPS监测网平差等，以提供高精度、高可靠性的相对位置信息。而数据分析的重点则包括变形基准的确定，正确区分变形与误差，提取变形特征，并解释其变形成因。

诞生于20世纪80年代末的小波分析理论，是一种最新的时频局部化分析方法，被认为是自傅立叶分析方法后的突破性进展。应用小波方法，进行时频分析，可望有效地求解变形的非线性系统问题，通过小波变换提取变形特征。早在第21届IUGG大会上“小波理论及其应用”被IAG确定为大地测量新理论的研究方向之一。在1999年召开的第22届IUGG大会上，“小波理论及其在大地测量和地球动力学中的应用”再次被IAG确定为GIV分会（大地测量理论与方法）的新的研究小组。可见，开展小波理论及其应用研究的重要性。从目前的应用研究来看，虽然小波分析要求大子样容量的时间序列数据，但是，长序列数据可从GPS、TPS等集成的自动化监测系统中得到保障。小波分析为高精度变形特征提取提供了一种数学工具，可实现其他方法无法解决的难题，对非平稳信号消噪有着其他方法不可比拟的优点。小波理论在变形监测（尤其是动态变形监测）的数据分析方面将会发挥巨大的作用。

1.3.2 变形物理解释的进展

变形物理解释的方法可分为统计分析法、确定函数法和混合模型法3类。

统计分析法中以回归分析模型为主，通过分析所观测的变形（效应量）和外因（原因量）之间的相关性，来建立荷载-变形之间关系的数学模型，它具有“后验”的性质，是目前应用比较广泛的变形成因分析法。由于影响变形因子的多样性和不确定性，以及观测资料本身的有限，因此，很大程度上制约着回归分析建模的准确性。回归分析模型中包括多元回归分析模型、逐步回归分析模型、主成分回归分析模型和岭回归分析模型等。统计模型的发展包括时间序列分析模型、灰关联分析模型、模糊聚类分析模型以及动态响应分析模型等。

确定函数法中以有限元法为主，它是在一定的假设条件下，利用变形体的力学性质和物理性质，通过应力与应变关系建立荷载与变形的函数模型，然后利用确定的函数模型预报在荷载作用下变形体可能的变形。确定性模型具有“先验”的性质，比统计模型有更明确的物理概念，但往往计算工作量较大，并对用作计算的基本资料有一定的要求。

统计模型和确定性模型的进一步发展是混合模型和反分析方法的研究,这已在大坝安全监测中得到了较好的应用。混合模型是对那些与效应量关系比较明确的原因量(比如水质分量)用有限元法(Finite Element Method,FEM)计算的数值,而对于另一些与效应量关系不很明确或采用相应的物理理论计算成果难以确定它们之间函数关系的原因量(比如温度,时效),则仍用统计模式,然后与实际值进行拟合而建立的模型。例如,林兵(1998)采用混合模型分析坝体性态得到了较好效果。反分析是仿效系统识别理论,将正分析成果作为依据,通过一定的理论分析,借以反求建筑物及其周围的材料参数,以及寻找某些规律和信息,及时反馈到设计、施工和运行中去。反分析按其实际内涵包含反演分析和反馈分析,两者之间既有联系又有区别。

由于变形的物理解释涉及多学科的知识,已远不是测量人员所能够独立完成的,所以需要相关学科专家的共同合作。

1.3.3 变形分析研究的发展趋势

回顾变形分析方面所取得的大量实践及研究成果,展望变形分析研究的未来,其发展趋势将主要体现在如下几个方面:

(1)数据处理与分析将向自动化、智能化、系统化、网络化方向发展,更注重时空模型和时频分析(尤其是动态分析)的研究,数字信号处理技术将会得到更好应用。

(2)会加强对各种方法和模型的实用性研究,变形监测系统软件的开发不会局限于某一固定模式,随着变形监测技术的发展,变形分析新方法的研究将会不断涌现。

(3)由于变形体变形的不确定性和错综复杂性,对它的进一步研究呼唤着新的思维方式和方法。由系统论、控制论、信息论、耗散结构论、相同学、突变论、分形与混沌动力学等所构成的系统科学和非线性科学在变形分析中的应用研究将得到加强。

(4)几何变形分析和物理解释的综合研究将深入发展,以知识库、方法库、数据库和多媒体库为主体的安全监测专家系统的建立是未来发展的方向,变形的非线性系统问题将是一个长期研究的课题。

思考题 1

1. 变形监测的任务是什么?以某一工程为例,试述变形监测的内容,并简述变形监测工作的意义。
2. 变形监测的方法有哪些?简述 GPS 在变形监测中的应用特点,其应用前景如何?
3. 试述变形分析的内涵。你所了解的变形分析方法有哪些?

第 2 章　数理统计的有关理论

2.1　随机变量及其概率分布

2.1.1　随机变量的基本概念

自然界和人类社会中存在着许多现象，其中有一类现象，只要满足一定的条件，就必然会发生。例如，在标准大气压下，纯水加热到 100℃必然沸腾；根据天文学知识，可以预测日蚀的发生地点、时间；向空中抛掷一枚硬币，硬币必然会下落；等等。这类现象的共同特点是事前人们完全可以预言会发生什么结果。我们称这类现象为确定性现象或必然现象。但是另有一类现象，在同样的条件下进行同样的观察或实验，有可能发生多种结果，事前人们并不能预言将出现哪种结果。这种在同样条件下进行同样的观察或实验，却可能发生种种不同结果的现象，称为随机现象或偶然现象。

表面上看来，随机现象的发生，完全是随机的、偶然的，没有什么规律可循。但是，如果我们在相同的条件下进行多次重复的实验或大量的观察，就会发现随机现象结果的出现，也具有一定的规律性。在自然界和人类社会中，这种现象是普遍存在的，看起来是毫无规律的随机现象，却有着某种规律性的东西隐藏在它的后面。我们称这种规律性为随机现象的统计规律性。

对于随机现象，仅仅考虑它的所有可能结果是没有什么意义的。我们所关心的是各种可能结果在一次实验中出现的可能性究竟有多大，从而就可以在数量上研究随机现象。

例如，进行了 n 次某随机实验，其中事件 A 出现了 x 次，则称比值$\frac{x}{n}$为随机现象 A 在 n 次实验中发生的频率，其中 x 称为频数。如果假设实验具有统计规律性，那么随着实验次数 n 的无限增大，事件 A 出现的频率$\frac{x}{n}$会稳定在某一常数值附近。这个常数值是随机现象 A 出现的可能性大小的度量，称为事件 A 的概率，记作 $P(A)$。

在有些问题中，如果结果只可能为有限的 n 个，每一结果出现的可能性相等，并且这些结果是互斥的，即每次实验只能出现一个结果，其中能使事件 A 发生的结果有 m 个，则在这种情况下事件 A 的概率 $P(A)$ 可用下式定义：

$$P(A) = \frac{m}{n} \tag{2-1}$$

通常称它为概率的古典定义。

与概率古典定义相应，根据频率而下的定义称为概率的统计定义。

测量中的偶然误差有其随机性（偶然性），是随机变化的数值。一般来讲，一种随机实验的结果，当用数字表达出来时，则称为随机变量。也可通俗地讲，随机变量就是随着实验结果的不同而随机地选取各种不同值的变量。一般它以不同的概率取不同的数值。

随机变量这个词代表一系列的概念：与这变量有关的随机实验，实验所得结果（可用数字描述）及其概率。

2.1.2 随机变量的概率分布

若用 $P(X=a)$ 来表达 X 取值 a 这一事件的概率，并且用 $P(a<X\leqslant b)$ 来表达 X 在区间 $(a,b]$ 内取值这一事件的概率。将 a 和 b 画在数轴上 $(a<b)$，如果对于任何的 a 和 b，皆可知 $P(a<X\leqslant b)$，则显然可以对 X 取任何值的概率有一个完全的概念，这时则说我们知道变量 X 的概率分布，简称分布。

假若对某已知数 x，随机变量 $X\leqslant x$ 的概率可写为 $P(X\leqslant x)$。显然这个概率是 x 的函数，将此函数写为 $F(x)$，则

$$F(x)=P(X\leqslant x) \tag{2-2}$$

我们称 $F(x)$ 为随机变量 X 的累积分布函数，简称累布函数，也叫分布函数。

图 2-1(a) 为一离散型随机变量可能取值的概率示意图，它直观地表示出各点 x_i 上概率的大小。与图 2-1(a) 数据对应的累布函数图（图 2-1(b)）是阶梯形的，在两相邻孤立点之间的区间内（不包括孤立点）它是水平线，表示 $F(x)$ 为常数。在各孤立点上它是不连续的，有一个台阶，其高为该点上的 P_i。

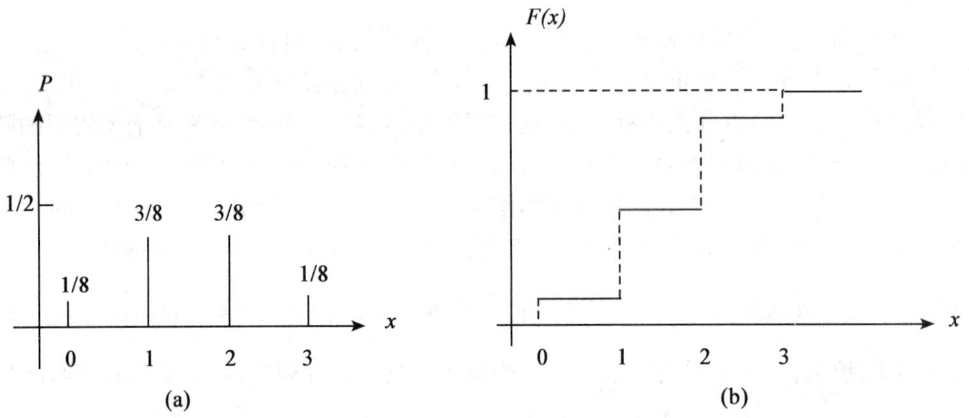

图 2-1

随机变量可能的取值并不都是可列的，很多情况是不可列的。例如，测量误差大小这一随机变量的取值就不可列，它在可能的取值范围内充满区间，或者说在此区间内有无穷多个连续点。

对离散型随机变量，可认为单位质量的分布按概率 P_i 的大小分成若干份，布置在各相应的孤立点上（参见图 2-1(a)）。类似地，对连续型随机变量，可认为单位质量的分布不是集中在各孤立点上，而是连续地分布在数轴上。如用 $f(x)$ 来表示质量分布在 x 轴上的密度，则 $f(x)$ 为 x 的连续函数，并且对于任何 x，$f(x)\geqslant 0$，在无穷小区间 $(x,x+\mathrm{d}x)$ 内的质量为 $f(x)\,\mathrm{d}x$，此即随机变量在此区间取值的概率。与物理上的说法相仿，我们称 $f(x)$ 为密度函数，简称密度。

密度函数也称为频率函数。$f(x)\mathrm{d}x$ 称为分布的概率元素。按累布函数的定义可得：

$$F(x)=P(X\leqslant x)=\int_{-\infty}^{x}f(x)\,\mathrm{d}x \tag{2-3}$$

由此知，x 在任意区间$(a,b]$取值的概率为

$$P(a<x\leqslant b)=F(b)-F(a)=\int_{a}^{b}f(x)\,\mathrm{d}x \tag{2-4}$$

利用分布函数可以完全确定随机变量，但在实际应用中，有时要确定分布函数是很困难的，而且在许多问题中也只需要知道随机变量的某些特征值就够了。描述一个概率分布的主要特征值有多种，它们与矩有关。通常称

$$\alpha_k=E(x^k)=\int_{-\infty}^{\infty}x^kf(x)\,\mathrm{d}x \tag{2-5}$$

为 k 阶原点矩。显然

$$\alpha_0=1$$
$$\alpha_1=E(x)=\xi$$

即一阶原点矩等于随机变量的均值。

相对于均值 ξ 的矩

$$\mu_k=E\{(x-\xi)^k\}=\int_{-\infty}^{\infty}(x-\xi)^kf(x)\,\mathrm{d}x \tag{2-6}$$

称为 k 阶中心矩。显然

$$\mu_1=E(x-\xi)=E(x)-\xi=0$$

$$\mu_2=E\{(x-\xi)^2\}=\int_{-\infty}^{\infty}(x-\xi)^2f(x)\,\mathrm{d}x \tag{2-7}$$

μ_2 表示了分布的分散度。如质量集中在其均值的周围，则分散度小，这相当于精度高的观测；反之则分散度大，即观测的精度低。通常称 μ_2 为分布或随机变量的方差，记为 $D^2(X)$（或 $D(X)$）。一般取 μ_2 的正平方根作为分散特征，记为 σ，并称它为标准差、均方差或中误差。

测量中偶然误差的分布有如下特点：

(1)就误差的绝对值而言，小误差比大误差出现的机会多，故误差的概率与误差的大小有关。

(2)大小相等，符号相反的正负误差的数目几乎相等，故误差的密度曲线是对称于误差为 0 的纵轴。

(3)极大的正误差与负误差的概率非常小，故绝对值很大的误差一般不会出现。

2.1.3 数理统计中几个常用的抽样分布

1. 正态分布

如果随机变量 x 具有密度函数

$$f(x)=\frac{1}{\sqrt{2\pi}\sigma}e^{-\frac{(x-\xi)^2}{2\sigma^2}}\qquad(-\infty<x<+\infty) \tag{2-8}$$

式中，ξ 为随机变量 x 的数学期望；σ^2 为其方差，相应的分布函数为：

$$F(x)=\frac{1}{\sqrt{2\pi}\sigma}\int_{-\infty}^{x}e^{-\frac{(x-\xi)^2}{2\sigma^2}}\mathrm{d}x \tag{2-9}$$

则称随机变量 x 服从于正态分布，并记为 $x \sim N(\xi, \sigma^2)$。

特别地，当 $\xi=0, \sigma^2=1$ 时的正态分布称为标准正态分布，记为 $x \sim N(0,1)$，相应的密度函数 $\varphi(x)$ 和分布函数 $\Phi(x)$ 为

$$\varphi(x) = \frac{1}{\sqrt{2\pi}} e^{-\frac{x^2}{2}} \qquad (-\infty < x < +\infty) \tag{2-10}$$

$$\Phi(x) = \frac{1}{\sqrt{2\pi}} \int_{-\infty}^{x} e^{-\frac{x^2}{2}} dx \tag{2-11}$$

图 2-2 给出了标准正态分布的 $\varphi(x)$ 和 $\Phi(x)$ 的图像。

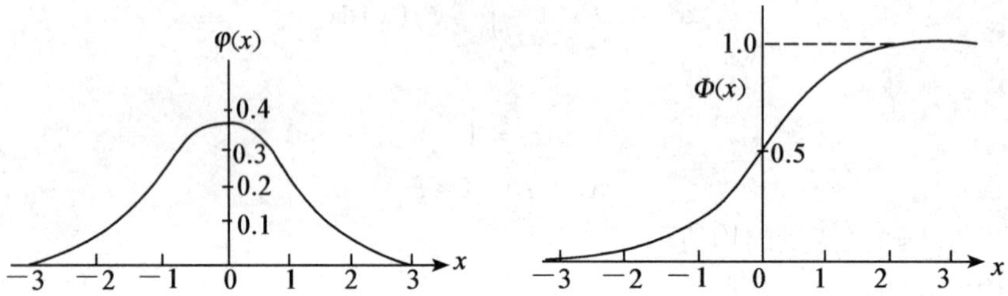

图 2-2

若 $x \sim N(\xi, \sigma^2)$，则新的随机变量

$$\omega = \frac{x-\xi}{\sigma} \sim N(0,1) \tag{2-12}$$

因为 ω 服从标准正态分布，故称 ω 为 x 的标准化变量。

2. χ^2 分布

设 $X \sim N(0,1)$，$X_1, X_2, \cdots, X_n$ 为 X 的一个样本，则称它们的平方和

$$Y = X_1^2 + X_2^2 + \cdots + X_n^2 \tag{2-13}$$

所服从的分布为自由度是 n 的 χ^2 分布，记为 $Y \sim \chi^2(n)$。图 2-3 为 χ^2 分布的密度函数图像。

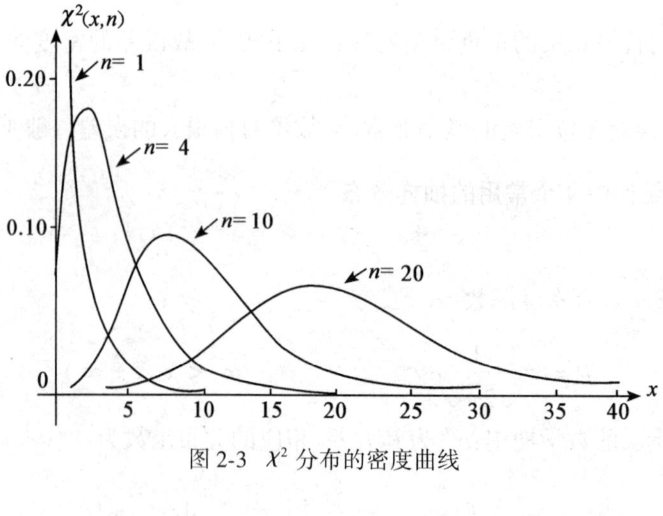

图 2-3 χ^2 分布的密度曲线

3. *t* 分布

设 $X \sim N(0,1)$，$Y \sim \chi^2(n)$，并且 X 与 Y 相互独立，则称随机变量

$$t = \frac{X}{\sqrt{Y/n}} \tag{2-14}$$

服从自由度为 n 的 t(Student)分布，记为 $t \sim t(n)$。图 2-4 为 t 分布的密度函数图像，当 n 大时，$t(n)$ 与 $N(0,1)$ 很接近。

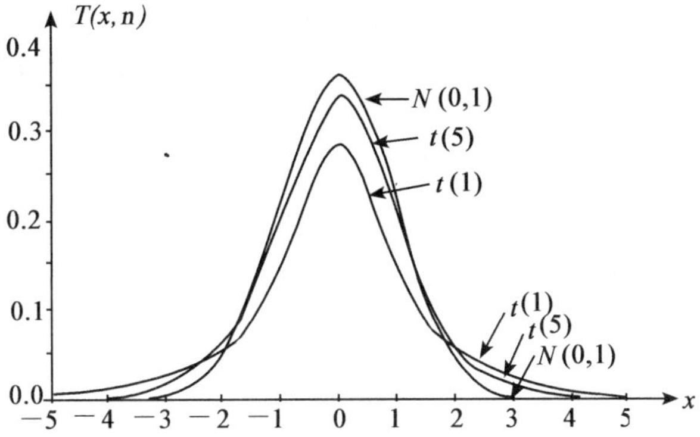

图 2-4　t 分布的密度曲线

4. *F* 分布

设 $U \sim \chi^2(n_1)$、$V \sim \chi^2(n_2)$，并且 U、V 相互独立，则称随机变量

$$F = \frac{U/n_1}{V/n_2} \tag{2-15}$$

服从自由度为(n_1, n_2)的 F 分布，记为 $F \sim F(n_1, n_2)$。F 分布的密度函数图像见图 2-5。

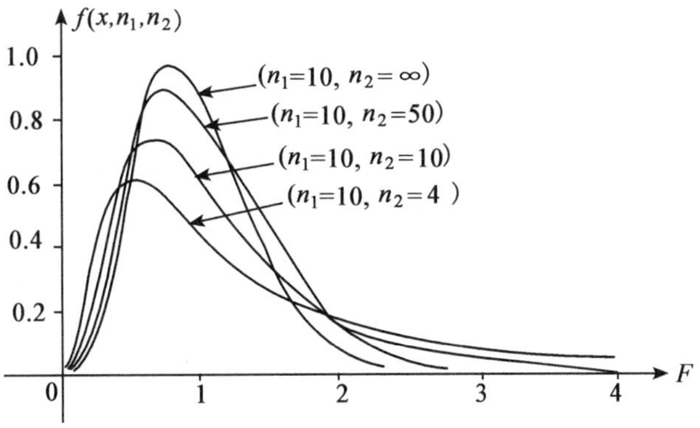

图 2-5　F 分布的密度函数曲线

2.2 假设检验原理与方法

2.2.1 假设检验的基本思想

1. 假设检验的概念

数理统计的主要任务,是要从样本出发,对总体的分布作出推断。推断的方法主要有估计和假设检验两种。我们所熟悉的监测网平差,就属于参数估计的范畴。假设检验则是根据样本来查明总体是否服从某个特定的概率分布。这种方法是先对总体概率分布作出陈述,然后再根据从母体中抽取样本来判断是否与先前所作的陈述一致。

先前对总体概率分布的陈述称为假设,而根据样本来判断对总体所作的假设是否正确,称为检验。通过检验来决定是接受假设还是拒绝假设,称为假设检验。

若通过检验,拒绝了原先对总体所作的假设,就相当于接受了另外的某一种假设。因此,在假设检验中,原先对总体所作的假设,称为原假设(或零假设),用 H_0 表示。原假设如果不成立,就要接受另一个假设,这另一个假设称为备选假设,用 H_1 表示。

2. 假设检验的步骤

假设检验的一般步骤是:

(1)提出原假设 H_0。

(2)选择一个合适的检验统计量 U,并从样本(子样观测值)求出统计量 U 的值 u。

(3)对于给定的显著水平 α(一般取 0.05 或 0.01),查 U 的分布表,求出临界值 u_0(也称分位值),用它划分接受域 W_0 和拒绝域 W_1,使得当 H_0 为真时,有 $P\{U\in W_1\}=\alpha$。

(4)比较 u(统计量 U 的值)和 u_0,若 u 落在拒绝域 W_1 中,就拒绝 H_0;若 u 落在接受域 W_0 中,就接受 H_0。

3. 双尾和单尾检验

按拒绝域分布在两边或分布在一边,假设检验分双尾检验与单尾检验,具体见图 2-6。

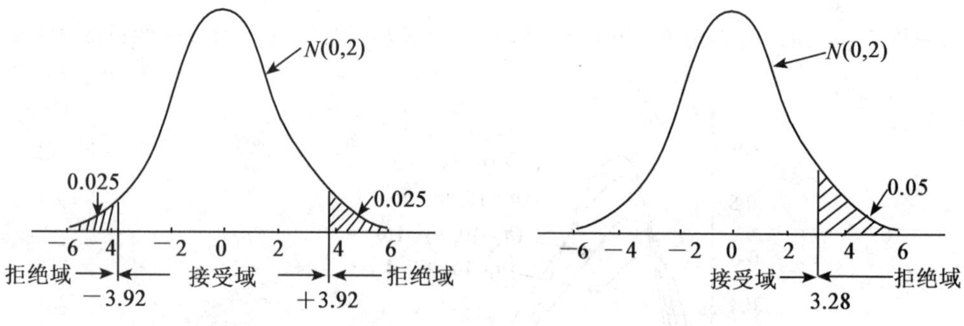

(a) 双尾检验　　(b) 单尾检验

图 2-6

4. 弃真和纳伪的概率

统计检验不同于数学上的证明,假设是否被接受会受到抽样随机性的影响。我们有可能由于抽样随机性影响,拒绝接受正确的原假设,也有可能接受不正确的原假设。前者称为第一类错误,也称为弃真 H_0 错误;后者称为第二类错误,也称为纳伪 H_0 错误。具体情形可以用表2-1进行描述。

表 2-1　　　　　　　　假设检验的几种情形

	H_0 为真	H_0 为假
接受 H_0	正确	错误(第二类)
拒绝 H_0	错误(第一类)	正确

第一类错误的概率一般用显著水平 α 来表示,可见,显著水平就是犯第一类错误的概率大小,即弃真的概率。一般地,$\alpha=0.05$ 为显著,$\alpha=0.01$ 为高度显著,百分数 $100(1-\alpha)\%$称为置信区间。若某统计量 X 出现在区间(A,B)内的概率为 $1-\alpha$,即

$$P(A < X < B) = 1 - \alpha \tag{2-16}$$

则称区间(A,B)为 $100(1-\alpha)\%$的置信区间。

第二类错误的概率以 β 表示,它是当备选假设 $H_\alpha: N(2,2)$ 为真时(以图 2-7 为例),接受域范围内曲线 $N(2,2)$ 下的面积(图 2-7 中阴影部分的面积)。概率 $1-\beta$(弃伪 H_0 的概率)称为检验的功效,通常用 v 表示,它是当备选假设为真时,拒绝域范围内曲线下的面积。

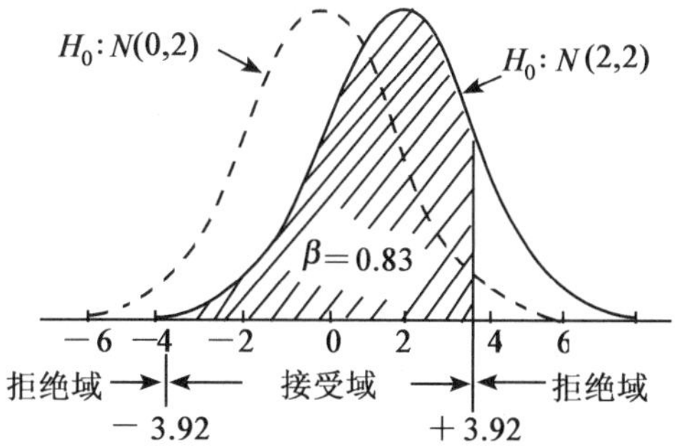

图 2-7

当采用双尾检验时,显著水平 α 与检验功效 v 可用如下概率式表示

$$P\{|u| > u_0 | H_0\} = \alpha \tag{2-17}$$

$$P\{|u| \geqslant u_0 | H_\alpha\} = v \tag{2-18}$$

式中,u_0 为相当于 $\alpha/2$ 时的分位置值。

2.2.2　检验方法

1. *u 检验法*

使用服从标准正态分布的统计量所进行的假设检验,称为 u 检验法。u 检验一般用于未知的母体均值。其检验步骤为:

(1)设有某正态母体,其中误差 σ 已知,欲检验未知的均值 ξ。

(2)选用子样均值 $\bar{x}$ 作为统计量,则 $\bar{x}$ 服从均值为 ξ,方差为 σ^2/n 的正态分布,即 $\bar{x}\sim N(\xi,\sigma^2/n)$。

(3)建立原假设 $H_0:\xi=\xi_0$,并根据问题的性质作出备选假设。备选假设有以下3种情况:

①$H_1:\xi\neq\xi_0$,在这种情况下用双尾检验;

②$H_1:\xi>\xi_0$,在这种情况下用右尾检验;

③$H_1:\xi<\xi_0$,在这种情况下用左尾检验。

(4)将检验统计量 $\bar{x}$ 标准化,即

$$u=\frac{\bar{x}-\xi_0}{\sigma/\sqrt{n}} \tag{2-19}$$

求出统计量 u 的值。

(5)选定显著水平 α,查 U 标准正态分布表取临界值,从而确定接受域,并据此接受域来判断是接受 H_0,还是拒绝 H_0。例如。若选 $\alpha=0.05$,则:

①双尾检验时,临界值为 $u_{\frac{\alpha}{2}}=1.96$,故接受域为 $-1.96<u<1.96$,即当 $|u|<1.96$ 时,接受 H_0,否则拒绝 H_0 而接受 H_1;

②右尾检验时,临界值为 $u_\alpha=1.645$,故接受域为 $u<1.645$,即当 $u<1.645$ 时,接受 H_0,否则拒绝 H_0 而接受 H_1;

③左尾检验时,临界值为 $u_\alpha=-1.645$,故接受域为 $u>-1.645$,即当 $u>1.645$ 时,接受 H_0,否则拒绝 H_0 而接受 H_1。

例 2.1 为了了解大坝坝顶折光对激光视准线观测的影响,一单位用波带板激光准直系统在某坝坝顶对一测点进行了偏离值测定。测定时进行了10次读数,求得10次读数的平均值 $l=34.71$mm。另由大量试验测得该点之偏离值应为 $\xi=32.56$mm,由多组观测中求得一次读数中误差为±0.76mm。试检验所测得的观测值是否受折光影响。

解

(1)作原假设 H_0:设大坝坝顶折光对激光视准线法测定偏离值没有影响。

(2)构造统计量:在 H_0 成立下,则所测偏离值将仅受到观测的偶然误差影响,故偏离值 l 应服从正态分布,$\xi=32.56$mm,$\sigma=\dfrac{0.76}{\sqrt{10}}=0.24$mm。对变量 l 标准化得 $x=\dfrac{l-\xi}{\sigma}=8.96$,此时随机变量 X(变换后的统计量)服从标准正态分布。

(3)求分位值 u_0,确定显著水平 α:根据实际经验,坝顶视准线观测中折光影响是一个重要的误差来源,故选择 $\alpha=0.01$。对于我们的问题,备选假设为 $l\neq\xi$,故用双尾检验,由标准正态分布表可查得临界值 $u_{0(\frac{\alpha}{2})}=2.576$。

(4)假设检验:因为 $x=8.96>u_{0(\frac{\alpha}{2})}=2.576$,故在0.01的显著水平下,拒绝原假设,也即认为坝顶折光影响是显著的。

另外,在测量数据处理中,如果单位权方差 σ_0^2 已知,则可以应用 u 检验来进行粗差定位。因为当观测值服从正态分布时,改正数 v_i 亦服从正态分布,即 $v_i\sim N(0,\sigma_0^2Q_{v_iv_i})$。将 v_i 标准化,得

$$\omega_i=\frac{v_i}{\sigma_0\sqrt{Q_{v_iv_i}}} \tag{2-20}$$

此标准化残差 $\omega_i\sim N(0,1)$。

假设改正数 v_i 的期望为零,即 $H_0:E(v_i)=0$,$H_1:E(v_i)\neq 0$。为了不轻易怀疑观测结果,一般选 $\alpha=0.001$,作双尾检验,由标准正态分布表可得 $u_{0(\frac{\alpha}{2})}=3.291$,所以接受域为 $-3.291<$

$\omega_i<3.291$。

当$|\omega_i|>3.291$时，拒绝原假设H_0，接受备选假设H_1，即$E(v_i)\neq 0$，表明第i个观测值中可能含有粗差。

2. t 检验法

上述的u检验必须知道母体方差σ^2，但是在实际工作中σ^2往往未知。在σ^2未知的情况下，可用t检验法来检验母体均值。所谓t检验，就是用服从t分布的统计量检验正态总体均值的方法。其检验步骤为：

(1)设有某正态母体，其均值ξ和方差σ^2均未知，现从该母体中抽得一个随机样本，要求据此样本检验母体均值ξ。

(2)由子样均值$\bar{x}$和子样方差$\hat{\sigma}^2$构造服从t分布的统计量，即

$$t=\frac{\overline{X}-\xi}{\hat{\sigma}/\sqrt{n}}\sim t(n-1) \tag{2-21}$$

(3)作原假设$H_0:\xi=\xi_0$，根据问题的性质，同样可作出3种不同的备选假设(与u检验法相同)。

(4)用原假设中的ξ_0代替(2-21)式中的ξ，来计算统计量t的值。

(5)选定显著水平α，并由α和自由度n从t分布表中查取临界值，从而确定接受域，决定是接受还是拒绝H_0。

①双尾检验时的接受域为：$-t_{\frac{\alpha}{2}}(n-1)<t<t_{\frac{\alpha}{2}}(n-1)$；

②右尾检验时的接受域为：$t<t_{\alpha}(n-1)$；

③左尾检验时的接受域为：$t>-t_{\alpha}(n-1)$。

例 2.2 独立同精度观测某角10个测回，算得样本均值$\bar{x}=90°00'03''$，单位权中误差的估值为$\hat{\sigma}_0=\pm 7.575''$，试检验母体均值为$90°00'00''$这一假设(备选假设为母体均值不等于$90°00'00''$，显著水平$\alpha=0.05$)。

解 由题意知

$H_0:\xi=90°00'00''$，$H_1:\xi\neq 90°00'00''$

$$t=\frac{\overline{X}-\xi}{\hat{\sigma}_0/\sqrt{n}}=\frac{90°00'03''-90°00'00''}{7.575\sqrt{10}}=1.252\ 4$$

查t分布表得

$$t_{\frac{\alpha}{2}}(n-1)=t_{0.025}(9)=2.262\ 2$$

因为$t=1.252\ 4<t_{0.025}(9)=2.262\ 2$，所以在显著水平$\alpha=0.05$的条件下，接受原假设，即该角的真值为$90°00'00''$。

由于t分布的统计量是用子样方差$\hat{\sigma}^2$而不是用母体方差σ^2计算的，所以t分布可用于小子样问题的检验中。在测量上，t分布多用于附加系统参数的显著性检验，也可用来进行粗差定位。

3. χ^2 检验

利用服从χ^2分布的统计量检验正态母体方差σ^2的各种假设，称为χ^2检验。其检验步骤为：

(1)设某正态母体，其均值ξ和方差σ^2均未知，要求根据从该母体中抽得一个随机样本来检验母体方差σ^2。

(2)根据子样方差 $\hat{\sigma}^2$ 构造服从χ^2 分布的统计量。通过平差,可得到单位权方差的估值为 $\hat{\sigma}^2=\dfrac{\boldsymbol{V}^{\mathrm{T}}\boldsymbol{P}\boldsymbol{V}}{r}$,则

$$Z=\frac{r\hat{\sigma}^2}{\sigma^2}=\frac{\boldsymbol{V}^{\mathrm{T}}\boldsymbol{P}\boldsymbol{V}}{\sigma^2}\sim\chi^2(r) \tag{2-22}$$

式中,r 为多余观测数。

(3)作原假设 $H_0:\sigma^2=\sigma_0^2$,同样根据问题的性质可作出 3 种不同的备选假设。

(4)以 σ_0^2 代替式(2-22)中的 σ^2,计算统计量式(2-22)中 Z 的值。

(5)选定显著水平 α,并由 α 和自由度 r 从χ^2 分布表中查取临界值,从而确定接受域。

①双尾检验时,接受域为:$-\chi^2_{1-\frac{\alpha}{2}}(r)<Z<\chi^2_{\frac{\alpha}{2}}(r)$;

②右尾检验时,接受域为:$Z<\chi^2_{\alpha}(r)$;

③左尾检验时,接受域为:$Z>\chi^2_{1-\alpha}(r)$。

由于χ^2 检验必须预先知道母体方差 σ_0^2,所以它与 u 检验法相似,所以适用于大子样问题的检验。在测量上可通过此检验来判断观测值中是否存在粗差。

例 2.3 设某全站仪的测角精度为 $\sigma_0=\pm3.0''$,现某单位用此仪器对某一控制网进行了观测,平差后求得的测角中误差的估值为 $\hat{\sigma}=\pm3.9''$,已知该网的多余观测数 $r=25$,试检验在显著水平 $\alpha=0.05$ 下,该网观测值中是否有粗差存在。

解 原假设 $H_0:\sigma^2=\sigma_0^2$,备选假设 $H_1:\sigma^2\neq\sigma_0^2$

由式(2-22)可得

$$Z=\frac{r\hat{\sigma}^2}{\sigma_0^2}=\frac{25\times3.9^2}{3^2}=42.25$$

以 $\alpha=0.05$ 和 $r=25$ 查χ^2 分布表,得

$$\chi^2_{1-\frac{\alpha}{2}}(r)=\chi^2_{0.975}(25)=13.120$$

$$\chi^2_{\frac{\alpha}{2}}(r)=\chi^2_{0.025}(25)=40.646$$

由于 $Z=42.25>\chi^2_{0.025}(25)=40.646$,所以拒绝原假设 H_0。H_0 遭到拒绝,这说明有 95%的置信水平怀疑该网观测值中存在粗差。

4. F 检验

利用服从 F 分布的统计量来检验两正态母体的方差之比,称为 F 检验。其检验步骤为:

(1)两正态母体的均值 ξ_1,ξ_2 和方差 σ_1^2,σ_2^2 均未知,现分别从两正态母体中抽得两个随机样本,检验此两正态母体的方差 σ_1^2 与 σ_2^2 是否相等。

(2)根据两子样方差 $\hat{\sigma}_1^2$ 和 $\hat{\sigma}_2^2$ 构造服从 F 分布的统计量,即

$$F=\frac{\sigma_2^2\hat{\sigma}_1^2}{\sigma_1^2\hat{\sigma}_2^2}\sim F(r_1,r_2) \tag{2-23}$$

(3)作原假设 $H_0:\sigma_1^2=\sigma_2^2$,根据问题的性质同样可作出 3 种不同的备选假设。

(4)将原假设代入式(2-23),得

$$F=\frac{\hat{\sigma}_1^2}{\hat{\sigma}_2^2} \tag{2-24}$$

(5)选定显著水平 α,并根据 α 和分子自由度 r_1 与分母自由度 r_2,从 F 分布表中查取临界

值，从而确定接受域：

①双尾检验时，接受域为：$-F_{1-\frac{\alpha}{2}}(r_1,r_2)<F<F_{\frac{\alpha}{2}}(r_1,r_2)$；

②右尾检验时，接受域为：$F<F_{\alpha}(r_1,r_2)$。

因为我们总可以将 $\hat{\sigma}_1^2$ 和 $\hat{\sigma}_2^2$ 中的较大者作为分子，故在实际检验时可以不考虑左尾检验。

例 2.4 用某 2″级全站仪对某角观测 10 个测回，得其一测回的测角中误差 $\hat{\sigma}_A=\pm 1.5''$，而用另一 2″级全站仪对某角观测了 12 个测回，得其一测回的测角中误差为 $\hat{\sigma}_B=\pm 2.4''$，试问在显著水平 $\alpha=0.05$ 下，两台仪器的测角精度有无显著差异？

解 原假设 H_0：$\sigma_A^2=\sigma_B^2$，备选假设 H_1：$\sigma_A^2\neq\sigma_B^2$

由式(2-24)得

$$F=\frac{\hat{\sigma}_A^2}{\hat{\sigma}_B^2}=\frac{2.4^2}{1.5^2}=2.56$$

由分子自由度 $r_1=12$、分母自由度 $r_2=10$，在 $\alpha=0.05$ 时查 F 分布表，得

$$F_{\frac{\alpha}{2}}(12,10)=3.62$$

因为 $F=2.56<F_{\frac{\alpha}{2}}(12,10)=3.62$，所以接受原假设。即认为两台仪器的测角精度无显著差异。

作为总结，我们在表 2-2 中，用表格形式列出了在各种情形下，正态总体参数的检验方法。

表 2-2　　　　正态总体参数的假设检验

	检验 H_0	条件	检验时所用的统计量	分布
单个总体	$\xi=\xi_0$	已知 $\sigma=\sigma_0$	$u=\dfrac{\bar{x}-\xi_0}{\sigma/\sqrt{n}}$	$N(0,1)$
		σ 未知	$t=\dfrac{\bar{x}-\xi_0}{\bar{s}/\sqrt{n}}$	$t(n-1)$
	$\sigma^2=\sigma_0^2$	已知 $\xi=\xi_0$	$\chi^2=\dfrac{ns^2+n(\bar{x}-\xi_0)^2}{\sigma_0^2}$	$\chi^2(n)$
		ξ 未知	$\chi^2=\dfrac{ns^2}{\sigma_0^2}$	$\chi^2(n-1)$
两个总体	$\xi_1=\xi_2$	σ_1、σ_2 已知	$u=\dfrac{\bar{x}-\bar{y}}{\sqrt{\dfrac{\sigma_1^2}{m}+\dfrac{\sigma_2^2}{n}}}$	$N(0,1)$
		σ_1、σ_2 未知但有 $\sigma_1=\sigma_2$	$t=\dfrac{\bar{x}-\bar{y}}{s_w\sqrt{\dfrac{1}{m}+\dfrac{1}{n}}}$	$t(m+n-2)$
	$\sigma_1^2=\sigma_2^2$	ξ_1、ξ_2 已知	$F=\dfrac{s_x^2+(\bar{x}-\xi_1)^2}{s_y^2+(\bar{y}-\xi_2)^2}$	$F(m,n)$
		ξ_1、ξ_2 未知	$F=\dfrac{\bar{s}_x^2}{\bar{s}_y^2}$	$F(m-1,n-1)$

注：表中，$\bar{s}$ 为无偏子样中误差；$\bar{s}_x^2$ 为 x 的无偏子样方差；$s_w=\sqrt{\dfrac{ms_x^2+ns_y^2}{m+n-2}}$。

2.3 随机过程及其特征

2.3.1 研究随机过程理论的实际意义

如果我们对一个固定不变的物体对象进行重复观测，由于测量过程、测量仪器和测量条件的随机因素，造成所测得的一系列观测结果中包含随机误差（偶然误差），由于每次观测结果都是取得一个随机的且唯一的测量值，因此，测量结果是一个随机变量。对随机变量可以用本章前两节所述的方法进行分析。随着现代变形监测自动化需求和科学研究的发展，越来越迫切地需要了解监测对象过程的变化，这时监测点可能是随时间或空间而连续变化的。因此，监测过程和监测结果也是随时间或空间而连续变化的。它有别于上述的随机变量，我们称之为随机函数。对随机函数的分析计算，本质上类似于随机误差的分析计算，但较为复杂一些。随机过程理论就是研究随机性表现为一个过程的随机现象的学科，通常它是研究动态测量过程及其测量结果的理论依据。

在近代物理学、无线电技术、自动控制、空间技术等学科中，都大量应用随机过程理论。例如，用 GPS 监测高耸建筑物的振动时，建筑物的振动和监测记录结果都是随时间变化的随机过程。

变形的几何量和物理量的监测，过去以静态监测为主。如今，随着仪器设备的进步和自动监测要求提高，对几何量和物理量的动态实时监测日益增加。例如，大坝中水平位移、垂直位移、温度、应力应变的连续监测。显然，用过去静态测量精度评定方法是不能正确地评定动态测量结果的，而且也不能进一步地分析动态监测中的特殊现象（例如运动速度、频率响应、幅值等）。因此，本章有必要进一步介绍动态监测数据分析所涉及的理论基础——随机过程理论。

2.3.2 随机过程的基本概念

在动态监测中，对某一个不断变化的监测点进行观测，每一个观测结果是一个确定的随时间或空间变化的函数（例如一条记录曲线），对于观测时间间隔内的每一瞬时，这一函数都有一个确定的数值。但由于随机误差的存在，多次的重复观测会得到不完全相同的函数结果（例如一组记录曲线）。这种函数，对于自变量（时间或空间）的每一个给定值，它是一个随机变量，我们称这种函数为随机函数。

通常把自变量为时间 t 的随机函数叫做随机过程。随机函数可用 $x(t)$ 表示，如果每个观测结果 $x_i(t)$ 表示随机函数的一个"现实"，或一个样本，共有 n 个观测结果，如 $x_1(t)$，$x_2(t)$，…，$x_n(t)$，则 $x(t)$ 表示这些随机函数样本的集合（总体）：

$$x(t) = \{x_1(t), x_2(t), \cdots, x_n(t)\} \tag{2-25}$$

因此，随机过程或随机函数包含如下内容：①把 $x(t)$ 看做是样本集合时，$x(t)$ 意味着一组时间函数 $x_1(t)$，$x_2(t)$，…，$x_n(t)$ 的集合；②把 $x(t)$ 看做是一个样本（或一个现实）时，$x(t)$ 意味着一个具体的时间函数，例如 $x(t)=x_i(t)$；③若 $t=t_1$ 时，则 $x(t)$ 意味着一组随机变量 $x_1(t_1)$，$x_2(t_1)$，…，$x_n(t_1)$ 的集合。这就是随机函数或随机过程 $x(t)$ 的全部含义。

实际上含义①、②、③的本质是一样的，只是对随机过程的描述方式不同。含义①是从总体集合意义上讲的。含义②是从一个时间历程（一个现实）上描述的。一个现实是表示一次实验给定的结果，这时，随机函数表现为一个非随机的确定性函数。例如，受风力作用下高层建筑的摆动测量是一个随机过程，这是从总体上说的。但对某一次摆动的时程观测记录，不论其摆幅如何复杂，频率难以估计和持续时间长短，由于它是时间 t 的确定函数，已由这次观测记录所给定，因而这次记录是非随机性的。含义③则是从一个固定的 t_1 值上描述，进行 n 个现实，得到一组 $x_1(t_1)$，$x_2(t_1)$，…，$x_n(t_1)$ 值，这是一组随机变量，同样反映随机过程 $x(t)$ 的特征。

由此可见，随机函数兼有随机变量与函数的特点。在一般实际测量中，多采用含义②描述随机过程，而在理论分析中，多采用含义③进行研究。

2.3.3 随机过程的特征量

随机变量通常用它的概率分布函数、算术平均值和标准差作为特征量。同样，随机过程也有它的特征量，这些特征量不像随机变量的特征量那样表现为一个确定的数，而是表现为一个函数。常用 4 种统计函数来表示：①概率密度函数；②均值、方差和均方值；③自相关函数；④谱密度函数。

1. 概率密度函数

概率密度函数是描述随机数据落在给定区间内的概率。对于图 2-8 所示的随机过程（样本时间历程记录 $x(t)$），$x(t)$ 落在 x 和 $x+\Delta x$ 区间内的概率可取 T_x/T。这里 T_x 是在观察时间 T 内，$x(t)$ 落在 $(x, x+\Delta x)$ 区间内的总时间，即

$$T_x = \Delta t_1 + \Delta t_2 + \Delta t_3 + \cdots + \Delta t_k = \sum_{i=1}^{k} \Delta t_i$$

当 T 趋于无穷时，此时比值将趋于正确概率值，用公式表示，即

$$P[x < x(t) \leqslant x + \Delta x] = \lim_{T\to\infty} \frac{T_x}{T} \tag{2-26}$$

用式(2-26)的概率除以 Δx，并取 $\Delta x \to 0$，就得到了概率密度函数

$$f(x) = \lim_{\Delta x\to 0} \frac{P[x < x(t) \leqslant x + \Delta x]}{\Delta x} = \lim_{\Delta x\to 0} \frac{1}{\Delta x}\left(\lim_{T\to\infty} \frac{T_x}{T}\right) \tag{2-27}$$

可见，概率密度函数是概率相对于区间 Δx 的变化率，$f(x)$ 恒为非负实值函数。

瞬时值 $x(t)$ 小于或等于某值的概率定义为 $F(x)$，它等于概率密度函数从 $-\infty$ 到 x 的积分，也就是说，概率可由概率密度函数进行积分求得。函数 $F(x)$ 称为概率分布函数或累积概率分布函数，不应与概率密度函数混淆。明确地讲，

$$F(x) = P\{x(t) \leqslant x\} = \int_{-\infty}^{x} f(x)\,\mathrm{d}x \tag{2-28}$$

分布函数 $F(x)$ 的值应在 0 和 1 之间，因为 $x(t)$ 小于 $-\infty$ 的概率为 0，而 $x(t)$ 小于 ∞ 的概率显然也为 1。$x(t)$ 落在任何区间 (x_1, x_2) 的概率为

$$F(x_2) - F(x_1) = P\{x_1 < x(t) \leqslant x_2\} = \int_{x_1}^{x_2} f(x)\,\mathrm{d}x \tag{2-29}$$

2. 均值、方差和均方值

随机函数 $x(t)$ 的均值（或称平均值、数学期望）是一个时间函数 $\mu_x(t)$。对于自变量 t 的每一个给定值，$\mu_x(t)$ 等于随机函数 $x(t)$ 在该 t 值时的所有数值的平均值（数学期望），即

$$\mu_x(t) = E[x(t)] \tag{2-30}$$

式(2-30)给出的随机函数均值，实质上是 $x(t)$ 的一阶原点矩。

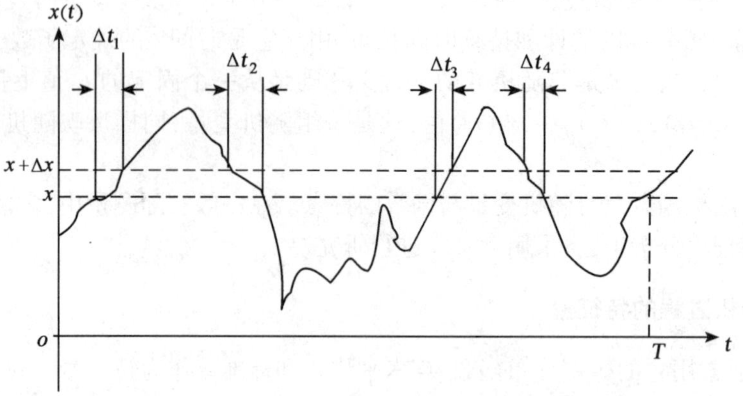

图 2-8　随机过程的概率测量

如图 2-9 所示，在 $t=t_1$ 时刻，随机函数 $x(t)$ 的均值 $\mu_x(t_1)=E[x(t_1)]$，而 $E[x(t)]$ 的计算方法与随机误差的算术平均值的计算方法相同。

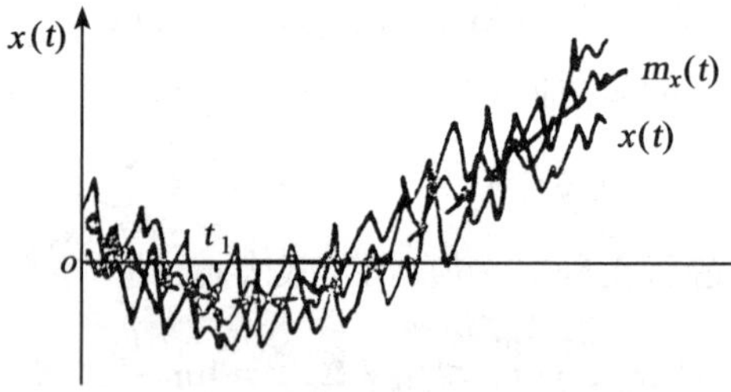

图 2-9　随机过程的均值函数

由此可见，随机过程的均值是一个非随机的平均函数，它确定了随机函数 $x(t)$ 的中心趋势，随机过程的各个现实（样本）都围绕它变动，而变动的分散程度则可用方差或标准差来评定。

随机函数的方差也是一个时间函数 $D(x(t))$，对于自变量 t 的每一个给定值，$D(x(t))$ 等于随机函数 $x(t)$ 在该 t 值时的数值对均值偏差平方的平均值（数学期望），即

$$D(x(t))=E\{(x(t)-\mu_x(t))^2\} \tag{2-31}$$

而随机函数的标准差则为：

$$\sigma_x(t)=\sqrt{D(x(t))} \tag{2-32}$$

由此可见，随机函数的方差和标准差也是一个非随机的时间函数（类同图 2-9），它确定了随机函数所有现实相对于均值的分散程度。在 $t=t_1$ 时刻，随机函数的方差和标准差的计算类似于随机误差的方差和标准差的计算方法。

式（2-31）给出的随机函数方差，实质上是 $x(t)$ 的二阶中心矩，而二阶原点矩为 $\psi_x^2(t)$，即

$$\psi_x^2(t)=E\{x^2(t)\} \tag{2-33}$$

式（2-33）的 $\psi_x^2(t)$ 称为随机过程的均方值，也是描述随机函数的一个特征量，它反映了随机函数的强度。均方值与方差、均值有如下关系：

$$\psi_x^2(t)=\mu_x^2(t)+\sigma_x^2(t) \tag{2-34}$$

可见,均方值既反映随机过程的中心趋势,也反映随机过程的分散度。

3. 自相关函数

均值和方差是表征随机过程在各个孤立时刻的统计特性的重要特征量,但不能反映随机过程不同时刻之间的关系。因此,除均值和方差外,我们还要用另一个特征量来反映随机过程内不同时刻之间的相关程度,这种特征量叫相关函数或自相关函数。

考虑到图 2-10 所表示的样本时间历程记录,显然,自相关函数与随机函数在 t 和 $t'=t+\tau$ 两时刻的值有关,即自相关函数是一个二元的非随机函数,这个函数在数学上可用相关矩来定义。也就是说,随机函数的自相关函数定义为 $(x(t)-\mu_x(t))$ 与 $(x(t+\tau)-\mu_x(t+\tau))$ 的乘积的平均值(数学期望),即

$$R_x(t,t+\tau)=E\{(x(t)-\mu_x(t))(x(t+\tau)-\mu_x(t+\tau))\} \tag{2-35}$$

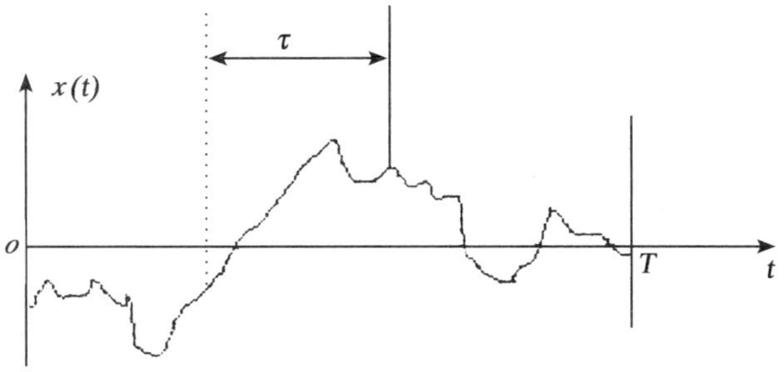

图 2-10　自相关测量

在实际应用中,自相关函数还有一种更常用的表达式,称为标准自相关函数,其定义为

$$\rho_x(t,t+\tau)=\frac{R_x(t,t+\tau)}{\sigma_x(t)\cdot\sigma_x(t+\tau)} \tag{2-36}$$

自相关函数具有以下性质:

(1) 当 $t'=t$,即 $\tau=0$ 时,自相关函数等于随机函数的方差。因为当 $\tau=0$ 时,式(2-35)为

$$\begin{aligned}R_x(t,t)&=E\{(x(t)-\mu_x(t))\cdot(x(t)-\mu_x(t))\}\\&=E\{(x(t)-\mu_x(t))^2\}=D(x(t))\end{aligned} \tag{2-37}$$

此时,标准自相关函数等于 1,即

$$\rho_x(t,t)=\frac{R_x(t,t)}{\sigma_x(t)\cdot\sigma_x(t)}=\frac{D(x(t))}{D(x(t))}=1 \tag{2-38}$$

(2) 自相关函数是对称的。自相关函数的定义是两随机变量 $(x(t)-\mu_x(t))$ 和 $(x(t+\tau)-\mu_x(t+\tau))$ 的相关矩,而相关矩不决定于 t 和 $t+\tau$ 的顺序,即

$$\begin{aligned}R_x(t,t+\tau)&=E\{(x(t)-\mu_x(t))\cdot(x(t+\tau)-\mu_x(t+\tau))\}\\&=E\{(x(t+\tau)-\mu_x(t+\tau))\cdot(x(t)-\mu_x(t))\}\\&=R_x(t+\tau,t)\end{aligned} \tag{2-39}$$

因此,自相关函数对 t 和 $t+\tau$ 来说是对称的,即交换 t 与 $t+\tau$,其函数值不变。

(3) 在随机函数上加上一个非随机函数时,它的均值(数学期望)也要加上同样的非随机函数,但它的自相关函数不变。所谓非随机函数可以是一个固定的数,也可以是 t 的函数。

设在随机函数 $x(t)$ 上加上一个非随机函数 $g(t)$,得到新的随机函数 $y(t)$:

$$y(t)=x(t)+g(t) \tag{2-40}$$

按数学期望的加法定理,可得

$$\mu_y(t)=\mu_x(t)+g(t) \tag{2-41}$$

因此,$y(t)$的均值是$x(t)$的均值加上该非随机函数。而自相关函数保持不变,可以证明

$$R_y(t,t')=R_x(t,t') \tag{2-42}$$

(4)在随机函数上乘以非随机因子$f(t)$时,它的均值也应乘上同一因子,而它的自相关函数应乘上$f(t)\cdot f(t')$。

设在随机函数$x(t)$上乘以非随机因子$f(t)$,得新的随机函数$y(t)$:

$$y(t)=f(t)\cdot x(t) \tag{2-43}$$

则均值为

$$\mu_y(t)=E\{y(t)\}=E\{f(t)\cdot x(t)\}=f(t)\cdot E\{x(t)\}=f(t)\cdot \mu_x(t) \tag{2-44}$$

自相关函数$R_y(t,t')$为

$$\begin{aligned}R_y(t,t')&=E\{(y(t)-\mu_y(t))\cdot(y(t')-\mu_y(t'))\}\\&=E\{f(t)\cdot(x(t)-\mu_x(t))\cdot f(t')\cdot(x(t')-\mu_x(t'))\}\\&=f(t)\cdot f(t')\cdot R_x(t,t')\end{aligned} \tag{2-45}$$

特别地,当$f(t)=C$时,C为常数,$R_y(t,t')=C^2\cdot R_x(t,t')$。

4. 谱密度函数

在实用上,我们不仅关心作为随机过程的数据的均值和相关函数,而且往往更关心随机数据的频率分布情况,也就是研究随机过程是由哪些频率成分所组成,不同频率的分量各占多大的比重等。这种分析方法就是所谓的频谱分析法(详见第6章),它在动态变形分析中应用广泛。

对于随机函数,由于它的振幅和相位是随机的,不能作出确定的频谱图。但随机过程的均方值ψ_x^2(见式(2-33))可用来表示随机函数的强度。这样,随机过程的频谱不用频率f上的振幅来描述,而是用频率f到$f+\Delta f$频率范围内的均方值$\psi_x^2(f,\Delta f)$来描述。当Δf具有一定宽度时,在Δf范围内的均方值可能是变动的,因此,我们取Δf范围内的平均均方值,也就是单位频率范围的平均均方值(如图2-11)中有阴影部分的矩形表示

$$G_x(f,\Delta f)=\frac{\psi_x^2(f,\Delta f)}{\Delta f} \tag{2-46}$$

来描述频谱f到$f+\Delta f$范围内随机过程的强度。

当随机过程的长度趋于$+\infty$,而频率元素Δf趋于零时,图2-11的阶梯曲线趋于图2-12的光滑曲线$G_x(f)$,则有

$$G_x(f)=\lim_{\Delta f\to 0}\frac{\psi_x^2(f,\Delta f)}{\Delta f} \tag{2-47}$$

变换式(2-47)为定积分形式,则有

$$\psi_x^2=\int_0^{\infty}G_x(f)\,\mathrm{d}f \tag{2-48}$$

$G_x(f)$描述了过程的强度沿f轴的分布密度,称为随机过程的频谱密度或谱密度。由此可见,谱密度的物理意义是表示$x(t)$产生的功率ψ_x^2在频率轴上的分布,而$G_x(f)$曲线与横坐标所围的面积表示了随机过程的总功率。因此,$G_x(f)$亦称功率谱密度或功率谱。

因此,我们引进了一个描述平稳随机过程的新特征量——谱密度函数。它是从频率的领

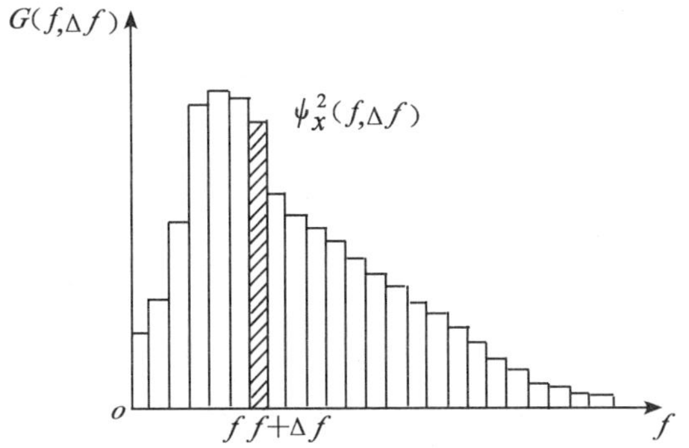

图 2-11　随机过程的均方值 ψ_x^2 与谱密度函数 $G_x(f)$ 的关系

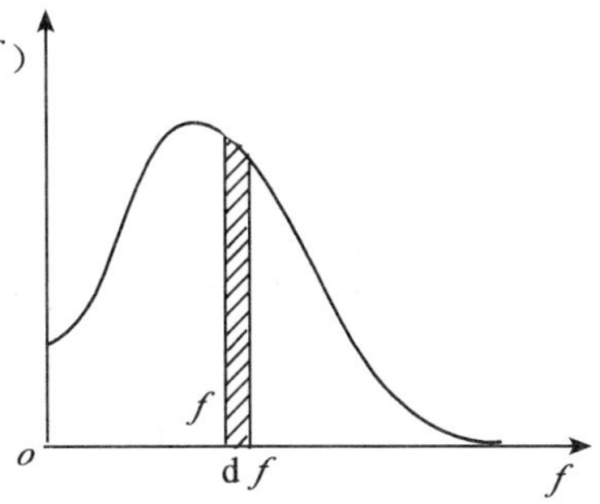

图 2-12　随机过程的谱密度函数

域描述随机过程，而自相关函数从时间的领域描述随机过程。

因为式(2-47)是定义在 0 到$+\infty$ 的频率范围上，因此 $G_x(f)$ 称为“单边”谱密度，但谱密度函数也可以定义在$-\infty$ 到$+\infty$ 的频率范围上，称为“双边”谱密度，记作 $S_x(f)$。因随机过程的总功率不变，故有

$$S_x(f) = \frac{1}{2}G_x(f), \quad f \geqslant 0 \tag{2-49}$$

2.3.4　随机过程特征量的实际估计

随机过程可按图 2-13 来进行分类。由于它们具有各自的特点，因此，其特征量的计算方法亦不相同。正如我们所熟悉的，对一物理量作系列观测，不可能求得被测量的真值。同样，由于随机误差的存在及观测的次数有限，因而对一随机过程作一系列动态观测后，也不可能求得随机过程特征量的真值，而只能通过有限个样本作出估计。在工程实际中的随机过程大多是平稳随机过程，对于具有 N 个样本的平稳随机过程通常采用总体平均法来求其特征量的估计，而对各态历经随机过程，则可采用时间平均法来求其特征量的估计值，下面分别加以介绍。

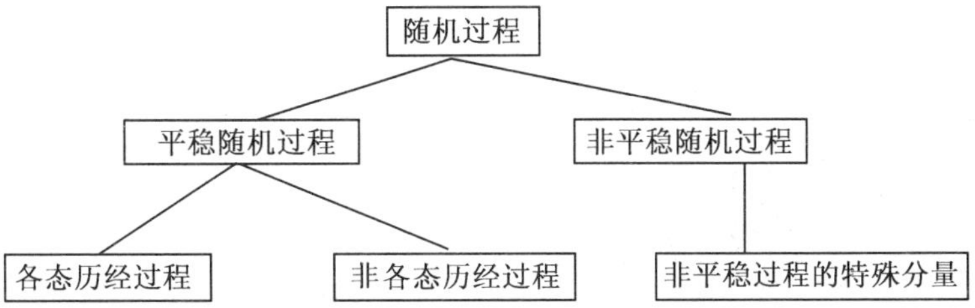

图 2-13　随机过程分类

1. 平稳随机过程及其特征量

(1) 平稳随机过程的定义。

若随机过程 $x(t)$ 的所有特征量与 t 无关，即其特征量不随 t 的推移而变化，则称 $x(t)$ 为平稳随机过程。否则，称为非平稳随机过程。如图 2-14 为平稳随机过程，图 2-15 为非平稳随机过程。

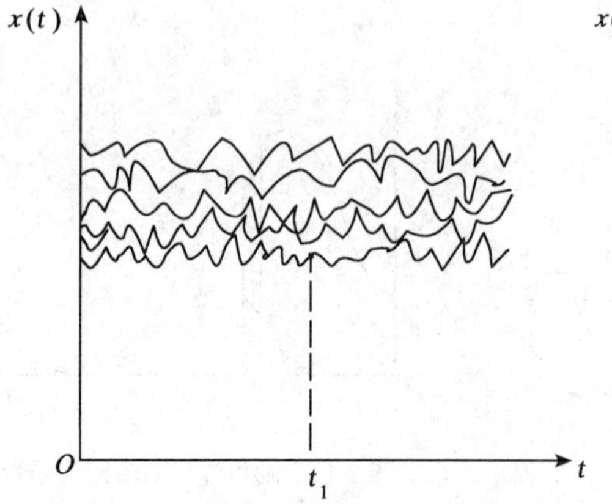

图 2-14　平稳随机过程

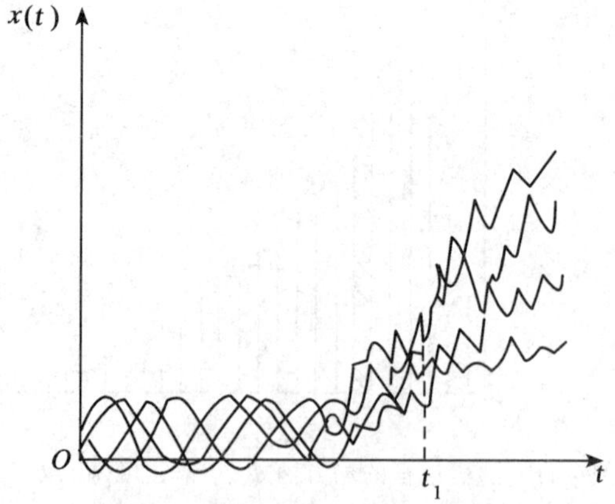

图 2-15　非平稳随机过程

由定义可见,随机过程平稳的第一个条件是其均值为常数,即

$$\mu_x(t)=\mu_x=\text{常数} \tag{2-50}$$

第二个条件是其方差为常数,即

$$D_x(t)=D_x=\text{常数} \tag{2-51}$$

如图 2-16 所示的随机过程,虽然其均值为常数,但过程的分散程度随着时间 t 的推移有明显的增加,因此也不是平稳的。

满足"平稳"的第三个条件是随机函数的自相关函数 $R_x(t,t+\tau)$ 应不随 t 的位置推移而变化,即与 t 无关:

$$R_x(t,t+\tau)=R_x(\tau) \tag{2-52}$$

如图 2-17 所示,无论 τ 取何值,$R_x(t,t+\tau)$ 应等于 $R_x(t_1,t_1+\tau)$,该随机过程都是平稳的。换句话说,平稳随机过程的自相关函数只依赖于自变量 t 与 $(t+\tau)$ 之差 τ,即自相关函数只是一个自变量 τ 的函数。

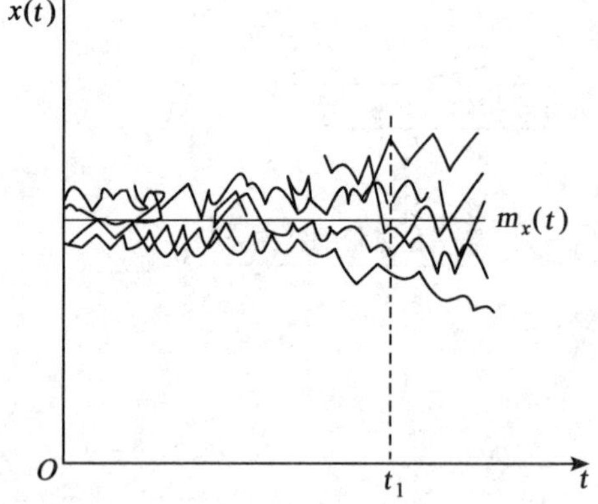

图 2-16　均值为常数的不平稳随机过程

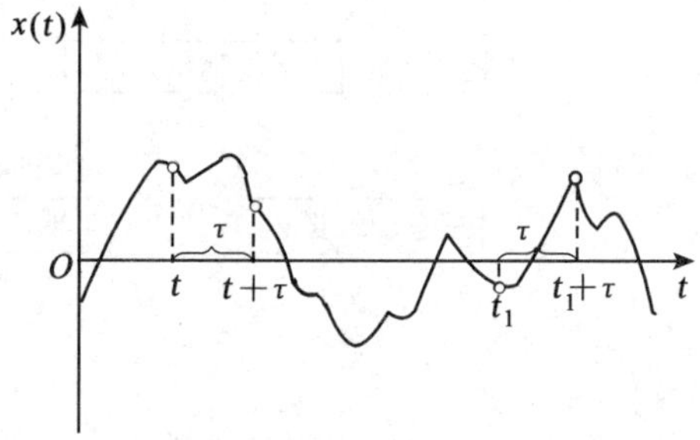

图 2-17　平稳随机过程的自相关性

(2)平稳随机过程的特征量。

按照平稳随机过程的定义可知，$t=t_1,t_2,\cdots$的均值不变，即由式(2-30)得

$$\mu_x(t)=E[x(t_1)]=E[x(t_2)]=\cdots=\text{常数} \tag{2-53}$$

同时，平稳过程的方差由式(2-31)、(2-37)可知

$$D(x(t))=R_x(t,t)=R_x(0)=\text{常数} \tag{2-54}$$

可见，方差为$\tau=0$的自相关函数值。

由于平稳过程的均值为常数，因此，它的自相关函数由式(2-35)可得

$$R_x(\tau)=E\{(x(t)-\mu_x(t))\cdot(x(t+\tau)-\mu_x(t))\} \tag{2-55}$$

类似于式(2-36)，表示为标准化自相关函数

$$\rho_x(\tau)=\frac{R_x(\tau)}{D_x} \tag{2-56}$$

平稳随机过程的自相关函数具有如下主要的性质：

①当$\tau=0$时，自相关函数取得最大值，且等于其方差；

②平稳过程的自相关函数是偶函数，即

$$R_x(-\tau)=R_x(\tau) \tag{2-57}$$

③均值为零的平稳随机过程，若$\tau\to\infty$时，$x(t)$与$x(t+\tau)$不相关，则其相关函数趋于0。即

$$\lim_{\tau\to\infty}R_x(\tau)=0 \tag{2-58}$$

这是因为

$$\lim_{\tau\to\infty}R_x(\tau)=\lim_{\tau\to\infty}E(x(t)\cdot x(t+\tau))=0 \tag{2-59}$$

④平稳随机过程$x(t)$若含有周期性成分，则它的自相关函数中亦含有周期成分，且其周期与过程的周期相同。

在实际变形问题中，性质③、④是非常重要的。由性质③可以判定变形过程是否存在线性趋势；由性质④，可从自相关函数是否趋于零来鉴别均值为零的平稳过程，是否混有周期变形信号。

(3)平稳随机过程特征量的实验估计。

在工程实际中，预先并不知道随机数据的函数形式，但可通过实验观测得到随机函数样本集合后，由实验结果来求得特征量。

例如，对N个连续的记录采样(采集断续的数据样本)，取等间距的$t_1,t_2,\cdots,t_n$，得函数值如表2-3所示。平稳过程的特征量计算可用代数和进行估计，即

表2-3　　平稳随机过程的实验采样

$x(t)$	t					
	t_1	t_2	$\cdots$	t_m	$\cdots$	t_n
$x_1(t)$	$x_1(t_1)$	$x_1(t_2)$		$x_1(t_m)$		$x_1(t_n)$
$x_2(t)$	$x_2(t_1)$	$x_2(t_2)$		$x_2(t_m)$		$x_2(t_n)$
$\vdots$	$\vdots$	$\vdots$		$\vdots$		$\vdots$
$x_N(t)$	$x_N(t_1)$	$x_N(t_2)$		$x_N(t_m)$		$x_N(t_n)$

$$\hat{\mu}_x(t_k) = \frac{1}{N}\sum_{i=1}^{N} x_i(t_k) \tag{2-60}$$

$$\hat{D}_x(t_k) = \frac{1}{N-1}\sum_{i=1}^{N} \{x_i(t_k) - \hat{\mu}_x(t_k)\}^2 \tag{2-61}$$

$$\hat{R}_x(t_k, t_l) = \frac{1}{N-1}\sum_{i=1}^{N} \{x_i(t_k) - \hat{\mu}_x(t_k)\}\{x_i(t_l) - \hat{\mu}_x(t_l)\} \tag{2-62}$$

$$\hat{\rho}_x(t_k, t_l) = \frac{\hat{R}_x(t_k, t_l)}{\hat{\sigma}_{t_k} \cdot \hat{\sigma}_{t_l}} \tag{2-63}$$

式中，$i=1,2,\cdots,N;k=1,2,\cdots,n;t_l=t_k+\tau$。

这样，就可以从实验结果有限个现实的总体中，按照不同时刻 t_k 求出随机数据各特征量的估计值，这就是总体平均法。

2. 各态历经随机过程及其特征量

由上面的计算可知，对于平稳过程，为求特征量，需作大量实验，获得很多个随机过程的现实，然后在各 t 时刻上求特征量估计值。而在测量实践中，由式(2-25)可见，对某一时刻 t 要取得大量的现实是十分困难的，甚至是不可能的。但是，能不能从一个现实（即单个观测得到的时间历经）来求特征量呢？实际上，许多平稳随机过程都可以这样做，我们把这一类的平稳过程称为各态历经随机过程。随机过程的各态历经性是针对平稳随机过程而言的，其实质就是通过一个现实来求特征量。

图 2-18 和图 2-19 是两个平稳随机过程。对于平稳过程 $x_1(t)$，每一现实都围绕同一数学期望（均值）上下波动，且这些波动的平均振幅是不相等的。如果我们适当延长一个现实的记录时间，显然可以取这个现实代表整个样本集合的特征。这时，这个现实沿 t 轴的均值近似代表整个随机过程样本集合的均值，这个平均值的方差近似代表整个过程的方差。

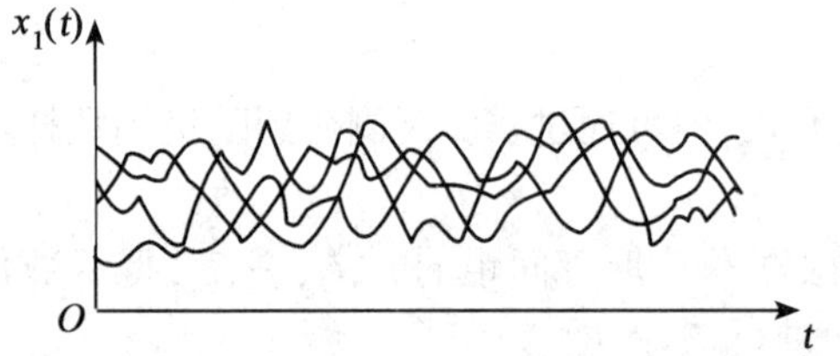

图 2-18 平稳随机过程 $x_1(t)$

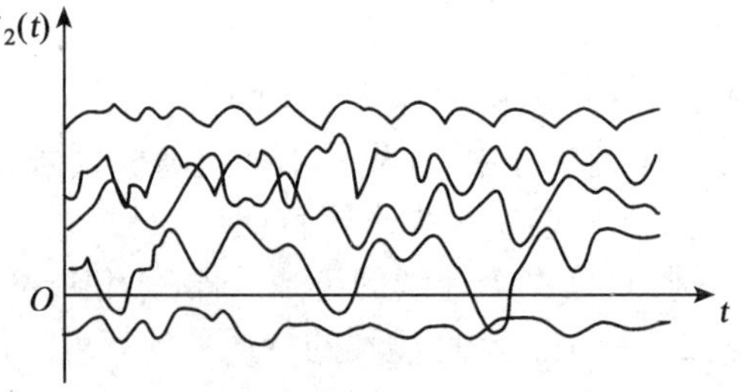

图 2-19 平稳随机过程 $x_2(t)$

而对于平稳随机过程 $x_2(t)$ 来说，显然，每个现实本身，各具不同的均值和方差，因此，不能用任意一个现实来代表整个样本集合。

所以，图 2-18 的平稳随机过程为各态历经随机过程。各态历经性的含义就是在一次实验中，对足够长的时间内的不同 t 值观察的随机过程，等价于在许多实验中，对同一 t 值观察的随机过程。各态历经性又称历遍性或埃尔古德性（Ergodic）。

测量实践中，表示平稳现象的随机数据一般都是各态历经的。比如，在变形监测中得到的一个动态随机数据时间序列，由于变形趋势不明显，或者说比较隐蔽，预先并不了解它是否属于平稳随机过程，因此，首先可假定该时间序列是各态历经随机序列，然后，再通过它的特征量来分析是否满足平稳随机过程的条件和性质。

由于实际观测得到的时间序列一般都是离散型的，所以，其各态历经随机过程的特征量常用代数和估计，其公式如下：

$$\hat{\mu}_x = \frac{1}{n}\sum_{i=1}^{n} x(t_i) \tag{2-64}$$

$$\hat{D}_x = \frac{1}{n-1}\sum_{i=1}^{n} (x(t_i) - \hat{\mu}_x)^2 \tag{2-65}$$

$$\hat{D}_x(\tau) = \frac{1}{n-k-1}\sum_{i=1}^{n-k} \{(x(t_i) - \hat{\mu}_x)\cdot(x(t_{i+k}) - \hat{\mu}_x)\}, 0 \leqslant k \leqslant n-1 \tag{2-66}$$

$$\hat{\rho}(\tau) = \frac{\hat{D}_x(\tau)}{\hat{D}_x} \tag{2-67}$$

式中，$\hat{\mu}_x$ 为均值的估值；$\hat{D}_x$ 为方差的估值；$\hat{D}_x(\tau)$ 为协方差函数的估值；$\hat{\rho}(\tau)$ 为标准化自相关函数的估值。

思考题 2

1. 设$(X_1, X_2, \cdots, X_m)$是总体$\xi \sim N(0,\sigma^2)$的样本，$(Y_1, Y_2, \cdots, Y_n)$是总体$\eta \sim N(0,\sigma^2)$的样本，两个样本相互独立，证明：

   (1) $\dfrac{\sum_{i=1}^{m} X_i^2 + \sum_{j=1}^{n} Y_j^2}{\sigma^2} \sim \chi^2(m+n)$；　(2) $\dfrac{\sum_{i=1}^{m} X_i}{\sqrt{\sum_{j=1}^{n} Y_j^2}}\sqrt{\dfrac{n}{m}} \sim t(n)$。

2. 设样本 $X_1, X_2, \cdots, X_m$ 和 $Y_1, Y_2, \cdots, Y_m$ 分别取自总体 $\xi \sim N(\mu_1, \sigma_1^2)$ 和 $\eta \sim N(\mu_2, \sigma_2^2)$，在进行假设检验时，若(　　)时，检验 $H_0: \mu_1 = \mu_2$，采用统计量 $T = \dfrac{\bar{X} - \bar{Y}}{S_\omega\sqrt{\dfrac{1}{m}+\dfrac{1}{n}}}$，其中

   $S_\omega = \sqrt{\dfrac{mS_x^2 + nS_y^2}{m+n-2}}$。

   请选择：(A) σ_1^2, σ_2^2 已知；　(B) σ_1^2, σ_2^2 未知；

   (C) $\sigma_1^2 = \sigma_2^2$ 已知；　(D) $\sigma_1^2 = \sigma_2^2$ 未知。

3. 简述 u 检验法和 t 检验法的主要区别。

4. 何谓随机过程？在变形监测数据处理中为什么要研究随机过程？

5. 随机过程的主要特征量有哪些？何谓各态历经随机过程？各态历经随机过程的特征量如何估计？

第3章　变形监测技术

在测量工程的实践科学研究中，变形观测占有十分重要的地位。工程建筑物的兴建，从施工开始到竣工，以及建成后整个运营期间都要不断地或周期性地监测这些建筑物的变形情况，一般来说，由于各种因素的影响，工程建筑物及其设备在其运营过程中都会产生变形。在一定的限度之内，这种变形可以认为是正常的现象，但如果这种变形超过了规定的限度，就会影响建筑物的正常使用，严重时还会危及建筑物的安全，造成人类生命财产的巨大损失。

对可能产生变形的各种自然的或人工的建筑物或构筑体我们可以统称为变形体。对变形体在运动中的空间和时间域内进行周期性的重复观测，就称为变形观测，如地壳运动中由于地应力的长期累积而可能导致产生地震所进行的地壳形变监测；山体不稳可能导致滑坡所进行的坡体变形监测；采矿、采油和抽取地下水而导致地面沉陷监测以及拦河大坝的安全稳定性监测等都是变形观测的具体实例。

3.1　变形监测技术

目前，变形监测的技术和方法正在由传统的单一监测模式向点、线、面立体交叉的空间模式发展。在变形体上布置变形观测点，在变形区影响范围之外的稳定地点设置固定观测站，用高精度测量仪器定期监测变形区内网点的三维（X、Y、Z 方向）位移变化是获取变形体变形的一种行之有效的外部监测方法。这些方法主要泛指高精度地面监测技术、摄影测量方法及GPS 监测系统等手段。

3.1.1　地面监测方法与测量机器人

地面监测方法主要是指用高精度测量仪器（如经纬仪、测距仪、水准仪、全站仪等）测量角度、边长和高程的变化来测定变形，它们是目前变形监测的主要手段。常用的地面监测方法主要有两方向（或三方向）前方交会法、双边距离交会法、极坐标法、自由设站法、视准线法、小角法、测距法及几何水准测量法，以及精密三角高程测量法等。常用前方交会法、距离交会法监测变形体的二维（X、Y 方向）水平位移；用视准线法、小角法、测距法观测变形体的水平单向位移；用几何水准测量法、精密三角高程测量法观测变形体的垂直（Z 方向）位移。地面监测方法具有如下的优点：

（1）能够提供变形体的变形状态，监控面积大，可以有效地监测确定变形体的变形范围和绝对位移量；

（2）观测量通过组成网的形式可以进行测量结果的校核和精度评定；

（3）灵活性大，能适用于不同的精度要求、不同形式的变形体和不同的外界条件。

图 3-1 是徕卡新一代中文数字水准仪——DNA03，该仪器采用了流线型外观设计，以降低风阻影响，可用于精密水准测量工作，其 1km 往返差的精度采用铟钢尺为±0. 3mm，采用标准水准尺

为±1.0mm。另外,标称测角精度达±0.5″的电子经纬仪(如T3000)、标称测距精度达±(1mm+1ppm·D)的红外测距仪(如DI2002)均是获取高精度变形量的首选仪器设备。

图3-1　DNA03数字水准仪

下面重点介绍当前变形监测的最新技术——变形监测机器人的应用。

测量机器人(Measurement Robot,或称测地机器人Georobot)是一种能代替人进行自动搜索、跟踪、辨识和精确照准目标并获取角度、距离、三维坐标以及影像等信息的智能型电子全站仪。它是在全站仪基础上集成步进马达、CCD影像传感器构成的视频成像系统,并配置智能化的控制及应用软件发展而形成的。测量机器人通过CCD影像传感器和其他传感器对现实测量世界中的"目标"进行识别,迅速作出分析、判断与推理,实现自我控制,并自动完成照准、读数等操作,以完全代替人的手工操作。测量机器人再与能够制定测量计划、控制测量过程、进行测量数据处理与分析的软件系统相接合,完全可以代替人完成许多测量任务。

在工程建筑物的变形自动化监测方面,测量机器人正渐渐成为首选的自动化测量技术设备。利用测量机器人进行工程建筑物的自动化变形监测,一般可根据实际情况采用两种方式:①固定式全自动持续监测;②移动式半自动变形监测。

1. 固定式全自动持续监测

固定式全自动持续监测方式是基于一台测量机器人的有合作目标(照准棱镜)的变形监测系统,可实现全天候的无人守值监测,其实质为自动极坐标测量系统,其结构与组成方式如图3-2所示。

(1)基站。基站为极坐标系统的原点,用来架设测量机器人,要求有良好的通视条件和牢固稳定。

(2)参考点。参考点(三维坐标已知)应位于变形区域之外的稳固不动处,参考点上采用强制对中装置放置棱镜一般应有3~4个,要求覆盖整个变形区域。参考系除提供方位外,还为数据处理提供距离及高差差分基准。

(3)目标点。均匀地布设于变形体上能体现区域变形的部位。

(4)控制中心。由计算机和监测软件构成,通过通信电缆控制测量机器人作全自动变形监测,可直接放置在基站上,若要进行长期的无人守值监测,应建专用机房。

2. 移动式半自动变形监测

固定式全自动变形监测系统可实现全天候地无人守值监测,并有高效、全自动、准确、实时性强等特点。但也有缺点:①没有多余的观测量,测量的精度随着距离的增长而显著地降低,

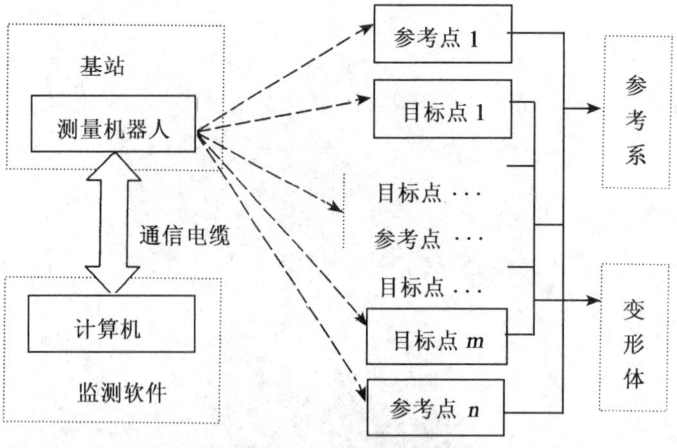

图 3-2 测量机器人变形监测系统组成

且不易检查发现粗差;②系统所需的测量机器人、棱镜、计算机等设备因长期固定而需采取特殊的措施保护起来;③这种方式需要有雄厚的资金作保证,测量机器人等昂贵的仪器设备只能在一个变形监测项目中专用。

移动式半自动变形监测系统的作业与传统的观测方法一样,在各观测墩上安置整平仪器,输入测站点号,进行必要的测站设置,后视之后测量机器人会按照预置在机内的观测点顺序、测回数,全自动地寻找目标,精确照准目标、记录观测数据,计算各种限差,作超限重测或等待人工干预等。完成一个测点的工作之后,人工将仪器搬到下一个施测的点上,重复上述的工作,直至所有外业工作完成。这种移动式网观测模式可大大减轻观测者的劳动强度,所获得的成果精度更好。

3. 工程应用

基于测量机器人的变形监测系统,已在不同类型的变形监测中进行了实验或实际应用。对滑坡监测,选定三峡工程库区巴东滑坡进行了监测试验,滑坡体面积约 $1km^2$,经实地勘察,在滑坡体对岸稳定且位置较高的山体上设置基站,在滑坡体同岸的滑坡区域外设 3 个参考站,在滑坡体上均匀设置 5 个目标点,监测视线穿过长江,其长度在 800~1 300m 之间。使用如图 3-3所示的 TCA1800 仪器,实验时恰逢下中雨,因此只进行了 5 个周期的观测,每期盘左、盘右观测一个测回。从实验结果来看,在雨中 TCA1800 自动目标识别情况良好,且基本达到仪器的标称精度(测角精度±1. 0″,测距精度±(2mm+2ppm · D))。

对桥梁变形监测,在武汉长江二桥的高塔柱变形监测中使用了基于测量机器人(TCA1800)的变形监测系统。斜拉桥是高度超静定结构体系,它的每个节点坐标位置的变化都会影响结构内力的分配,因此,为了保证桥梁的安全运营,定期对桥梁进行变形监测有非常重要的意义。因为斜拉桥为塔、索、梁连接一体的结构体系,除常规的监测项外,其变形监测还加上了高塔柱的摆动监测。

实验和实际应用表明,基于测量机器人的变形监测系统具有高效、全自动、准确、实时性强、结构简单、操作简便等特点,特别适用于小区域(约 $1km^2$)内的变形监测,可实现全自动的无人守值的形变监测。

测量机器人代表了地面测量技术的发展方向,其在工程测量和三维工业测量以及变形监

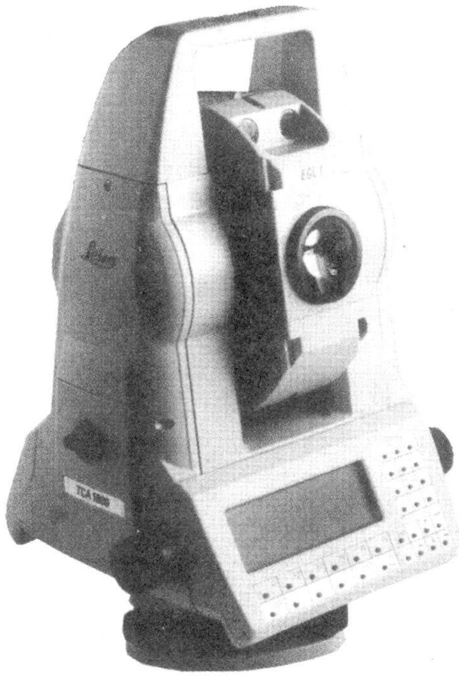

图 3-3　徕卡 TCA 全站仪

测等领域正愈来愈广泛地得到应用。比如在小浪底、二滩、贵州普定等大坝外部变形监测中，已应用高精度的 TCA2003（测角标称精度为±0.5″，测距标称精度为±（1mm+1ppm・D））进行了全自动化监测试验，其成果明显优于常规方法。

3.1.2　地面摄影测量方法

用地面摄影测量方法测定工程建筑物、构筑物、滑坡体等的变形，就是在变形体周围选择稳定的点，在这些点上安置摄影机，并对变形体进行摄影，然后通过内业量测和数据处理得到变形体上目标点的二维或三维坐标，比较不同时刻目标点的坐标得到它们的位移。与其他变形观测方法相比，用摄影测量方法进行变形观测具有如下优点：

（1）可以同时测定变形体上任意点的变形；

（2）提供完全和瞬时的三维空间信息；

（3）大量减少野外的测量工作量；

（4）可以不需要接触被测物体；

（5）有了摄影底片，可以观测到变形体以前的状态。

用地面摄影测量进行变形观测有两种基本方式：①固定摄站的时间基线法（或称伪视差法）；②立体摄影测量法。时间基线法是把两个不同时刻所拍的像片作为立体像对，量测同一目标像点的左右和上下视差，这些视差乘以像片比例尺即为目标点的位移。这种方法仅能测定变形体的二维变形，不能获得目标点沿摄影机主光轴方向的位移。如图 3-4 所示，S 为摄影中心，$S\text{-}XYZ$ 为物方坐标系，第一期观测时，目标点 A 成像于 a，设 x，z 为像点 a 在像片坐标系中的坐标，f 为摄影机焦距。利用简单的几何关系可得出目标点 A 的坐标为

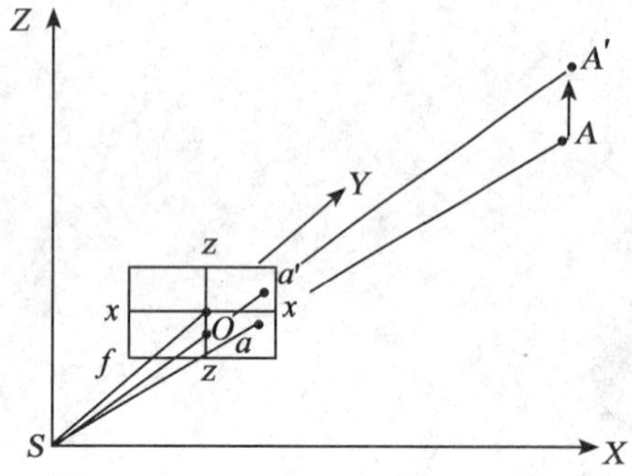

图 3-4　时间基线法原理

$$\left.\begin{aligned} X &= \frac{Y}{f}\cdot x = Mx \\ Z &= \frac{Y}{f}\cdot z = Mz \end{aligned}\right\} \tag{3-1}$$

式中，Y 为 A 点的 Y 坐标；$\frac{f}{Y}=\frac{1}{M}$为像片的摄影比例尺。第二期观测时，目标点移动到 A'，成像于 a'，其像片坐标为 x',z'。由(3-1)式得到目标点的位移量

$$\Delta X = X' - X = \frac{Y}{f}x' - \frac{Y}{f}x = \frac{Y}{f}\Delta x = M\Delta x$$

$$\Delta Z = Z' - Z = \frac{Y}{f}z' - \frac{Y}{f}z = \frac{Y}{f}\Delta z = M\Delta z$$

若变形观测需求 3 个空间坐标轴上的位移值，就应采用地面立体摄影测量法。

地面立体摄影测量根据光轴与摄影基线的相对位置不同，其摄影方式分为正直摄影、等偏摄影、交向摄影和等倾摄影。正直摄影是像片对的摄影光轴水平相互平行，且都垂直于摄影基线方向。等偏摄影是像片对的摄影光轴水平相互平行，且与垂直于摄影基线的方向偏开一定的角度。交向摄影是像片对的两摄影光轴水平并相交成一定的角度。等倾摄影是两个摄影机的光轴相对于水平方向倾斜一个相同的倾角。在变形观测中，应用最多的是交向摄影。

根据摄影时摄影机内外方位元素是否已知，摄影测量的数据处理方式分为空间前方交会法，空间后交-前交法，严密解法以及直接线性变换法。下面我们给出直接线性变换的数学模型。

直接线性变换(DLT)是从坐标仪量测的坐标直接变换至物方空间坐标，从而省去了从坐标仪坐标转换至像片坐标的中间步骤。这种方法最初用于处理非量测相机所摄的像片，现在也越来越多地用于处理量测相机所摄的像片。

设 $\bar{x},\bar{z}$ 为像点的坐标仪坐标，相应的目标点的物方空间坐标为 X,Y,Z，直接线性变换法表示为

$$\left.\begin{aligned} \bar{x} &= \frac{L_1X + L_2Y + L_3Z + L_4}{L_9X + L_{10}Y + L_{11}Z + 1} \\ \bar{z} &= \frac{L_5X + L_6Y + L_7Z + L_8}{L_9X + L_{10}Y + L_{11}Z + 1} \end{aligned}\right\} \tag{3-2}$$

式中，$L_1 \sim L_{11}$称为 DLT 系数。当 DLT 系数已知时，在一个立体像对上，对于每一个目标点可以列出 4 个观测误差方程，用最小二乘法解算目标点的三维坐标。当 DTL 系数未知时，需在物方空间中布设控制点，用它们来解算这些系数。每一个控制点可以列出两个方程，要解算 11 个未知系数，至少需要 6 个控制点。控制点应避免布设在一个平面上，以保证这些系数的解算精度。

摄影测量所用的摄影机有量测相机和非量测相机两种。量测相机是专门为近景摄影测量制造的摄影机，在像框上设有框标；非量测相机就是一般使用的摄影机。非量测相机易于适应各种摄影的条件，而且价廉，它的缺点是内方位元素一般不知，且常常不够稳定，同时镜头畸变大。尽管非量测相机在结构上有上述这些不利的因素，但由于计算机和计算技术的发展，这些不利因素可以通过测量方案设计和严密的数学处理加以克服。目前用非量测相机进行摄影所

能达到的精度已接近于用量测相机所能达到的精度水平。

近年来,随着计算机技术的飞速发展,摄影测量已进入了数字摄影测量时代。通过将摄影的像片转换成数字(用数字来表示每一个像元的灰度值)或用特殊摄影机(CCD 相机)直接获取被摄物体的"数字影像",然后利用数字影像处理技术和数字影像匹配技术获得同名像点的坐标,进而计算对应物点的空间坐标。整个处理过程是由计算机完成的,因此也称为"计算机视觉"(Computer Vision)。这种处理方式可以是"离线"(事后处理)的,也可以是"在线"(实时处理)的。后者称为实时地面摄影测量。地面摄影测量的这种进步将会在变形监测中发挥越来越大的作用。

3.1.3 GPS 变形监测及自动化系统

全球定位系统 GPS 的应用是测量技术的一项革命性变革。在变形监测方面,与传统方法相比较,应用 GPS 不仅具有精度高、速度快、操作简便等优点,而且利用 GPS 和计算机技术、数据通信技术及数据处理与分析技术进行集成,可实现从数据采集、传输、管理到变形分析及预报的自动化,达到远程在线网络实时监控的目的。

1. GPS 变形监测的特点

(1)测站间无须通视。对于传统的地表变形监测方法,点之间只有通视才能进行观测,而 GPS 测量的一个显著特点就是点之间无须保持通视,只需测站上空开阔即可,从而可使变形监测点位的布设方便而灵活,并可省去不必要的中间传递过渡点,节省许多费用。

(2)可同时提供监测点的三维位移信息。采用传统方法进行变形监测时,平面位移和垂直位移是采用不同方法分别进行监测的,这样,不仅监测的周期长、工作量大,而且监测的时间和点位很难保持一致,为变形分析增加了难度。采用 GPS 可同时精确测定监测点的三维位移信息。

(3)全天候监测。GPS 测量不受气候条件的限制,无论起雾刮风、下雨下雪均可进行正常的监测。配备防雷电设施后,GPS 变形监测系统便可实现长期的全天候观测,对防汛抗洪、滑坡、泥石流等地质灾害监测等应用领域极为重要。

(4)监测精度高。GPS 可以提供 1×10^{-6} 甚至更高的相对定位精度。在变形监测中,如果 GPS 接收机天线保持固定不动,则天线的对中误差、整平误差、定向误差、天线高测定误差等并不会影响变形监测的结果。同样,GPS 数据处理时起始坐标的误差,解算软件本身的不完善以及卫星信号的传播误差(电离层延迟、对流层延迟、多路径误差)中的公共部分的影响也可以得到消除或削弱。实践证明,利用 GPS 进行变形监测可获得 $\pm(0.5\sim2)$mm 的精度。

(5)操作简便,易于实现监测自动化。GPS 接收机的自动化已越来越高,趋于"傻瓜",而且体积越来越小,重量越来越轻,便于安置和操作。同时,GPS 接收机为用户预留有必要的接口,用户可以较为方便地利用各监测点建成无人值守的自动监测系统,实现从数据采集、传输、处理、分析、报警到入库的全自动化。

(6)GPS 大地高用于垂直位移测量。由于 GPS 定位获得的是大地高,而用户需要的是正常高或正高,它们之间有以下关系:

$$\left.\begin{aligned} h_{\text{正常高}} &= H_{\text{大地高}} - \xi \\ h_{\text{正高}} &= H_{\text{大地高}} - N \end{aligned}\right\} \tag{3-3}$$

式中,高程异常 ξ 和大地水准面差距 N 的确定精度较低,从而导致了转换后的正常高或正高的精度不高。但是,在垂直位移监测中我们关心的只是高程的变化,对于工程的局部范围而言,完全可以用大地高的变化来进行垂直位移监测。

2. GPS 变形监测自动化系统

一般而言,GPS 变形监测可分为周期性监测模式和连续性监测模式。GPS 周期性变形监测与传统的变形监测网相类似,所以在这里将重点介绍 GPS 连续性监测模式,以隔河岩大坝外观变形 GPS 自动化监测系统为例。

隔河岩水库位于湖北省长阳县境内,是清江中游的一个水利水电工程——隔河岩水电站。大坝为三圆心变截面混凝土重力拱坝,坝长为 653m,坝高为 151m。隔河岩大坝外观变形 GPS 自动化监测系统于 1998 年 3 月投入运行,系统由数据采集,数据传输,数据处理、分析和管理等部分组成。该系统中各 GPS 点位的分布情况见图 3-5。

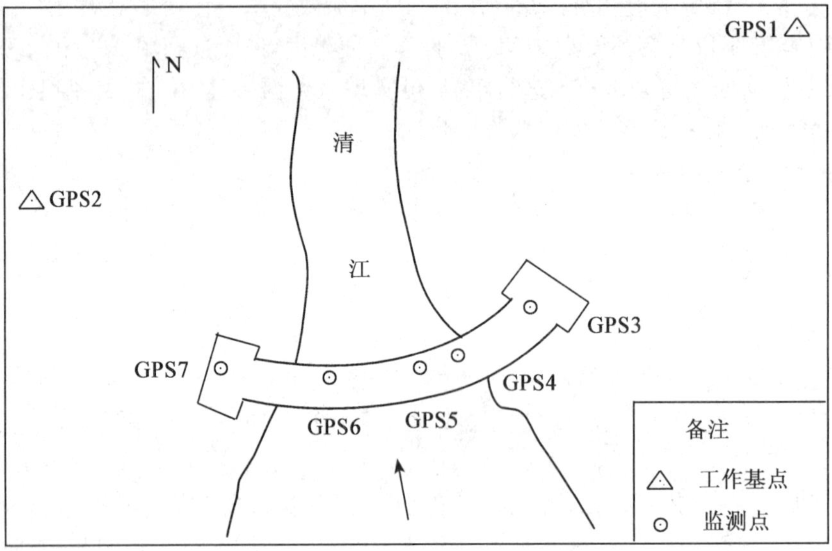

图 3-5　隔河岩大坝 GPS 监测点位分布图

(1)数据采集。

GPS 数据采集分为基准点和监测点两部分,由 7 台 Ashtech Z-12GPS 接收机组成。为提高大坝监测的精度和可靠性,选两个大坝监测基准点,并分别位于大坝两岸。点位地质条件要好,点位要稳定且能满足 GPS 观测条件。

监测点能反映大坝形变,并能满足 GPS 观测条件。根据以上原则,隔河岩大坝外观变形 GPS 监测系统基准点为 2 个(GPS1 和 GPS2)、监测点为 5 个(GPS3～GPS7)。

(2)数据传输。

根据现场条件,GPS 数据传输采用有线(坝面监测点观测数据)和无线(基准点观测数据)相结合的方法,网络结构如图 3-6 所示。

(3)GPS 数据处理、分析和管理。

整个系统有 7 台 GPS 接收机,在 365 天内连续观测,并实时将观测资料传输至控制中心,进行处理、分析、储存。系统反应时间小于 10 分钟(即从每台 GPS 接收机传输数据开始,到处理、分析、变形显示为止,所需总的时间小于 10 分钟),为此,必须建立一个局域网,有一个完善的软件管理、监控系统。

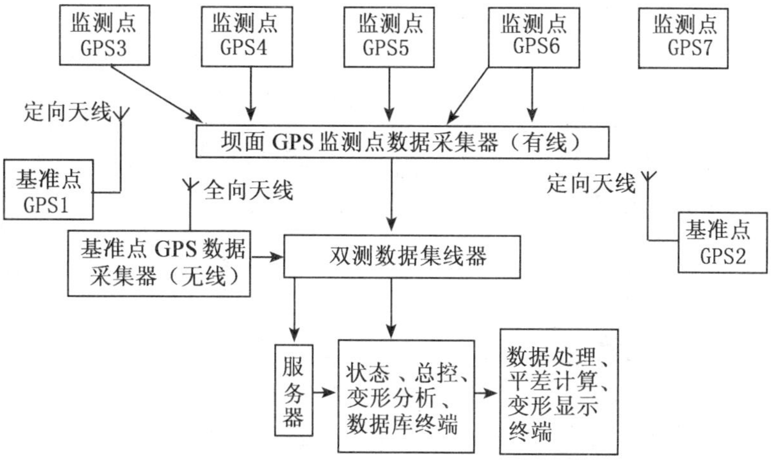

图 3-6　GPS 自动监测系统网络结构

本系统的硬件环境及配置如图 3-7 所示。

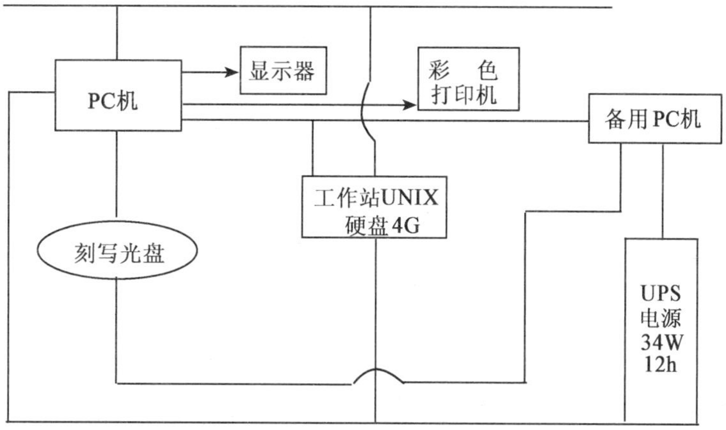

图 3-7　硬件环境及配置

整个系统全自动，应用广播星历 1～2 小时 GPS 观测资料解算的监测点位水平精度优于 1.5mm（相对于基准点，以下同），垂直精度优于 1.5mm；6 小时 GPS 观测资料解算水平精度优于 1mm，垂直精度优于 1mm。

3.1.4　三维激光扫描技术及应用

三维激光扫描技术是 20 世纪 90 年代中期开始出现的一项高新技术。它通过高速激光扫描测量的方法，大面积、高分辨率地快速获取被测对象表面的三维坐标数据，具有快速、不接触、穿透、实时、动态、主动性、高密度、高精度、数字化、自动化等特性，不仅可以极大地降低成本，节约时间，而且使用方便，其输出格式可直接与 CAD、三维动画等工具软件接口。从而为快速建立物体的三维影像模型提供了一种全新的技术手段(见图 3-8)。

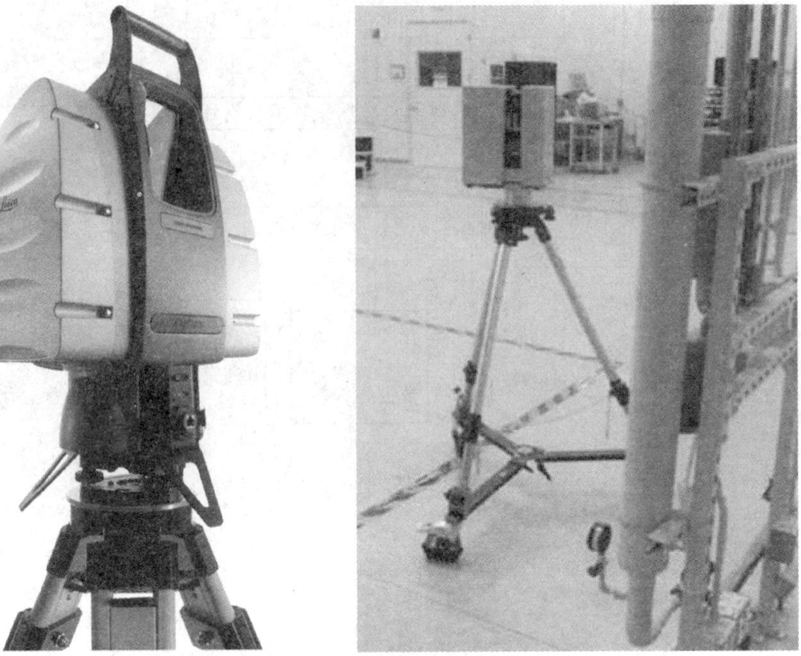

图 3-8　三维激光扫描仪

1. 地面三维激光扫描仪测量原理

地面三维激光扫描系统主要由三部分组成:扫描仪、控制器(计算机)和电源供应系统,如图 3-9 所示。激光扫描仪本身主要包括激光测距系统和激光扫描系统,同时也集成 CCD 和仪器内部控制和校正等系统。在仪器内,通过一个测量水平角的反射镜和一个测量天顶距的反射镜同步、快速而有序地旋转,将激光脉冲发射体发出的窄束激光脉冲依次扫过被测区域,测距模块测量每个激光脉冲的空间距离,同时扫描控制模块控制和测量每个脉冲激光的水平角和天顶距,最后按空间极坐标原理计算出扫描的激光点在被测物体上的三维坐标。整个内外部系统如图 3-9 所示。

扫描仪的内部有一个固定的空间直角坐标系统,为系统局部坐标系,设扫描仪的内部为坐标原点,一般 X、Y 轴在局部坐标系的水平面上,Y 轴为扫描仪扫描方向,Z 轴为垂向方向。获取扫描目标点云坐标原理为:根据内部精密的时钟控制编码器测量系统获取发射出去的激光光束的水平方向角度 α 和垂直方向角度 θ;由脉冲激光发射到反射被接收的时间计算得到扫描点到仪器的距离值 S(如图 3-10 所示)。由此,可得扫描目标点 P 的坐标(X,Y,Z)的计算公式:

$$X=S\cos\theta\cos\alpha$$
$$Y=S\cos\theta\sin\alpha$$
$$Z=S\sin\theta$$

当在一个扫描站上不能测量物体全部而需要在不同位置进行测量,或者需要将扫描数据转换到特定的工程坐标系中时,都要涉及坐标转换问题。为此,就需要测量一定数量的公共点,来计算坐标变换参数。为了保证转换精度,公共点一般采用特制的球面标志和平面标志,

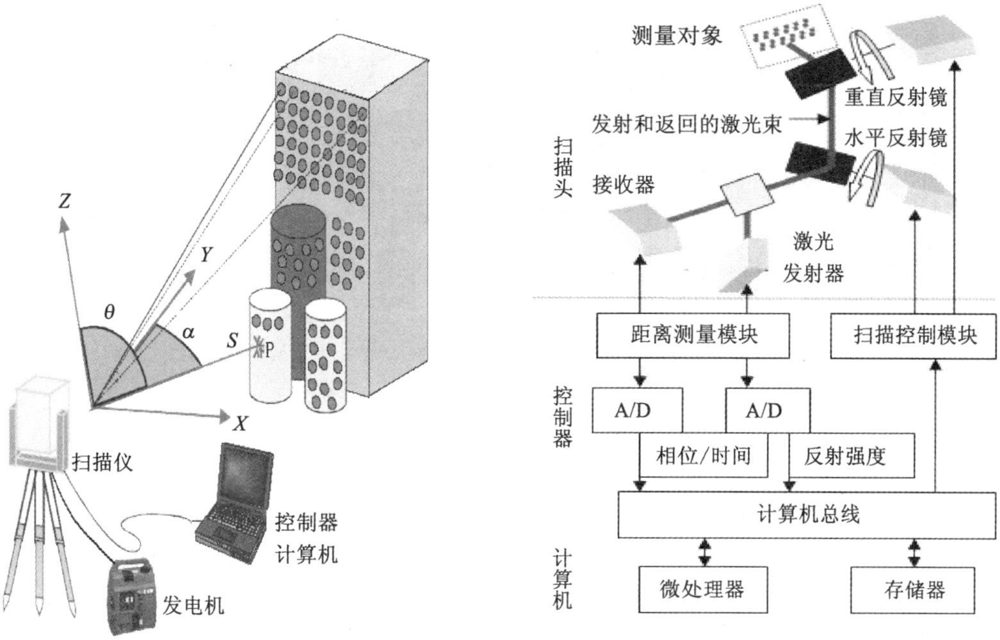

图 3-9　地面激光扫描仪系统

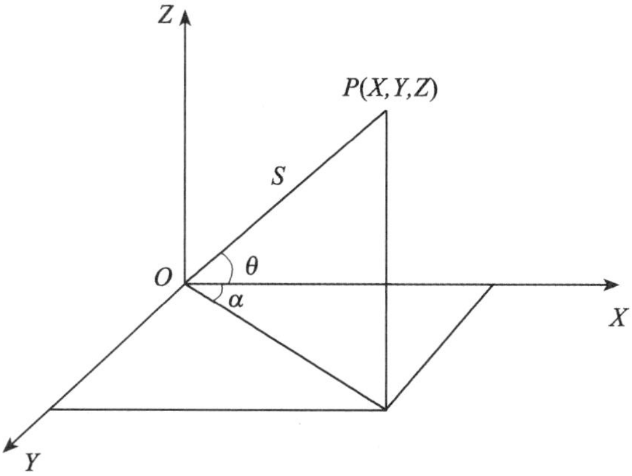

图 3-10　点云坐标测量原理图

如图 3-11 所示。

2. 激光扫描仪的主要技术指标

三维激光扫描仪可以快速高效地获取测量目标的三维影像数据，为测绘人员突破传统测量技术提供了一种全新的数据获取手段。作为一种新的测量手段，三维激光扫描仪有如下优点：

(1) 速度快，密度高，精度高，特别适合大面积或者表面复杂的物体测量及其物体局部细节测量；

(2) 不需要接触物体，昏暗和夜间都不影响外业测量；

图 3-11　用于点云拼接的球形标志和平面标志

(3)快速和准确地获取表面、体积、断面、截面、等值线等;

(4)方便将 3D 模型转换到 CAD 系统中,直接供工程设计。

地面三维激光扫描仪经过近几年的发展,已有多家制造商生产了多类型的仪器并投放到市场,而且仪器的各项技术指标都还在不断地更新。目前,生产三维激光扫描仪的公司有很多,典型的有瑞士的 Leica 公司、美国的 3D DIGITAL 公司和 Polhemus 公司、奥地利的 RIGEL 公司、加拿大的 OpTech 公司、瑞典的 TopEye 公司、法国的 MENSI 公司、日本的 Minolta 公司、澳大利亚的 I-SITE 公司、中国的北京容创兴业科技发展公司等。不同扫描仪在测程范围(1~1 000m)、测距模式(脉冲法、相位比较法和光学三角法)、测距精度(0.4~20mm)、测量速度(100~62 500 点/秒)、测量采样密度、销售价格等方面都存在一定的差别。现在还没有一种扫描仪,既能进行短程测量,又能进行中远程测量。限于篇幅,表 3-1 仅列出了 4 种主要应用于工程测量中的中远程地面激光扫描仪的主要技术指标。

表 3-1　　几种地面激光扫描仪的主要技术指标

系统名称	ILRIS-3D	HDS3000	MENSIGS200	LMS-Z420i
生产厂家	加拿大 OpTech	瑞士 Leica	美国 Trimble	奥地利 Rigel
单次测距精度	7mm@ 100m	4mm@ 50m	3mm@ 100m	10mm@ 250m
最大测距范围	1 500m	300m	350m	1 000m
数据采样率	2 000 点/秒	4 000 点/秒	5 000 点/秒	12 000 点/秒
光束发散率	0.009 74°	0.004 6°	0.003 4°	0.014 3°
扫描视场 水平×垂直	40°×40°	360°×270°	360°×60°	360°×80°
水平角分辨率	0.001 5°	0.003 3°	0.001 6°	0.002 0°
工作温度	0~40℃	0~40℃	0~40℃	0~40℃

3. 数据处理

利用三维激光扫描仪获取的点云数据构建实体三维几何模型时,不同的应用对象、不同点云数据的特性，三维激光扫描数据处理的过程和方法也不尽相同。概括地讲，整个数据处理过程包括数据采集、数据预处理、几何模型重建和模型可视化。

数据采集是模型重建的前提，三维激光扫描仪可以快速获得被测对象表面每个采样点空间立体坐标，得到被测对象的采样点（离散点）集合，称为“距离影像”或“点云”。

数据预处理为模型重建提供可靠精选的点云数据，降低模型重建的复杂度，提高模型重构的精确度和速度。数据预处理阶段涉及的内容有点云数据的滤波、点云数据的平滑、点云数据的缩减、点云数据的分割、不同站点扫描数据的配准及融合等。

模型重建阶段涉及的内容有三维模型的重建、模型重建后的平滑、残缺数据的处理、模型简化和纹理映射等。将相邻的离散点连接起来，构成不规则三角网（TIN）立体模型，或进一步构成规则格网（Grid）立体模型。TIN/Grid 立体模型适合于各种情况的可视化，在其表面容易粘贴各种彩色纹理。从点云模型中提取三维特征，可以方便地构建目标的三维模型，进行空间仿真和虚拟现实。

4. 实际应用

将三维激光扫描技术用于变形监测，主要体现在以下两个方面：

（1）远程地面激光扫描仪用于滑坡、岩崩、雪崩、矿山塌陷等危险和难以到达的地方的变形监测和方量计算，可有效监控其变化范围及量级，应用于防灾减灾。

（2）中程地面激光扫描仪多用于大坝、船闸、桥梁等的变形测量。

3.1.5 特殊的测量手段

特殊的测量手段包括应变测量，准直测量和倾斜测量 3 种。和常规的地面测量方法相比，它们具有如下的特点：

（1）测量过程简单；

（2）容易实现自动化观测和连续监测；

（3）提供的是局部的变形信息。

1. 应变测量

应变测量根据其工作原理可以分成两类：①通过测量两点间距离的变化来计算应变；②直接用传感器测量应变。设两点间的距离为 l，第二周期测量时距离变化了 Δl，那么

$$\varepsilon = \Delta l / l \tag{3-4}$$

为两点间的平均线应变。当距离 l 和变形体的尺寸相比很小时，由（3-4）式所得到的应变可看成是某一点处的。

通过精密测量距离的变化来计算应变的方法有机械法和激光干涉法两种。机械法用铟钢丝、石英棒等作为长度标准，长度的变化用机械-电子传感器测量。精度一般为几十微米。激光干涉法可以测到几百米，甚至几千米，测量精度在 10^{-7} 以上，真空中可达 4×10^{-10}。

直接用传感器测量应变所采用的应变传感器实质上是一个导体（金属条或很窄的箔条），埋设在变形体中，由于变形体的应变使得导体伸长或缩短，从而改变了导体的电阻。导体电阻的变化用电桥测量，通过测量电阻值的变化就可以计算应变。

2. 倾斜测量

地面或建筑物的倾斜除了用常规的测量方法测定两点间高差的变化外，也可以用倾斜仪测量。目前倾斜仪的种类很多，大体可以分成“短基线”倾斜仪和“长基线”倾斜仪两种。前者

一般用垂直摆锤或水准气泡作为参考线;后者一般根据静力水准的原理做成。

不同的倾斜仪,测量精度差别很大。一般来讲,“短基线”倾斜仪的精度范围是0.5″~10″。而“长基线”倾斜仪精度很高,用水作为液体的倾斜仪,每10m长可达0.01mm的精度。用水银作为液体,测量精度可高达0.001″。在实际工作中,应根据需要选择倾斜仪。

倾斜仪列阵可用于测量地面的沉降,其原理如图3-12所示,第 i 点的下沉量为

$$h_i = \sum_{j=1}^{i-1} \alpha_j S_j \tag{3-5}$$

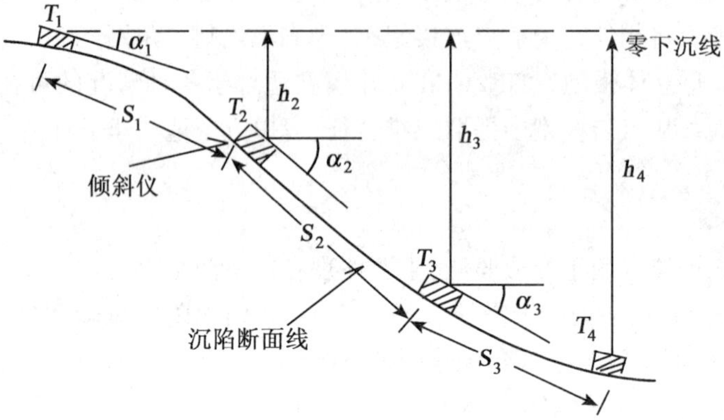

图3-12　用倾斜仪测定地面的沉陷

3. 准直测量

准直测量用于测定某一方向上点位的相对变化,可以是水平方向,也可以是垂直方向。准直测量方法很多,有导线法、测小角法、活动标牌法、激光准直法和引张线法等。

激光准直法根据其原理分为两类:①利用激光方向性强的特点,进行直接准直;②利用激光单色性好的优点,进行衍射法准直。

在大气条件下,激光准直的精度为 $10^{-5}\sim10^{-6}$,提高精度的主要障碍是大气折光的影响。在真空条件下,准直精度可达 $10^{-7}\sim10^{-8}$。水平激光准直广泛用于大坝等线状工程建筑物的变形观测。

在没有气流影响的地方,也可以采用钢丝或尼龙丝准直,由于它们不受折光影响,精度也能达到 10^{-6}。

垂直激光准直(激光铅直仪)可用于测定高层建筑物的摆动。机械法垂直准直有正锤和倒锤两种,它们用于观测建筑物的挠度和倾斜。埋设在稳固基岩上的倒锤还可用作变形观测的基准点。目前,锤线观测多采用自动读数设备,遥测锤线坐标仪TELEPENDLUM分辨率为0.01mm。另外,还有“自动视觉系统”AVS(Automated Vision System),它采用固态照像机,自动拍摄锤线的影像,从而确定锤线位置的变化,分辨率为3μm。美国加州的几个坝的监测均采用这种观测系统。

3.2　变形监测方案

变形监测方案的制定必须建立在对工程场地的地质条件、施工方案、施工周围环境详尽的

调查了解基础之上，同时还需与工程建设单位、施工单位、监理单位、设计单位以及有关部门进行协调。由于变形监测方案的制定将影响到观测的成本、成果的精度和可靠性，因此，应当认真、全面地考虑。

一般地，变形监测方案制定的主要内容有：

（1）监测内容的确定；

（2）监测方法、仪器和监测精度的确定；

（3）施测部位和测点布置的确定；

（4）监测周期（频率）的确定。

3.2.1 监测内容

监测内容的确定主要根据监测工程的性质和要求，在收集和阅读工程地质勘察报告、施工组织计划的基础上，根据工程周围的环境确定变形监测的内容。如，建筑物的变形监测就可能包含建筑物的沉降监测、水平位移监测、倾斜监测、裂缝监测以及挠度监测等。对于危岩滑坡的成灾条件，变形监测则主要包括：危岩、滑坡地表及地下变形的二维（X、Y 两方向）或三维（X、Y、Z 三方向）位移、倾斜变化的监测；有关物理参数——应力应变、地声变化的监测；环境因素——地震、降雨量、气温、地表（下）水等的监测。

3.2.2 监测方法、仪器和监测精度的确定

变形监测方法和仪器的选择主要取决于工程地质条件以及工程周围的环境条件，根据监测内容的不同可以选择不同的方法和仪器。比如对于局部性的外观变形监测，高精度水准测量，高精度三角、三边、边角以及测量机器人监测系统是工程建筑物外部变形监测的良好手段和方法。而钻孔倾斜仪、多点位移仪则非常适合于工程建筑物内部的变形观测。

在变形监测的精度方面，和其他测量工作相比，变形观测要求的精度高，典型精度是 1mm 或相对精度为 10^{-6}。确定合理的测量精度是很重要的，过高的精度要求使测量工作复杂，增加费用和时间；而精度定得太低又会增加变形分析的困难，使所估计的变形参数误差大，甚至会得出不正确的结论。制定变形观测的精度取决于变形的大小、速率、仪器和方法所能达到的实际精度，以及观测的目的等。一般来说，如果变形观测是为了使变形值不超过某一允许的数值，以确保建筑物的安全，则其观测的误差应小于允许变形值的 1/10～1/20；如果是为了研究变形的过程，则其误差应比上面这个数值小得多，甚至应采用目前测量手段和仪器所能达到的最高精度。

不同类型的工程建筑物，变形观测的精度要求差别较大。对于同类工程建筑物，根据其结构、形状不同，要求的精度也有差异。即使同一建筑物，不同部位的精度要求也不同。普通的工业与民用建筑，变形观测的主要内容是基础沉陷和建筑物本身的倾斜。一般来讲，对于有连续生产线的大型车间（钢结构、钢筋混凝土结构的建筑物），通常要求观测工作能反映出 2mm 的沉陷量，因此，对于观测点高程的精度，应在 1mm 以内。特种工程设备（例如高能加速器，大型天线），要求变形观测的精度高达 0.1mm。拦河大坝是一类典型的工程建筑物，变形观测的精度要求概括在表 3-2 中。滑坡变形测定精度一般在 10～50mm 之间。

表 3-2 大坝变形观测典型精度

观测内容	沉陷量/mm	水平位移/mm
岩基上的混凝土坝	1	1
压缩土上的混凝土坝	2	2
土坝的施工期间	10	5~10
土坝的运营期间	5	3~5

3.2.3 监测部位和测点布置的确定

用测量仪器进行变形监测，一般要在变形体的特征部位埋设变形监测标志，在变形影响范围之外埋设测量基准点，定期观测监测标志相对于基准点的变形量。因此，确定监测部位和进行测点的布置将反映能否监测了解到变形体的变形随时间变化的趋势和发展。

依据变形监测的总体技术思想，针对监测内容及监测区的监测环境和条件，要求监测方法简单易行，点位布置必须安全、可靠，布局合理，突出重点，并能满足监测设计及精度要求，便于长期监测。

3.2.4 变形监测频率的确定

变形监测的频率取决于变形的大小、速度以及观测的目的。变形监测频率的大小应能反映出变形体的变形规律，并可随单位时间内变形量的大小而定。变形量较大时，应增大监测频率；变形量减小或建筑物趋于稳定时，则可减小监测频率。

通常，在工程建筑物建成初期，变形的速度比较快，因此观测频率也要大一些。经过一段时间后，建筑物趋于稳定，可以减少观测次数，但要坚持定期观测。如瑞士的 Zeuzier 拱坝在正常运营 20 多年后才出现异常，如果没有坚持定期观测，就无法发现，就会发生灾害。下面以大坝作为典型例子，将变形观测的频率概括在表 3-3 中。

表 3-3 大坝变形观测周期

变形种类		水库蓄水前	水库蓄水	水库蓄水后 2~3 年	正常运营
混凝土坝	沉陷	1个月	1个月	3~6个月	半年
	相对水平位移	半个月	1周	半个月	1个月
	绝对水平位移	0.5~1个月	1季度	1季度	6~12个月
土石坝	沉陷、水平位移	1季度	1个月	1季度	半年

3.2.5 综合变形监测系统

以上所介绍的变形观测方法和技术都各有优缺点。常规的地面测量方法精度较高,能提供变形体整体的变形信息,但野外工作量大,不容易实现连续监测。摄影测量方法的野外工作量较少,但精度较低,有时满足不了要求。特殊的一些测量手段,如准直、倾斜、应变测量,它们的最大优点是容易实现连续、自动的监测,长距离遥控遥测,精度也高,但所提供的只是局部的变形信息。当代的空间测量技术是很有前途的,能提供大范围甚至全球的变形资料,也不受测点间通视的限制。但是,目前用 GPS 进行变形观测成本还很高。因此,在设计一个变形观测方案时,要综合考虑和应用各种测量方法和技术,取长补短。下面通过几个实例来说明变形观测方法的综合应用。

图 3-13 是某矿区的一个剖面图,煤层厚度为 12m。为了监测由于采煤所引起的地面变形,有关单位根据该地区的特点,综合采用了常规地面测量,航空摄影测量,遥测倾斜仪连续监测 3 种变形观测方法。5 个遥测倾斜仪列阵连续地记录矿区地面变形的信息,并通过无线电传输把结果送到中央控制室。地面测量采用测距仪、经纬仪极坐标法和三角高程测量,从变形区外的测站上观测变形区内测点的变形。航空摄影测量的摄影航高为 700m,地面人工目标点和自然目标点的像点坐标用解析测图仪量测(图中只画出了其中的几个测点),控制点设置在变形区范围之外。

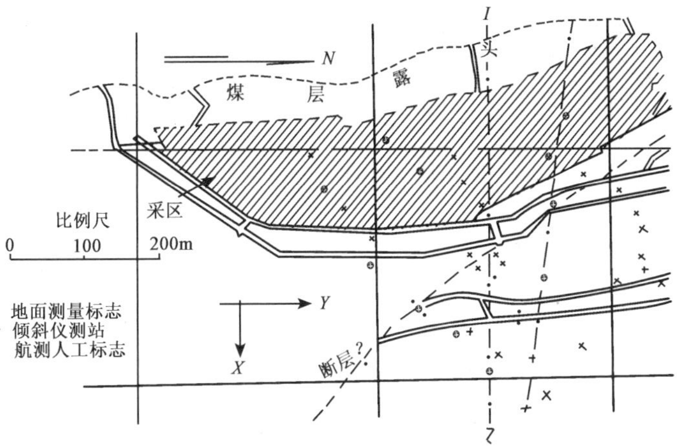

图 3-13 某矿区变形观测测点布置图

图 3-14 是我国某地区的地壳形变监测系统,包括高精度的三角三边网、跨越断层的准直、短基线、短水准和定点观测边。

图 3-15 是某混凝土大坝纵剖面图。为了测定大坝的水平位移,在坝顶、1 号和 3 号廊道内设置了激光准直系统;在 1 号和 3 号廊道中还分别进行了“引张线法”和“测小角法”准直,以便互相校核。在主坝段埋设了 3 条倒锤,用于测定大坝的挠度,并作为准直测量的基点。此外,在主坝的下游河谷地段,设计了一个变形观测参考网,参考网以一等三角测量精度观测(角度测量中误差为±0.5″),从参考网点用前方交会法测定大坝下游面上目标点的位移。为了测定坝和基础的沉陷以及基础的倾斜,在坝顶和底层廊道中进行了精密水准测量,用底层廊道上、下游方向上的水准测量成果,计算坝基础的倾斜。另外,还在底层廊道中设置了静力水

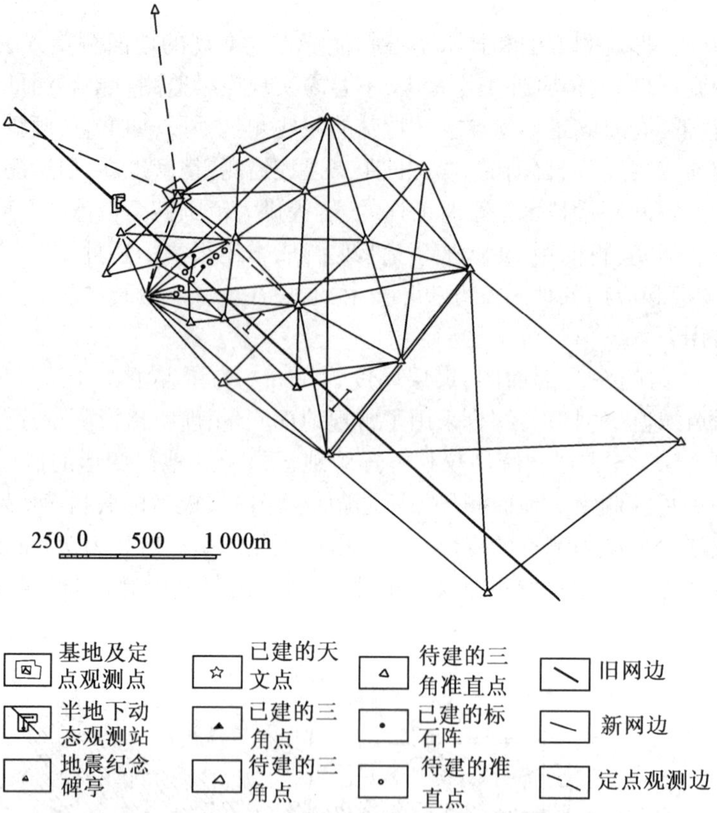

图 3-14　某地壳形变监测系统

准测量网，可以和几何水准测量成果互相校核。

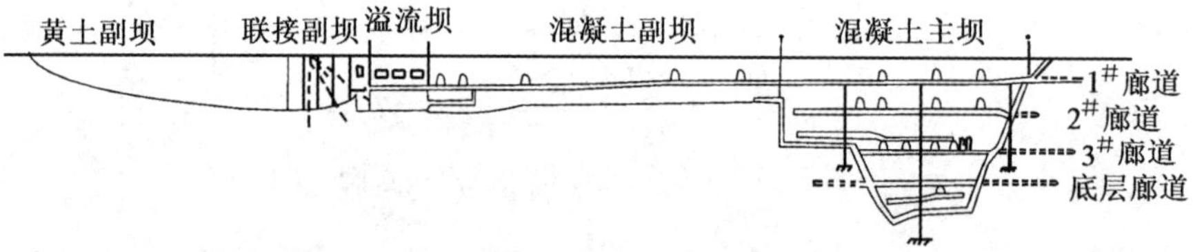

图 3-15　某大坝纵剖面示意图

3.3　变形监测网优化设计

测图控制网、施工控制网和变形监测网可统称为测量控制网。控制网优化设计是测量领域一个重要的研究课题。近 20 年来，优化设计问题在国内外得到了广大测量工作者的重视，并且在理论上和应用上都取得了显著的成果。测量控制网的优化设计有两个方面的含义：①在布设控制网时，希望在现有的人力、物力和财产条件下，使控制网具备最高的精度、灵敏度和可靠性;②控制网在满足精度、灵敏度和可靠性要求的前提下,使控制网的成本(费用)最低。本节将围绕控制网优化设计问题,简明扼要地介绍其分类、解法、质量标准及具体应用。

3.3.1 控制网优化设计问题的分类及解法

对于测量控制网而言,按照 Grafarend 提出的,目前国际上所公认的分类方法,将控制网的优化设计问题分为:

(1)零类设计问题(或称基准选择问题)。即对一个已知图形结构和观测计划的自由网,为控制网点的坐标及其方差阵选择一个最优的坐标系。这就是在已知设计矩阵 $\boldsymbol{A}$ 和观测值的权阵 $\boldsymbol{P}$ 的条件下,确定网点的坐标向量 $\boldsymbol{X}$ 和其协因数阵 $\boldsymbol{Q}_{xx}$,使 $\boldsymbol{X}$ 的某个目标函数达到极值。因此,零阶段设计问题也就是一个平差问题。

(2)Ⅰ类设计问题(或称结构图形设计问题)。即在已知观测值的权阵 $\boldsymbol{P}$ 的条件下,确定设计矩阵 $\boldsymbol{A}$,使网中某些元素的精度达到预定值或最高精度,或者使坐标的协因数阵最佳逼近一个给定的矩阵 $\boldsymbol{Q}'_{XX}$(准则矩阵)。

(3)Ⅱ类设计问题(或称观测值权的分配问题)。即已知设计矩阵 $\boldsymbol{A}$,确定观测值的权阵 $\boldsymbol{P}$,使某些元素达到预定的精度或精度最高,或者使坐标的协因数阵最佳逼近一个给定的矩阵 $\boldsymbol{Q}'_{XX}$。

(4)Ⅲ类设计问题(或称网的改造或加密方案的设计问题)。通过增加新点和新的观测值,以改善原网的质量。在给定的改善质量的前提下,使改造测量工作量最小,或者在改造费用一定的条件下,使改造方案的效果最佳。

以上 4 类设计问题的已知量和设计变量列于表 3-4。在大多数实际的优化设计问题中,往往表现为不同类设计问题的综合,例如Ⅲ类设计问题可以看成是Ⅰ类和Ⅱ类设计问题的混合;Ⅰ类、Ⅱ类和Ⅲ类设计问题的解又必须预先或同时解零类设计问题。因此,四类设计问题通常不能严格分开。

表 3-4

类别	已知量	设计变量
零	$\boldsymbol{A},\boldsymbol{P}$	$\boldsymbol{X},\boldsymbol{Q}_{XX}$
一	$\boldsymbol{P},\boldsymbol{Q}_{XX}$	$\boldsymbol{A}$
二	$\boldsymbol{A},\boldsymbol{Q}_{XX}$	$\boldsymbol{P}$
三	$\boldsymbol{Q}_{XX}$	$\boldsymbol{A},\boldsymbol{P}$

控制网的优化设计的方法已有许多种,但绝大多数方法都可以归纳成解析设计法和机助设计法两类。解析法是通过建立优化设计问题的数学模型,包括目标函数和约束条件,选择一种恰当的寻优算法,求出问题的严格最优解;机助法则是将电子计算机的计算能力和判别能力同设计者的知识和经验结合起来,通过对一个凭经验拟定的初始设计方案,进行分析、计算,求出各项质量指标,并对设计方案进行不断地修改,直到设计者满意的一种设计方法。

比较两类解算方法可知,解析法的优点是所需机时一般较少,理论上比较严密,其最终结果是严格最优的。它的缺点是优化设计问题的数学模型比较复杂,有时难以建立,最终的结果有时是理想化的,在实际中实施起来比较困难或者不可行。如网形的不合理、过大的观测权和

负权的出现。与解析法比较,机助法具有如下优点:

(1)适应性广,可用于除零阶段设计问题外的任何一阶段设计,特别是Ⅰ类、Ⅱ类和各种混合的设计问题。

(2)设计结果的合理性和切实可行性。由于设计过程中融入了设计者的知识和经验,使最终结果一定是实际的,切实可行的。

(3)计算模型简单,可直接利用平差模型和分析模型,一般无须建立优化设计的数学模型,有利于一般人员掌握和在生产单位的推广使用。

机助法的缺点是所需的机时一般较多,最终结果相对于解析法而言,在严格的数学意义上可能并非最优,只是一种近似最优解,但是这种差别在实用上并不太重要。

从数学的角度来看,对一个实际问题进行优化设计,一般需要经过如下步骤:

①分析实际问题,结合各种设计要求,建立优化设计问题的数学模型;

②选择适当的求解方法,编制电算程序,在计算机上进行求解;

③分析解算结果的合理性,可行性,并对成果作出评价。

3.3.2 控制网优化设计的质量标准

控制网的质量是控制网设计的核心和宗旨。用什么标准来衡量控制网的质量好坏,不仅取决于工程的性质和要求,而且取决于标准制定的合理与否。因此,标准的制定对控制网的设计非常重要。而这个标准就是控制网优化设计的质量标准,又称为质量指标、质量准则。

通常,我们用一些数值指标来描述控制网质量的好坏。根据对控制网的要求不同,一般有如下4类质量指标:

(1)精度——描述误差分布离散程度的一种度量;

(2)可靠性——发现和抵抗模型误差的能力大小的一种度量;

(3)灵敏度——监测网发现某一变形的能力大小的一种度量;

(4)经济——建网费用。

下面将分别对这前3类质量指标作系统地讨论,并对各类指标之间的关系及综合指标的制定原则和方法也作初步介绍。

1. 精度指标

精度指标是描述误差分布离散程度的一种度量,常用方差或均方根差来描述。

对于一般控制网,均可以用高斯—马尔柯夫模型

$$\begin{cases} E(\boldsymbol{L}) = \underset{n\times t}{\boldsymbol{A}}\boldsymbol{X} \\ D(\boldsymbol{L}) = \sigma_0^2\boldsymbol{Q} = \sigma_0^2\boldsymbol{P}^{-1} \end{cases} \tag{3-6}$$

来描述。式中,$\boldsymbol{L}$ 是 n 维观测向量,$\boldsymbol{X}$ 为 t 维未知参数向量(通常选择控制网中待定点的高程或坐标作为未知参数),$\boldsymbol{A}$ 为系数矩阵或设计矩阵,$\boldsymbol{Q}^{-1}=\boldsymbol{P}$ 为权阵,σ_0^2 为单位权方差,$D(\boldsymbol{L})$ 和 $E(\boldsymbol{L})$ 分别为 $\boldsymbol{L}$ 的方差和数学期望。

根据最小二乘原理,(3-6)的平差结果为

$$\begin{cases} \hat{\boldsymbol{X}} = (\boldsymbol{A}^{\mathrm{T}}\boldsymbol{PA})^{-1}\boldsymbol{A}^{\mathrm{T}}\boldsymbol{PL} \\ \boldsymbol{D}_{XX} = \sigma_0^2\boldsymbol{Q}_{XX} = \sigma_0^2(\boldsymbol{A}^{\mathrm{T}}\boldsymbol{PA})^{-1} \end{cases} \tag{3-7}$$

未知参数的方差阵 $\boldsymbol{D}_{XX}$ 或协因数阵 $\boldsymbol{Q}_{XX}$ 在控制网的精度评定中起着非常重要的作用,所需的各种精度指标都可以由它导出来。因此,可以认为 $\boldsymbol{D}_{XX}$ 或 $\boldsymbol{Q}_{XX}$ 包含了控制网的全部精度信

息。我们称它为控制网的精度矩阵。

显然,用精度矩阵就可以完整地描述控制网的精度情况。但是,就实际应用来说,这样做会带来一些不便。因为我们很难直接地将两个不同的精度矩阵之间进行比较,判别出哪一个精度高,哪一个精度低。所以,我们总是抽取精度矩阵的一部分信息,定义一些数值指标,以此来作为比较精度高低的标准。

(1)整体精度。

整体(总体)精度用于评价网的总体质量。因为精度矩阵 $\boldsymbol{D}_{XX}$(或 $\boldsymbol{Q}_{XX}$)是一非负定阵,其特征值 $\lambda_i(i=1,2,\cdots,t)$ 也必非负,设按大小排列为

$$\lambda_1 \geqslant \lambda_2 \geqslant \cdots \geqslant \lambda_t \geqslant 0$$

常用的标准有:

A 最优　　$\mathrm{tr}(\boldsymbol{D}_{XX})=\min$

$$\mathrm{tr}(\boldsymbol{D}_{XX})=\lambda_1+\lambda_2+\cdots+\lambda_t$$

D 最优　　$|\boldsymbol{D}_{XX}|=\lambda_1\cdot\lambda_2\cdots\lambda_t=\min$

E 最优　　$\lambda_{\max}(\boldsymbol{D}_{XX})=\min$

S 最优　　$\lambda_{\max}(\boldsymbol{D}_{XX})-\lambda_{\min}(\boldsymbol{D}_{XX})=\min$

(2)局部精度。

控制网中某一个元素的精度称为网的局部精度,如某一条边长、某一个方向和某一个点位等的精度。局部精度均可以看成是未知参数的某个线性函数(即权函数式)

$$\varphi=\boldsymbol{f}^{\mathrm{T}}\hat{\boldsymbol{X}}$$

的精度,即 φ 的方差

$$\sigma_\varphi^2=\boldsymbol{f}^{\mathrm{T}}\boldsymbol{D}_{XX}\boldsymbol{f} \tag{3-8}$$

当 $\boldsymbol{f}$ 取不同形式,我们可以得到:

- 单个坐标未知数的精度

$$m_{x_i}=\sigma_0\sqrt{\boldsymbol{Q}_{x_ix_i}} \qquad m_{y_i}=\sigma_0\sqrt{\boldsymbol{Q}_{y_iy_i}}$$

- 点位精度

$$m_i=\sigma_0\sqrt{\boldsymbol{Q}_{x_ix_i}+\boldsymbol{Q}_{y_iy_i}}$$

- 点位误差椭圆元素

$$E_1^2=\frac{\sigma_0^2}{2}(\boldsymbol{Q}_{x_ix_i}+\boldsymbol{Q}_{y_iy_i}+K_i)$$

$$F_2^2=\frac{\sigma_0^2}{2}(\boldsymbol{Q}_{x_ix_i}+\boldsymbol{Q}_{y_iy_i}-K_i)$$

式中,$K_i=\sqrt{(\boldsymbol{Q}_{x_ix_i}-\boldsymbol{Q}_{y_iy_i})^2+4\boldsymbol{Q}_{x_iy_i}^2}$。

误差椭圆长半轴 e 的方向由下式解出

$$\tan 2\varphi_0=\frac{2\boldsymbol{Q}_{x_iy_i}}{\boldsymbol{Q}_{x_ix_i}-\boldsymbol{Q}_{y_iy_i}}$$

当 $\boldsymbol{Q}_{x_iy_i}>0$ 时,长半轴 e 的方向在第一、三象限;当 $\boldsymbol{Q}_{x_iy_i}<0$ 时,e 的方向在第二、四象限。当 $\boldsymbol{Q}_{x_iy_i}=0$ 时,误差椭圆成为一个圆,即误差圆。

2. 可靠性标准

可靠性概念是荷兰 Barrda 教授(1968 年)针对观测值数据中的粗差提出来的。测量控制

网的可靠性是指控制网探测观测值粗差和抵抗残存粗差对平差成果影响的能力，它分为内部可靠性和外部可靠性。

(1)内部可靠性。

内部可靠性是指某一观测值中至少必须出现多大的粗差∇_{l_i}(下界值)，才能以所给定的检验功效β_0在显著水平为α的统计检验中被发现？这时观测值l_i上可发现粗差的下界值为：

$$\nabla_0 l_i = \sigma_{l_i}\delta_0 / \sqrt{r_i} \tag{3-9}$$

式中，σ_{l_i}为观测值l_i的中误差；δ_0为非中心参数；r_i为观测值的多余观测分量。

为了直接进行不同类观测值的可靠性比较，

令
$$\delta_{0i} = \delta_0 / \sqrt{r_i} \tag{3-10}$$

δ_{0i}作为度量观测值内部可靠性的指标。

(2)外部可靠性。

外部可靠性是指无法探测出(小于$\nabla_0 l_i$)，而保留在观测数据中的残存粗差对平差结果的影响。这时，最大残存粗差$\nabla_0 l_i$对平差参数的影响为：

$$\nabla_0 X_i = \boldsymbol{Q}_{XX}\boldsymbol{A}^{\mathrm{T}}\boldsymbol{P}\begin{pmatrix} 0 \\ \vdots \\ \nabla_0 l_i \\ \vdots \\ 0 \end{pmatrix} \tag{3-11}$$

由于式(3-11)与基准有关，且使用不便，为此，定义影响因子$\delta_{0i}'^2 = (\nabla_0 X_i)^{\mathrm{T}}\boldsymbol{Q}_{XX}^{-1}(\nabla_0 X_i)$。可以证明，$\delta_{0i}'^2$与平差基准无关。由此可以得到

$$\delta'_{0i} = \delta_0\sqrt{\frac{1 - r_i}{r_i}} \tag{3-12}$$

δ'_{0i}即为描述不同观测值的外部可靠性指标。

(3)多余观测分量r_i。

由于内、外可靠性均与r_i有关，当显著水平α和检验功效β_0一定时，它们完全随r_i的变化而变化。因此，r_i可以作为评价内、外部可靠性的公共指标。

$$r_i = (\boldsymbol{Q}_{VV}\boldsymbol{P})_{ii} \tag{3-13}$$

即r_i为矩阵($\boldsymbol{Q}_{VV}\boldsymbol{P}$)主对角线上的元素，称为控制网的多余观测分量。多余观测分量与多余观测数有下列关系：

$$r = \sum r_i \tag{3-14}$$

比较式(3-10)和式(3-12)，不难发现，多余观测分量值较大的，其内、外部可靠性也一定较好。反之亦然。因此，多余观测分量不仅代表了该观测值在总的多余观测数中所占地位，而且也可以作为可靠性评价中的一个重要量度——局部可靠性。同时，多余观测数r愈大，表明对发现粗差愈有利。因此，我们也可以用多余观测的平均值作为另一可靠性度量——整体可靠性指标。

$$\bar{r} = \frac{\mathrm{tr}(\boldsymbol{Q}_{VV}\boldsymbol{P})}{n} = \frac{r}{n} \tag{3-15}$$

在控制网设计阶段，根据网的类型，能够对观测值起良好控制的网其多余观测分量应该满足：

$$r_i \geq 0.2 \sim 0.5$$

$$r_i \rightarrow \bar{r} = \frac{r}{n}$$

3. 变形监测网的特殊准则——灵敏度准则

变形监测网以灵敏度准则作为其特殊的质量准则，是由变形监测网不同于一般控制网的性质、特点和用途所决定的。我们知道，变形监测的目的就是要证明监测对象是否存在显著变形，和一般控制网相比，监测网最主要的特点就是具有周期性和方向性，即通过多期观测来发现建筑物在某一特定方向上的变形。如重力坝主要是发现垂直于坝体方向的变形等。而变形监测网的灵敏度则正是用来描述监测网发现变形体在某一特定方向上变形的能力。因此，灵敏度应作为变形监测网的主要质量准则。下面作具体讨论。

(1)变形监测网的总体灵敏度。

设监测网两期观测分别平差后，公共坐标未知数 X 的平差值为 $\hat{X}_{\mathrm{I}}$ 和 $\hat{X}_{\mathrm{II}}$，位移向量 $d=\hat{X}_{\mathrm{II}}-\hat{X}_{\mathrm{I}}$。消去附加参数(如定向角未知数)后与 $\hat{X}_{\mathrm{I}}$ 和 $\hat{X}_{\mathrm{II}}$ 相应的法方程系数阵为 $\boldsymbol{N}_1$ 和 $\boldsymbol{N}_2$。根据所考虑的变形模型，可得位移向量 $\boldsymbol{d}$ 与变形参数向量 $\boldsymbol{C}$ 之间的关系式

$$\boldsymbol{d} = \boldsymbol{MC} \tag{3-16}$$

式中，$\boldsymbol{M}$ 为变形模型系数矩阵。参数 $\boldsymbol{C}$ 的估值 $\hat{\boldsymbol{C}}$ 可由下式按最小二乘法求得：

$$d + V_d = \boldsymbol{M} \cdot \hat{\boldsymbol{C}}; \quad P_d = \boldsymbol{N}_1(\boldsymbol{N}_1 + \boldsymbol{N}_2) - \boldsymbol{N}_2 \tag{3-17}$$

$$\hat{\boldsymbol{C}} = (M^{\mathrm{T}}\boldsymbol{P}_d\boldsymbol{M})^{-1}\boldsymbol{M}^{\mathrm{T}}\boldsymbol{P}_d \cdot \boldsymbol{d} \tag{3-18}$$

$$Q_{\hat{c}} = (\boldsymbol{M}^{\mathrm{T}}\boldsymbol{P}_d\boldsymbol{M})^{-1} \tag{3-19}$$

式中，P_d 为矩阵的平行加。可以证明由(3-18)式、(3-19)式求得的 $\hat{\boldsymbol{C}}$ 和 $\boldsymbol{Q}_{\hat{c}}$ 是唯一的，与各期平差基准无关。

对所给变形模型作如下显著性检验：

$$H_0: E(\boldsymbol{C}) = 0$$

$$H_1: E(\boldsymbol{C}) = \hat{C} \neq 0$$

构造如下统计量：

$$\left.\frac{\hat{\boldsymbol{C}}^{\mathrm{T}}\boldsymbol{Q}_{\hat{c}}\hat{\boldsymbol{C}}}{\sigma_0^2}\right|_{H_0} \sim \chi^2(f) \tag{3-20}$$

$$\left.\frac{\hat{\boldsymbol{C}}^{\mathrm{T}}\boldsymbol{Q}_{\hat{c}}\hat{\boldsymbol{C}}}{\sigma_0^2}\right|_{H_1} \sim \chi^2(f,\delta^2) \tag{3-21}$$

式中，自由度 $f=rk(\boldsymbol{Q}_{\hat{c}})$，非中心参数 δ^2 由下式计算：

$$\delta^2 = \frac{\hat{\boldsymbol{C}}^{\mathrm{T}}\boldsymbol{Q}_{\hat{c}}^{-1}\hat{\boldsymbol{C}}}{\sigma_0^2} \tag{3-22}$$

应用式(3-20)、式(3-21)就可以对变形模型作整体检验。但在监测网设计阶段，更有意义的是相反的问题：即给定显著水平 α_0 和检验功效 β_0，问非中心参数 δ^2 应达到多大，才能导致拒绝 H_0 而接受 H_1，即能发现的最小变形是多少？

对某一感兴趣方向 g，变形参数 $\boldsymbol{C}$ 可以分解为：

$$\boldsymbol{C} = \alpha_0\boldsymbol{g} \tag{3-23}$$

式中 α_0 为参数 $\boldsymbol{C}$ 在 $\boldsymbol{g}$ 方向上的长度,$\boldsymbol{g}$ 为变形方向的单位向量,有 $\|\boldsymbol{g}\|=1$。由给定的显著水平 α_0 检验功效 β_0 和自由度 f,可查有关的诺谟图得非中心参数的临界值 δ_0^2。将(3-23)式代入(3-22)式,得到:

$$\alpha_0=\sigma_0\delta_0/\sqrt{\boldsymbol{g}^{\mathrm{T}}\boldsymbol{Q}_{\hat{c}}^{-1}\boldsymbol{g}} \tag{3-24}$$

$$V_{0C}(\boldsymbol{g})=\alpha_0\boldsymbol{g}=\boldsymbol{g}\sigma_0\delta_0/\sqrt{\boldsymbol{g}^{\mathrm{T}}\boldsymbol{Q}_{\hat{c}}^{-1}\boldsymbol{g}} \tag{3-25}$$

数值 α_0 为以功效 β_0 所能发现的变形参数向量 $\boldsymbol{C}$ 在 $\boldsymbol{g}$ 方向上的最小长度,$V_{0C}(\boldsymbol{g})$ 为在 $\boldsymbol{g}$ 方向上以功效 β_0 所能发现的变形参数的下限值。我们称 α_0 或 $V_{0C}(\boldsymbol{g})$ 为监测网的总体灵敏度。α_0 越小,总体灵敏度越高。

由(3-22)式得:

$$\hat{\boldsymbol{C}}^{\mathrm{T}}\boldsymbol{Q}_{\hat{c}}^{-1}\hat{\boldsymbol{C}}=\sigma_0^2\delta^2 \tag{3-26}$$

它代表一个 U 维(U 维未知坐标向量)超球,当 $\delta^2=\delta_0^2$ 时,表示一个灵敏度超球,落于灵敏度超球内的变形参数向量,则监测网在 α_0、β_0 下无法检测出。

(2)监测网的局部灵敏度与单点灵敏度。

当网中点只有部分点或单点可能发生变动时,可只对动点进行 χ^2 检验从而得出网的局部灵敏度与单点灵敏度。对于监测网优化设计而言,常讨论的是单点灵敏度,它有助于我们直观地了解网中各点处发现变形的能力,有效地衡量设计方案的优劣。

设监测网中第 i 点产生了移动,则由式(3-16)

$$\boldsymbol{C}_{ix}=(\boldsymbol{C}_{ix},\boldsymbol{C}_{iy})$$

$$\boldsymbol{M}^{\mathrm{T}}=\begin{pmatrix}0 & 0 & \cdots & 1 & 0 & \cdots & 0 & 0\\ 0 & 0 & \cdots & \underbrace{0 & 1}_{i} & \cdots & 0 & 0\end{pmatrix}$$

式(3-19)变为:

$$\boldsymbol{Q}_{\hat{c}}=(\boldsymbol{M}^{\mathrm{T}}\boldsymbol{P}_d\boldsymbol{M})^{-1}=(\boldsymbol{P}_d)_i^{-1} \tag{3-27}$$

$(\boldsymbol{P}_d)_i$ 为矩阵 $\boldsymbol{P}_d$ 与 l^i 点相应的子块矩阵。将式(3-27)代入式(3-24)中,得到 l 点在给定 $\boldsymbol{g}$ 方向上的灵敏度为:

$$\alpha_{0i}=\sigma_0\delta_0/\sqrt{\boldsymbol{g}^{\mathrm{T}}(\boldsymbol{P}_d)_i\cdot\boldsymbol{g}} \tag{3-28}$$

$$V_{0i}(\boldsymbol{g})=\alpha_{0i}\cdot\boldsymbol{g} \tag{3-29}$$

对应的椭圆方程为

$$\boldsymbol{C}^{\mathrm{T}}(\boldsymbol{P}_d)_i\boldsymbol{C}=\sigma_0^2\delta_0^2 \tag{3-30}$$

称式(3-30)为单点灵敏度椭圆方程。

对于两期不变设计而言,单点灵敏度椭圆参数的计算非常简单,这时有:

$$(\boldsymbol{P}_d)_i=\frac{1}{2}(N)_i$$

$$N=A^{\mathrm{T}}PA \tag{3-31}$$

N 是法方程系数阵

椭圆参数为:

$$E_i=\sqrt{2}\sigma_0\delta_0/\sqrt{\lambda_{\min}(N)_i} \tag{3-32}$$

$$F_i=\sqrt{2}\sigma_0\delta_0/\sqrt{\lambda_{\max}(N)_i} \tag{3-33}$$

$$\varphi_{Ei} = \frac{1}{2}\arctan\frac{2N_{xy}}{N_{xx} - N_{yy}} \pm 90^\circ \tag{3-34}$$

$$(N)_i = \begin{pmatrix} N_{xx} & N_{xy} \\ N_{yx} & N_{yy} \end{pmatrix} \tag{3-35}$$

3.3.3 变形监测网机助法优化设计系统

机助法优化设计由于具有简单的数学模型，操作灵活方便，设计结果的合理性和可行性直观明了，易于控制等特点，因而，受到测量工作者的重视和广泛应用。

1. 机助法优化设计的基本原理

机助法优化设计的基本原理是：对一个根据经验设计的初始网，利用平差模型和网的分析模型，对各项质量指标进行评估。若质量指标未达到或高于设计要求，则根据分析结果，采用人机对话的形式适当改变原设计方案，再进行分析评估。如此多次修改，直到各项指标都满足设计要求，设计者感到满足为止。

按照机助设计的过程来看，一个机助设计系统大体上可以分为 6 个部分，即初始方案、数学模型、终端显示、人机对话、调整方案和成果输出。系统的总体结构可用图 3-16 表示。下面分别说明各个部分应具备的基本功能。

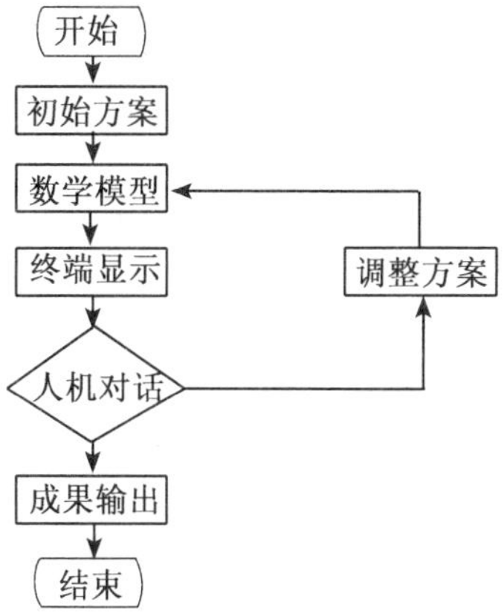

图 3-16

(1)初始方案。

机助设计首先必须确定一个初始方案，它是由网点的位置，点与点之间的关联关系，观测值的数目、类型和精度，网的类型和基准等因素所确定的。初始方案通常是由设计人员在设计图纸上(一般为地形图)，根据自己的实践经验和对控制网所提出的基本要求初步拟定的。

(2)数学模型。

数学模型部分由许多个具有不同功能的程序模块所组成，它能对一项设计方案进行各种加工处理，如各个量的秩序排列和编号、比较大小以及各种数值计算。根据设计要求，求出各种反映该方案质量好坏的性能指标，以便设计者了解该方案是否满足设计要求、质量是否过高或过低等。同时，还应提供帮助设计者制定修改方案的有关信息，使修改后的方案优于修改前的方案。

数学模型部分的功能强弱，直接反映了机助设计系统的功能大小和设计的效果。所以，该部分是机助设计系统的核心。

(3)终端显示和人机对话。

终端显示和人机对话是两个密切相关的部分，终端显示的内容和方式将受到人机对话部分的控制，并且所显示的信息又为人机对话服务。它们的基本功能是，借助于计算机的屏幕显示功能，用字符、数字和图形等方式，将所设计的方案的有关信息，在屏幕上直观地显示出来。如控制网的图形和各种质量分析图，以及有关的注记说明。通过屏幕上显示的信息，设计者可以很直观地了解到所设计的方案的各种性质和指标。通过人机对话，设计者可以选择显示的内容，同时可告诉计算机对所设计的方案是否满意，若不满意则下一步想修改什么等。

(4)调整方案。

机助设计是一个不断地对设计方案进行调整的过程。当需要对某一设计方案进行修改时,调整方案部分将通过一系列提示,询问设计者想修改什么,在什么地方修改和如何修改等,并且引导设计者将拟定好的修改方案准确无误地输给计算机。修改方案输入之后,对某些量还需作一些信息处理,必要时还要对某些量的秩序作重排处理,进而形成一个新的设计方案,以便输入给数学模型部分进行加工整理。

对于一项设计方案的修改,一般应包含下面几种方式供设计者任意选择:

①增加或删除一些观测值;

②改变某些观测值的权;

③增加或删除网中某些控制点;

④改变某些网点的位置;

⑤改变网的基准类型。

设计者根据终端显示部分提供的有关信息,结合自己的实践经验来选择一项或若干项修改方案的方式。

调整方案部分的功能大小,反映了机助设计系统在设计中的灵活性,应用范围的广泛性。可供设计者选择的修改方式的多少是这部分功能强弱的直接反映。

(5)成果输出。

机助优化设计完成之后,便得到了一个设计合理的优化方案,这时可按照一定的方式,将优化设计的成果信息或数据整理成表格、绘制成图形,在输出终端打印或绘制出来,使用户对设计结果一目了然。必要时还可打印一份技术设计报告,作为交给用户的一份设计说明书。

2. 应用实例

图 3-17 为某重力坝监测网的初始网形。由 7 点组成,其中 1 点为基准点,α_{1-2} 为基准方向,6、7 点为坝轴线两端点。该工程由溢流坝、挡水坝、电站进水口和压力管道、地下厂房以及两岸土坝组成。

监测网设计的基本要求:

(1)该网能发现 6、7 点在垂直于坝轴线上大于 3.5mm 的变形;

(2)各观测值的多余观测分量不小于 0.2。

初始方案拟定为:

网形——如图 3-17 所示的 7 点边角网;

基准——1 点为基准点,α_{1-2} 为基准方向;

观测精度——方向观测精度 $m_0=\pm 0.5''$,边长用 ME-3000 施测,标称精度 $m_s=\pm(0.2\text{mm}+1\text{ppm}\cdot D)$。

初始方案的设计结果见表 3-5。

表 3-5

方案	点号	监测方向	灵敏度 α_{0i}/mm	灵敏度椭圆元素 E/mm	F/mm	T	可靠性 r	r_{max}	r_{min}	观测数
0	6	152°17′	1.56	1.56	1.48	146°04′	0.58	0.80	0.19	$NA=30$
	7	152°17′	3.04	3.09	2.30	139°43′				$NS=14$

注:灵敏度 α_{0i} 即为 i 点在给定方向 g 上可发现的变形值。

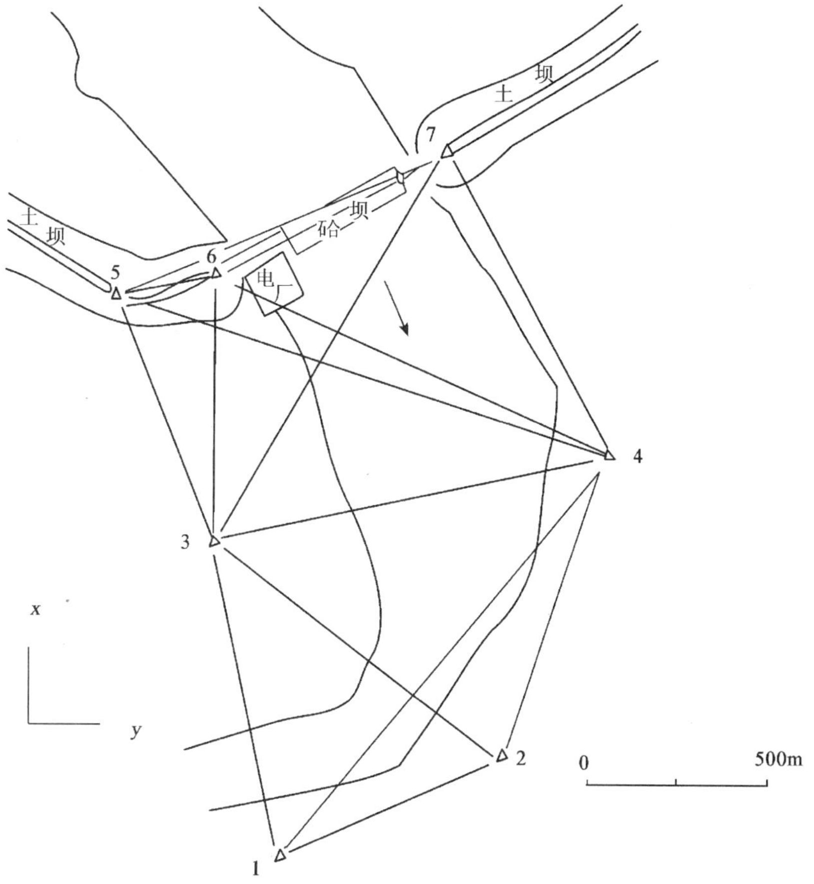

图 3-17　某大坝监测网的初始网形

由表 3-5 可见,初始方案已能够发现 6、7 点在垂直于坝轴线上大于 3.5mm 的变形。特别是 6 点灵敏度较高,从经济角度看,需要对初始方案作修改。根据现有的仪器设备等条件,拟减少部分观测值作为修改方案。顾及到设计的可靠性要求,我们得到了表 3-6 中的设计方案 2,设计方案 3,全面衡量各项设计指标要求。我们认为方案 3 为满足设计要求,具有较高灵敏度,经济上又比较合理的优化方案。

表 3-6

方案	点号	监测方向	灵敏度 α_{0i}/mm	灵敏度椭圆元素 E/mm			可靠性 r			观测数
				E/mm	F/mm	T	r	r_{max}	r_{min}	
1	6	152°17′	1.63	3.61	1.56	80°56′	0.46	0.72	0.20	$NA=30$
	7	152°17′	3.04	4.91	2.94	81°19′				$NS=4$
2	6	152°17′	1.79	3.73	1.74	77°04′	0.42	0.69	0.26	$NA=30$
	7	152°17′	3.17	6.72	3.16	68°04′				$NS=2$
3	6	152°17′	1.81	5.49	1.75	77°47′	0.39	0.64	0.20	$NA=28$
	7	152°17′	3.21	6.74	3.19	68°19′				$NS=2$

思考题 3

1. 试分析比较各类监测技术和方法,指出它们的优缺点。
2. 如何制定变形监测方案? 其主要内容包括哪些?
3. 如何根据变形监测的对象,确定变形监测的精度和监测的频率?
4. 控制网优化设计分为哪几类?
5. 控制网优化设计的方法有哪几种? 它们的优缺点是什么?
6. 试叙述控制网优化设计的质量标准、精度标准有哪些? 如何根据工程性质进行选择?

第4章 变形监测资料的预处理

4.1 监测资料检核的意义与方法

受观测条件的影响，任何变形监测资料可能存在误差，只不过误差的大小和性质不同而已。在测量中，我们一般将观测值的误差分为3类：①粗差（也称错误），它是由于观测中的错误所引起的，例如，GPS观测值中的周跳现象，水准观测时的读错、记错等；②系统误差，它是在相同的观测条件下作一系列的观测，而观测误差在大小、符号上表现出系统性，例如，钢尺量距时存在系统性的尺长改正误差，测距仪的固定误差等；③偶然误差（也称随机误差），它是在相同的观测条件下作一系列的观测，而观测误差在大小、符号上表现出偶然性，例如，仪器测角时的照准误差，测量读数时的估读小数误差等。

在变形监测中，观测中的错误是不允许存在的，系统误差可通过一定的观测程序得到消除或减弱。如果在监测资料中存在错误或系统误差，就会对后续的变形分析和解释带来困难，甚至得出错误的结论。同时，在变形监测中，由于变形量本身较小，临近于测量误差的边缘，为了区分变形与误差，提取变形特征，必须设法消除较大误差（超限误差），提高测量精度，从而尽可能地减少观测误差对变形分析的影响。

监测资料检核的方法很多，要依据实际观测情况而定。一般来说，任一观测元素（如高差、方向值、偏离值、倾斜值等）在野外观测中均具有本身的观测检核方法，如限差所规定的水准测量线路的闭合差、两次读数之差等，这部分内容可参考有关的规范要求。进一步的检核是在室内所进行的工作，具体有：

（1）校核各项原始记录，检查各次变形值的计算是否有误。可通过不同方法的验算，不同人员的重复计算来消除监测资料中可能带有的错误。

（2）原始资料的统计分析。对监测网观测资料，可采用4.3节中所介绍的粗差检验方法。

（3）原始实测值的逻辑分析。根据监测点的内在物理意义来分析原始实测值的可靠性。主要用于工程建筑物变形的原始实测值，一般进行以下两种分析：

①一致性分析。这应从时间的关联性来分析连续积累的资料，从变化趋势上推测它是否具有一致性，即分析任一测点本次原始实测值与前一次（或前几次）原始实测值的变化关系。另外，还要分析该效应量（本次实测值）与某相应原因量之间的关系和以前测次的情况是否一致。一致性分析的主要手段是绘制时间-效应量的过程线图和原因-效应量的相关图。

②相关性分析。这是从空间的关联性出发来检查一些有内在物理联系的效应量之间的相关性，即将某点本测次某一效应量的原始实测值与邻近部位（条件基本一致）各测点的本测次同类效应量或有关效应量的相应原始实测值进行比较，视其是否符合它们之间应有的力学关系。例如图4-1所示的垂线对建筑物不同高度处进行挠度观测，挠度值为 S_i，对应的测点为 P_i，由于各监测点布设在同一建筑物上，在相类似的因素作用下，各测点所测的挠度值之间存

在较密切的空间统计相关性。再如图 4-2 所示的大坝变形监测，图中描述了某坝 3 个坎段一年的水平位移过程线，由图可以明显看出各坝段之间的位移相关性是非密切的。

在逻辑分析中，若新测值无论展绘于过程线图或相关图上，展绘点与趋势线延长段之间的偏距(参见图 4-3)都超过以往实测值展绘点与趋势线间偏距的平均值时，则有两种可能性，即该测次测值存在着较大的误差；也可能是险情的萌芽，这两种可能性都必须引起警惕。在对新测次的实测值进行检查(如读数、记录、量测仪表设备和监测系统工作是否正常)后，如无量测错误，则应接纳此实测值，放入监测资料库，但对此应引起警惕。

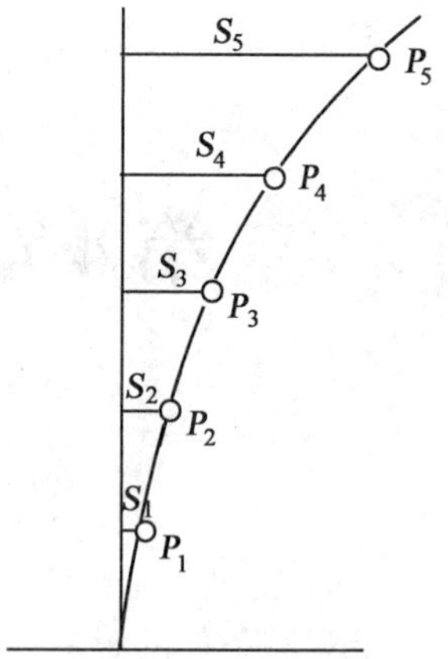

图 4-1　挠度观测的相关性

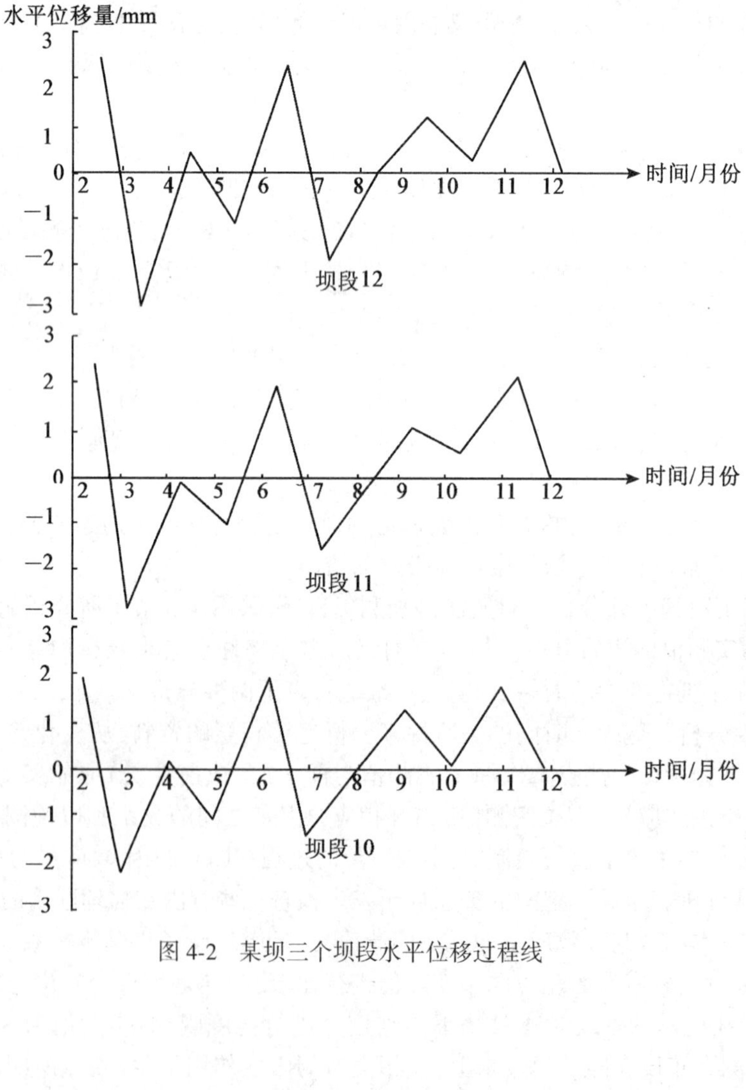

图 4-2　某坝三个坝段水平位移过程线

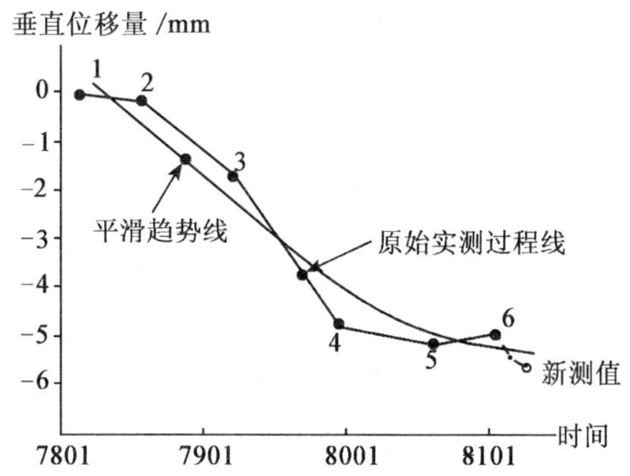

图 4-3　某测点垂直位移过程线图

4.2　用一元线性回归进行资料的检核

一元回归处理的是两个变量之间的关系，即两个变量 x 和 y 间若存在一定的关系，则通过试验，分析所得数据，找出两者之间关系的经验公式。假如两个变量的关系是线性的，那就是一元线性回归分析所研究的对象。

通常回归分析在处理两个变量问题时，是讨论一个非随机变量和一个随机变量的情形，而相关分析则讨论两个都是随机变量的情形。比如，对大坝而言，利用各坝段所测变形值进行相互检核的情况，因为两个观测值均是随机变量，故属于相关分析的范畴。

回归分析与相关分析尽管在概念上是不同的，但由于处理变量之间关系基本方法相同，故在下面的讨论中我们不再将它们作严格区分。

一元线性回归的数学模型为

$$y_a = \beta_0 + \beta x_a + \varepsilon_a, \quad a = 1,2,\cdots,N \tag{4-1}$$

式中，$\varepsilon_1,\varepsilon_2,\cdots,\varepsilon_N$ 是随机误差，一般假设它们相互独立，且服从同一正态分布 $N(0,\sigma)$。

为了估计(4-1)式中的参数 β_0，β，用最小二乘法求得它们的估值分别为 b_0,b，则可得一元线性回归方程

$$\hat{y} = b_0 + bx \tag{4-2}$$

b_0,b 叫做回归方程的回归系数。

回归值 $\hat{y}_a$ 与实际观测值 y_a 之差

$$v_a = y_a - \hat{y}_a \tag{4-3}$$

表示出 y_a 与回归直线 $\hat{y}=b_0+bx$ 的偏离程度。我们用下式所计算的值作为用回归直线求因变量估值的中误差

$$s = \sqrt{\frac{[vv]}{N-2}} \tag{4-4}$$

求回归直线的前提是变量 y 与 x 必须存在线性相关，否则所配直线就无实际意义，线性相关的指标是相关系数 ρ，它可用下式计算

$$\rho = \frac{\sigma_{xy}}{\sigma_x \sigma_y} \tag{4-5}$$

其估值为

$$\hat{\rho} = \frac{s_{xy}}{s_x s_y} = \frac{\sum_{a=1}^{N}(x_a - \bar{x})(y_a - \bar{y})}{\sqrt{\sum_{a=1}^{N}(x_a - \bar{x})^2}\sqrt{\sum_{a=1}^{N}(y_a - \bar{y})^2}} \tag{4-6}$$

式中,$\bar{x}$ 为自变量 x 的平均值;$\bar{y}$ 为因变量 y 的平均值。当 ρ 愈接近±1 时,表明随机变量 x 与 y 线性相关愈密切。表 4-1 为相关系数检验的临界值表。当按式(4-6)计算的估值 $\hat{\rho}$ 大于表中的相应值时,即可认为随机变量之间线性相关密切,此时配置回归直线才有价值。

表 4-1　　相关系数检验法的临界值

自由度	置信水平		自由度	置信水平	
	5%	1%		5%	1%
1	0.997	1.000	24	0.388	0.496
2	0.950	0.990	25	0.381	0.487
3	0.878	0.959	26	0.374	0.478
4	0.811	0.917	27	0.367	0.470
5	0.754	0.874	28	0.361	0.463
6	0.707	0.834	29	0.355	0.456
7	0.666	0.798	30	0.349	0.449
8	0.632	0.765	35	0.325	0.418
9	0.602	0.735	40	0.304	0.396
10	0.576	0.708	45	0.288	0.372
11	0.553	0.684	50	0.273	0.354
12	0.532	0.661	60	0.250	0.325
13	0.514	0.641	70	0.232	0.302
14	0.497	0.623	80	0.217	0.283
15	0.482	0.606	90	0.205	0.267
16	0.468	0.590	100	0.195	0.254
17	0.456	0.575	125	0.174	0.228
18	0.444	0.561	150	0.159	0.208
19	0.433	0.549	200	0.138	0.181
20	0.423	0.537	300	0.113	0.148
21	0.413	0.526	400	0.098	0.128
22	0.404	0.515	500	0.088	0.115
23	0.396	0.505	1000	0.062	0.087

为了利用一元线性回归对变形观测资料进行检核,现结合实例介绍如下。

表 4-2 为某坝 3 个坝段 3 年的水平位移观测资料,为了分析它们之间互相进行检核的可能性,首先探讨它们之间的相关程度。利用(4-6)式计算求得它们之间的相关系数估值为:

表 4-2　　　　某坝 3 个坝段的水平位移观测资料

发生时期		10	11	12
1973	2-1	1.77	2.23	2.14
	3-2	−2.46	−2.86	−3.09
	4-3	0.10	−0.12	0.38
	5-4	−1.13	−1.03	−1.24
	6-5	1.98	2.12	2.30
	7-6	−1.39	−1.55	−1.97
	8-7	−0.03	−0.18	0.10
	9-8	1.36	1.26	1.23
	10-9	0.19	0.68	0.35
	11-10	2.08	2.23	2.62
	12-11	0.01	−0.05	−0.21
1974	1-12	1.97	1.56	1.34
	2-1	−1.74	−1.49	−1.69
	3-2	0.39	0.45	0.52
	4-3	−2.06	−2.30	−2.09
	5-4	−5.41	−5.30	−5.49
	6-5	4.42	4.51	4.71
	7-6	−0.86	−1.29	−0.79
	8-7	−2.36	−2.29	−2.65
	9-8	1.29	1.12	1.21
	10-9	1.44	1.41	1.32
	11-10	0.90	1.58	1.59
	12-11	0.83	0.49	2.05
1975	1-12	0.09	0.48	−1.33
	2-1	0.93	0.61	0.78
	3-2	−2.54	−2.49	−2.26
	4-3	0.35	−0.38	−0.28
	5-4	−1.01	−0.62	−0.70
	6-5	−0.53	−1.01	−1.02
	7-6	−1.45	−0.68	−0.79
	8-7	0.58	0.60	0.62
	9-8	1.15	0.72	0.60
	10-9	−0.56	−0.56	−0.36
	11-10	0.40	0.56	1.54
	12-11	6.14	5.83	5.24

（表头斜线栏：位移值/mm；坝段号；发生时期）

坝段 10 与坝段 11，$\hat{\rho}_{10-11}=0.986$

坝段 12 与坝段 11，$\hat{\rho}_{12-11}=0.971$

由表 4-1 查得，自由度为 $n-2=33$ 时与置信水平 5%，1% 相应的相关系数临界值分别为 0.335，0.430。因为 $\hat{\rho}_{10-11}$，$\hat{\rho}_{11-12}$ 均远远大于临界值，故不同坝段位移值之间相关密切。

利用最小二乘法，根据表 4-2 数据可以建立回归方程：

$$\delta_{11} = -0.013 + 0.983\delta_{10} \tag{4-7}$$

$$\delta_{11} = -0.004 + 0.941\delta_{12} \tag{4-8}$$

表 4-3 是根据回归方程(4-7)按 δ_{10} 计算的 1976 年、1977 年坝段 11 水平位移的估值与实测值的比较。

由表 4-3 可知,绝大多数差数均在观测精度之内,个别值(如 1977 年观测值与计算值差 -2.33,-1.32)超过观测精度((4-7)式之估值中误差 $s=0.33$mm)。如果在当时观测时即采用(4-7)式进行统计检验,则对这些观测值可立即进行复测,以免以后分析时产生疑问。

表 4-3　按 δ_{10} 计算的 1976 年、1977 年坝段 11 水平位移的估值与实测值的比较　单位:mm

x (坝段 10)	y(坝段 11)1976			x (坝段 10)	y(坝段 11)1977		
	观测值	计算值	差 Δ		观测值	计算值	差 Δ
0.02	-0.03	0.03	-0.06	1.78	1.27	1.77	-0.50
-2.27	-2.58	-2.24	-0.34	-1.92	-2.22	-1.89	-0.33
-0.38	-0.24	-0.37	0.13	-0.12	0.18	-0.10	0.28
-1.80	-2.41	-.177	-0.64	-2.96	-2.13	-2.92	0.79
-0.57	-0.19	-0.55	0.36	0.06	0.29	0.07	0.22
0.19	-0.27	0.20	-0.47	2.40	0.06	2.39	-2.33
0	-0.02	0.01	-0.03	-2.74	-4.02	-2.70	-1.32
-0.04	0.33	-0.03	0.36	1.10	1.19	1.10	0.09
1.87	1.58	1.86	-0.28	0.70	1.54	0.70	0.84
-0.21	0.56	-0.20	0.76	1.19	0.73	1.19	-0.46
0.17	0.29	0.19	0.10	-0.64	0	-0.62	0.62

4.3　监测网观测资料的数据筛选及算例

根据监测网的几何图形关系,其观测元素之间存在一定的因果关系,可以用数学式把不同观测元素联系起来。但由于观测中存在偶然误差,为了检验观测中是否存在超限误差,需要利用统计检验的方法。

4.3.1　数据筛选原理

1. 超限误差的整体检验

设 $\boldsymbol{l}$ 是 n 维观测向量,把它分成 $\boldsymbol{l}_1$ 和 $\boldsymbol{l}_2$ 两部分。其中 $\boldsymbol{l}_1$ 是 n_1 维观测向量,不包含超限误差;$\boldsymbol{l}_2$ 是 n_2 维的,我们怀疑它有超限误差的观测向量,并用 $\boldsymbol{\delta}$ 表示超限误差向量。这时,对于参数平差,数学模型为:

$$\begin{bmatrix} \boldsymbol{l}_1 \\ \boldsymbol{l}_2 \end{bmatrix} + \begin{bmatrix} \boldsymbol{V}_1 \\ \boldsymbol{V}_2 \end{bmatrix} = \begin{bmatrix} \boldsymbol{A}_1 & \boldsymbol{O} \\ \boldsymbol{A}_2 & \boldsymbol{I} \end{bmatrix} \begin{bmatrix} \boldsymbol{X} \\ \boldsymbol{\delta} \end{bmatrix} \tag{4-9}$$

$$\boldsymbol{D}_l = \sigma_0^2 \boldsymbol{Q}_l$$

为了从整体上判断观测向量中是否伴随有超限误差,作原假设 $H_0: \delta = 0$。当将原假设作为式(4-9)的约束条件时,可用此条件消去未知向量 $\boldsymbol{\delta}$,因而,式(4-9)在约束条件下成为

$$\begin{bmatrix} \boldsymbol{l}_1 \\ \boldsymbol{l}_2 \end{bmatrix} + \begin{bmatrix} \widetilde{\boldsymbol{V}}_1 \\ \widetilde{\boldsymbol{V}}_2 \end{bmatrix} = \begin{bmatrix} \boldsymbol{A}_1 \\ \boldsymbol{A}_2 \end{bmatrix} \widetilde{\boldsymbol{X}} \tag{4-10}$$

式中,$\widetilde{\boldsymbol{V}}_1$、$\widetilde{\boldsymbol{V}}_2$ 表示有约束条件时之改正数,来区别未加约束条件的改正数 $\boldsymbol{V}_1$、$\boldsymbol{V}_2$。式(4-10)可简写为

$$\boldsymbol{l} + \widetilde{\boldsymbol{V}} = \boldsymbol{A}\widetilde{\boldsymbol{X}} \tag{4-11}$$

运用最小二乘平差原理,可计算母体方差估值

$$\hat{\sigma}_0^2 = \frac{\widetilde{\boldsymbol{V}}^{\mathrm{T}} \boldsymbol{P} \widetilde{\boldsymbol{V}}}{r}$$

在原假设成立的条件下,变量$\dfrac{\hat{\sigma}_0^2}{\sigma_0^2}$应服从自由度为 r 与∞ 的中心 F 分布,即

$$\frac{\hat{\sigma}_0^2}{\sigma_0^2} \sim F(r, \infty) \tag{4-12}$$

取置信水平 α,可对原假设 H_0(观测值中不包含超限误差)进行检验。

当检验原假设 H_0 被拒绝后,则表示在置信水平 α 下,观测值中可能包含有超限误差。

2. 超限误差的局部检验

(1)F 检验法。

为了具体判断哪些观测值伴随有超限误差,我们可先假设只有一个观测值 l_i 伴随有超限误差,则式(4-9)可写成

$$\boldsymbol{l} + \boldsymbol{V} = [\boldsymbol{A} \quad \boldsymbol{e}_i] \begin{bmatrix} X \\ \Delta_i \end{bmatrix} \tag{4-13}$$

式中,$\boldsymbol{e}_i = [0, \cdots, 0, 1, 0, \cdots, 0]^{\mathrm{T}}$。相应的法方程式为

$$\begin{bmatrix} \boldsymbol{A}^{\mathrm{T}}\boldsymbol{P}\boldsymbol{A} & \boldsymbol{A}^{\mathrm{T}}\boldsymbol{P}\boldsymbol{e}_i \\ \boldsymbol{e}_i^{\mathrm{T}}\boldsymbol{P}\boldsymbol{A} & \boldsymbol{e}_i^{\mathrm{T}}\boldsymbol{P}\boldsymbol{e}_i \end{bmatrix} \begin{bmatrix} X \\ \Delta_i \end{bmatrix} = \begin{bmatrix} \boldsymbol{A}^{\mathrm{T}}\boldsymbol{P}\boldsymbol{l} \\ \boldsymbol{e}_i^{\mathrm{T}}\boldsymbol{P}\boldsymbol{l} \end{bmatrix} \tag{4-14}$$

利用矩阵分块求逆,可解得

$$\Delta_i = \frac{-\boldsymbol{e}_i^{\mathrm{T}}\boldsymbol{P}\boldsymbol{V}}{\boldsymbol{e}_i^{\mathrm{T}}\boldsymbol{P}\boldsymbol{Q}_{VV}\boldsymbol{P}\boldsymbol{e}_i} \tag{4-15}$$

注意式(4-15)中的分母($\boldsymbol{e}_i^{\mathrm{T}}\boldsymbol{P}\boldsymbol{Q}_{VV}\boldsymbol{P}\boldsymbol{e}_i$)为一个数值。于是

$$Q_{\Delta_i} = \frac{\boldsymbol{e}_i^{\mathrm{T}}\boldsymbol{P}}{\boldsymbol{e}_i^{\mathrm{T}}\boldsymbol{P}\boldsymbol{Q}_{VV}\boldsymbol{P}\boldsymbol{e}_i} \cdot \boldsymbol{Q}_{VV} \cdot \frac{\boldsymbol{P}\boldsymbol{e}_i}{\boldsymbol{e}_i^{\mathrm{T}}\boldsymbol{P}\boldsymbol{Q}_{VV}\boldsymbol{P}\boldsymbol{e}_i} = (\boldsymbol{e}_i^{\mathrm{T}}\boldsymbol{P}\boldsymbol{Q}_{VV}\boldsymbol{P}\boldsymbol{e}_i)^{-1}$$

$$\boldsymbol{Q}_{\boldsymbol{\Delta}_i}^{-1} = \boldsymbol{e}_i^{\mathrm{T}}\boldsymbol{P}\boldsymbol{Q}_{VV}\boldsymbol{P}\boldsymbol{e}_i \tag{4-16}$$

为了检验 $\boldsymbol{\Delta}_i$ 是否为超限误差,作原假设 $H_0: \boldsymbol{\Delta}_i$ 不是超限误差,也即 $\boldsymbol{\Delta}_i$ 应趋于零。我们应用单位权方差估算公式

$$S^2=\frac{\boldsymbol{d}^{\mathrm{T}}\boldsymbol{Q}_d^{-1}\boldsymbol{d}}{r} \tag{4-17}$$

顾及 $r=1, d=\Delta_i$，用式(4-15)、式(4-16)代入得

$$S^2=\frac{(\boldsymbol{e}_i^{\mathrm{T}}\boldsymbol{PV})^2}{\boldsymbol{e}_i^{\mathrm{T}}\boldsymbol{PQ}_{VV}\boldsymbol{Pe}_i} \tag{4-18}$$

于是，变量

$$F=\frac{S^2}{\sigma_0^2}=\frac{(\boldsymbol{e}_i^{\mathrm{T}}\boldsymbol{PV})^2}{(\boldsymbol{e}_i^{\mathrm{T}}\boldsymbol{PQ}_{VV}\boldsymbol{Pe}_i)\sigma_0^2} \tag{4-19}$$

在原假设 H_0 成立时应服从自由度为 1 与 ∞ 的中心 F 分布，在置信水平 α 下可对原假设进行检验。

(2) B 检验法(u 检验法)。

利用式(4-15)、式(4-16)计算所得成果，也可用 u 检验对原假设 H_0(第 i 个观测值 l_i 不伴随有超限误差)进行检验。为此，将变量 Δ_i 标准化得统计量

$$W_i=\frac{|\Delta_i|-0}{\sigma_{\Delta_i}}=\frac{|\boldsymbol{e}_i^{\mathrm{T}}\boldsymbol{PV}|}{\sigma_0(\boldsymbol{e}_i^{\mathrm{T}}\boldsymbol{PQ}_{VV}\boldsymbol{Pe}_i)^{1/2}} \tag{4-20}$$

它应服从标准正态分布。

对于一般情况，观测值权阵 $\boldsymbol{P}$ 为对角阵，则式(4-20)可简化成

$$W_i=\frac{|v_i|}{\sigma_0\sqrt{q_{v_iv_i}}} \tag{4-21}$$

利用概率式

$$P\{W_i>u_{1-\frac{\alpha}{2}}\mid H_0\}=\alpha \tag{4-22}$$

可对原假设进行统计检验，从而决定观测值 l_i 是否伴随有超限误差。

这种利用标准正态分布来检验超限误差的方法是荷兰 Baarde 教授首先提出的，通常称为 B 检验法。

(3) τ 检验法。

由于 B 检验法要求预先知道观测值的母体方差 σ_0^2，但在某些情况下，σ_0^2 无法预先知道，为此，Pope 提出了利用剔除观测值前所求得的方差估值 $\frac{\boldsymbol{V}^{\mathrm{T}}\boldsymbol{PV}}{r}=\hat{\sigma}_0^2$ 来代替 σ_0^2 组成统计量

$$\tau_i=\frac{|v_i|}{\hat{\sigma}_0\sqrt{q_{v_iv_i}}} \tag{4-23}$$

并指出在原假设观测值 l_i 不包含超限误差时，统计量服从自由度为 r 的 τ 分布，故可用概率式

$$P\{\tau_i>\tau_{1-\frac{\alpha}{2}}(r)\mid H_0\}=\alpha \tag{4-24}$$

对原假设进行检验，这一检验方法通常称为 τ 检验法。

关于 τ 分布的分位值，可以由 t 分布的分位值按

$$\tau_{1-\frac{\alpha}{2}}(r)=\sqrt{\frac{r\cdot t^2_{1-\frac{\alpha}{2}}(r-1)}{r-1+t^2_{1-\frac{\alpha}{2}}(r-1)}} \tag{4-25}$$

计算得到。式中，$t^2_{1-\frac{\alpha}{2}}(r-1)$ 是自由度为 $r-1$、置信水平为 α 采用双尾检验时之 t 分位值。

(4) t 检验法。

在母体方差 σ_0^2 未知时，Heck 提出了利用剔除具有超限误差的观测值 l_i 后平差求得的方差估值

$$\frac{(\boldsymbol{V}^{\mathrm{T}}\boldsymbol{P}\boldsymbol{V})^{(k)}}{r-1}=(\hat{\sigma}_0^{(k)})^2$$

来代替 σ_0^2，此时统计量为

$$t=\frac{|v_i|}{\hat{\sigma}_0^{(k)}\sqrt{q_{v_iv_i}}} \tag{4-26}$$

在原假设 H_0：观测值 l_i 不包含超限误差时，统计量 t 服从自由度为 $r-1$ 的 t 分布，故可用概率式

$$P\{t>t_{1-\frac{\alpha}{2}}(r-1)\mid H_0\}=\alpha \tag{4-27}$$

对原假设进行检验，此法称 t 检验法。

3. 超限误差的检验步骤

实际工作中，超限误差的检验步骤为：

(1)对变形监测网各周期观测值分别进行经典平差，求得未知数向量 $\boldsymbol{X}$ 及其协因数阵 $\boldsymbol{Q}_{XX}$，由此计算

$$\boldsymbol{V}=\boldsymbol{A}\boldsymbol{Q}_{XX}\boldsymbol{A}^{\mathrm{T}}\boldsymbol{P}\boldsymbol{l}-\boldsymbol{l} \tag{4-28}$$

得到 $\boldsymbol{V}^{\mathrm{T}}\boldsymbol{P}\boldsymbol{V}$，利用式(4-12)在置信水平 α 下进行超限误差的整体检验。当检验结果认为存在超限误差时，则计算

$$\begin{aligned}\boldsymbol{Q}_{VV}&=(\boldsymbol{A}\boldsymbol{Q}_{XX}\boldsymbol{A}^{\mathrm{T}}\boldsymbol{P}-\boldsymbol{I})\boldsymbol{Q}_{ll}(\boldsymbol{A}\boldsymbol{Q}_{XX}\boldsymbol{A}^{\mathrm{T}}\boldsymbol{P}-\boldsymbol{I})^{\mathrm{T}}\\&=\boldsymbol{Q}_{ll}-\boldsymbol{A}\boldsymbol{Q}_{XX}\boldsymbol{A}^{\mathrm{T}}\end{aligned}$$

(2)利用向量 $\boldsymbol{V}$ 中元素与矩阵 $\boldsymbol{Q}_{VV}$ 主对角线上相应元素计算 $|v_i|/\sqrt{q_{v_iv_i}}$，并取 $\max(|v_i|/\sqrt{q_{v_iv_i}})$ 相应的观测值(设为 l_k)作为可能伴随有超限误差的观测值。

(3)利用 B 检验法或 τ 检验法、t 检验法对原假设进行统计检验。当原假设被接受，则认为监测网观测值中未包含有超限误差。否则，观测值 l_k 被认为受到超限误差影响，应予以剔除。

(4)在原假设被拒绝时，剔除观测值 l_k，重复步骤 1)~3)，直至没有超限误差存在的可能(即接受原假设)。

4. 剔除一个观测值 l_k 前、后平差成果之间的转换

由上述可知，当观测值中包含有超限误差的观测值时，我们必须逐一将它们剔除。每剔除一个观测值后，需要重新进行平差计算，为了简化计算，B.Heck 推证了剔除一个观测值前后平差成果之间的转换关系式，其成果如下。

设所剔除之观测值为 l_k，则剔除 l_k 之前的误差方程为

$$\boldsymbol{V}=\begin{bmatrix}A_1\\a_k\end{bmatrix}\boldsymbol{X}+\begin{bmatrix}l_1\\l_k\end{bmatrix}$$

且有

$$\boldsymbol{Q}_{ll}=\begin{bmatrix}Q_{11}&Q_{1k}\\Q_{k1}&Q_{kk}\end{bmatrix},\quad \boldsymbol{P}=\begin{bmatrix}P_{11}&P_{1k}\\P_{k1}&P_{kk}\end{bmatrix}$$

平差值与协因数阵等以 $\hat{\boldsymbol{X}}$、$\boldsymbol{Q}_{XX}$、$\boldsymbol{V}$、$\boldsymbol{Q}_{VV}$、$\boldsymbol{V}^{\mathrm{T}}\boldsymbol{P}\boldsymbol{V}$ 表示，而剔除观测值 l_k 后，相应之值为 $\hat{\boldsymbol{X}}^{(k)}$、$\boldsymbol{Q}_{XX}^{(k)}$、$\boldsymbol{V}^{(k)}$、$\boldsymbol{Q}_{VV}^{(k)}$、$(\boldsymbol{V}^{\mathrm{T}}\boldsymbol{P}\boldsymbol{V})^{(k)}$。它们之间转换关系式为(具体详细推导过程可参见有关文献)

$$
\left.\begin{aligned}
\hat{X}^{(k)} &= \hat{X} + \frac{\overline{V}_k}{q_{\overline{V}_k\overline{V}_k}} Q_{XX}\overline{a}_k^{\mathrm{T}} \\
Q_{XX}^{(k)} &= Q_{XX} + \frac{1}{q_{\overline{V}_k\overline{V}_k}} Q_{XX}\overline{a}_k^{\mathrm{T}}\overline{a}_k Q_{XX} \\
V_1^{(k)} &= V_1 + \frac{\overline{V}^{(k)}}{q_{\overline{V}_k\overline{V}_k}} A_1 Q_{XX}\overline{a}_k^{\mathrm{T}} \\
Q_{V_1V_1}^{(k)} &= Q_{V_1V_1} - \frac{1}{q_{\overline{V}_k\overline{V}_k}} A_1 Q_{XX}\overline{a}_k^{\mathrm{T}}\overline{a}_k Q_{XX}A_1^{\mathrm{T}} \\
(V^{\mathrm{T}}PV)^{(k)} &= V_1^{(k)\mathrm{T}}\overline{P}_{11}V_1^{(k)} = V^{\mathrm{T}}PV - \frac{\overline{V}_k^2}{q_{\overline{V}_k\overline{V}_k}}
\end{aligned}\right\} \tag{4-29}
$$

式中

$$
\left.\begin{aligned}
\overline{a}_k &= a_k + P_{kk}^{-1}P_{k1}A_1 \\
\overline{V}_k &= V_k + P_{kk}^{-1}P_{k1}V_1 \\
q_{\overline{V}_k\overline{V}_k} &= \frac{1}{P_{kk}} - \overline{a}_k Q_{XX}\overline{a}_k^{\mathrm{T}}
\end{aligned}\right\} \tag{4-30}
$$

当观测值之间相互独立时，也即

$$
Q_{ll} = \begin{bmatrix} Q_{11} & 0 \\ 0 & Q_{kk} \end{bmatrix},\quad P = \begin{bmatrix} P_{11} & 0 \\ 0 & P_{kk} \end{bmatrix}
$$

时，则式(4-30)变成

$$
\left.\begin{aligned}
\overline{a}_k &= a_k \\
\overline{V}_k &= V_k \\
q_{\overline{V}_k\overline{V}_k} &= \frac{1}{P_{kk}} - a_k Q_{XX} a_k^{\mathrm{T}} = q_{V_kV_k}
\end{aligned}\right\} \tag{4-31}
$$

4.3.2 算例

设有图 4-4 所示的形变监测水准网，图中箭头表示观测方向，圆圈中数字表示测站数。水准测量一测站之中误差 $\sigma_0 = \pm 0.13\text{mm}$。通过观测获得观测值向量(单位：mm)为

$$
h^0 = \begin{pmatrix} h_{12} \\ h_{23} \\ h_{31} \\ h_{14} \\ h_{24} \\ h_{34} \end{pmatrix} = \begin{pmatrix} 450.068 \\ 49.707 \\ -500.081 \\ 471.326 \\ 20.275 \\ -30.008 \end{pmatrix}
$$

试检验观测值向量中是否包含超限误差。

解：

1. 组成误差方程与法方程式

设取 12 站之水准测量误差为单位权中误差，则观测值权阵与协因数阵为

$$\boldsymbol{P}_{ll}=\begin{pmatrix}3 & & & & & 0\\ & 1 & & & & \\ & & 3 & & & \\ & & & 6 & & \\ & 0 & & & 6 & \\ & & & & & 3\end{pmatrix}$$

$$\boldsymbol{Q}_{ll}=\begin{pmatrix}0.333\,3 & & & & & \\ & 1 & & & 0 & \\ & & 0.333\,3 & & & \\ & & & 0.166\,7 & & \\ & 0 & & & 0.166\,7 & \\ & & & & & 0.333\,3\end{pmatrix}$$

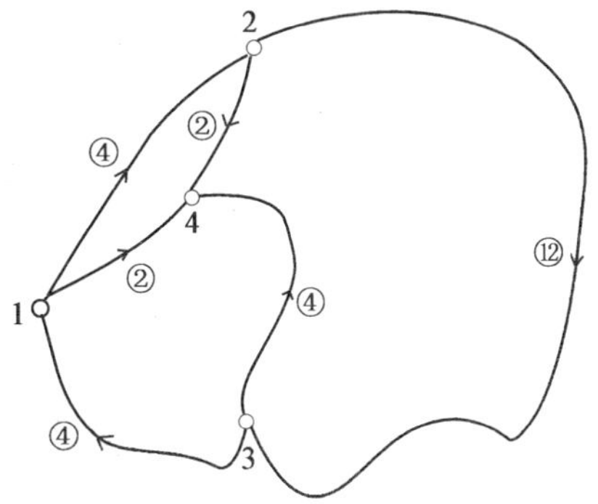

图 4-4　水准监测网

假设点 1 的高程为 H_1，点 2,3,4 之高程为 x_2，x_3，x_4，且设 $H_1=0$，则误差方程可写成：

$$\widetilde{\boldsymbol{V}}=\begin{pmatrix}\tilde{v}_{12}\\ \tilde{v}_{23}\\ \tilde{v}_{31}\\ \tilde{v}_{14}\\ \tilde{v}_{24}\\ \tilde{v}_{34}\end{pmatrix}=\begin{pmatrix}1 & 0 & 0\\ -1 & 1 & 0\\ 0 & -1 & 0\\ 0 & 0 & 1\\ -1 & 0 & 1\\ 0 & -1 & 1\end{pmatrix}\begin{pmatrix}\tilde{x}_2\\ \tilde{x}_3\\ \tilde{x}_4\end{pmatrix}-\begin{pmatrix}h_{12}\\ h_{23}\\ h_{31}\\ h_{14}\\ h_{24}\\ h_{34}\end{pmatrix}$$

即
$$\widetilde{\boldsymbol{V}}=\boldsymbol{A}\widetilde{\boldsymbol{X}}-\boldsymbol{l}$$

法方程系数阵和常数项向量为

$$\boldsymbol{N}=\boldsymbol{A}^{\mathrm{T}}\boldsymbol{PA}=\begin{pmatrix}10 & -1 & -6\\ -1 & 7 & -3\\ -6 & -3 & 15\end{pmatrix}\qquad \boldsymbol{A}^{\mathrm{T}}\boldsymbol{Pl}=\begin{pmatrix}1\,178.847\\ 1\,639.974\\ 2\,859.582\end{pmatrix}$$

2. 解法方程式并作整体检验，求 $\boldsymbol{Q}_{VV}$

$$\boldsymbol{Q}_{XX}=\boldsymbol{N}^{-1}=\begin{pmatrix}0.146\,118\,7 & 0.050\,228\,3 & 0.068\,493\,2\\ 0.050\,228\,3 & 0.173\,516\,0 & 0.054\,794\,5\\ 0.068\,493\,2 & 0.054\,794\,5 & 0.105\,022\,8\end{pmatrix}$$

$$\widetilde{\boldsymbol{X}}=\boldsymbol{Q}_{XX}\boldsymbol{A}^{\mathrm{T}}\boldsymbol{Pl}=\begin{pmatrix}450.486\,5\\ 500.462\,6\\ 470.925\,8\end{pmatrix}$$

$$\widetilde{\boldsymbol{V}}=\boldsymbol{A}\widetilde{\boldsymbol{X}}-\boldsymbol{l}=\begin{pmatrix}0.418\,5\\ 0.269\,1\\ -0.381\,6\\ -0.400\,2\\ 0.164\,3\\ 0.471\,2\end{pmatrix}$$

计算求得 $$\tilde{V}^{T}P\tilde{V}=2.8237$$

$$F=\frac{\tilde{V}^{T}P\tilde{V}}{r\sigma_0^2}=4.65>2.6$$

故拒绝原假设,认为观测值中包含有超限差观测值。

$$Q_{VV}=Q_{ll}-AQ_{XX}A^{T}$$

$$=\begin{pmatrix} 0.1872 & 0.0959 & 0.0502 & -0.0685 & 0.0776 & -0.0183 \\ & 0.7808 & 0.1233 & 0.0137 & -0.0822 & 0.1370 \\ & & 0.1598 & 0.0548 & 0.0046 & -0.1187 \\ & \text{对称} & & 0.0616 & -0.0365 & -0.0502 \\ & & & & 0.0525 & -0.0319 \\ & & & & & 0.1643 \end{pmatrix}$$

3. 计算局部检验统计量与假设检验

由于 B 检验法、τ 检验法、t 检验法之统计量中,所不同的只是 $\sigma_0,\hat{\sigma}_0,\sigma_0^{(k)}$,故可先计算公共部分。对于本例,由于观测值相互独立,故可先计算求得:

$$\frac{|\tilde{v}_1|}{\sqrt{q_{v_1v_1}}}=0.9673,\quad \frac{|\tilde{v}_2|}{\sqrt{q_{v_2v_2}}}=0.3045,$$

$$\frac{|\tilde{v}_3|}{\sqrt{q_{v_3v_3}}}=0.9546,\quad \frac{|\tilde{v}_4|}{\sqrt{q_{v_4v_4}}}=1.6124$$

$$\frac{|\tilde{v}_5|}{\sqrt{q_{v_5v_5}}}=0.7170,\quad \frac{|\tilde{v}_6|}{\sqrt{q_{v_6v_6}}}=1.1625$$

显然 $\max\frac{|\tilde{v}_i|}{\sqrt{q_{v_iv_i}}}=\frac{|\tilde{v}_4|}{\sqrt{q_{v_4v_4}}}$,它所相应之观测值为 h_{14}。

(1) B 检验法。

因已知一测站水准中误差为 0.13mm,故单位权中误差(12 个测站水准测量的中误差)为 ±0.45mm。

$$\overline{W}_{14}=\frac{1.6124}{0.45}=3.58$$

若取显著水平为 0.05,则分位值 $u_{1-\frac{\alpha}{2}}=1.96$。因 $\overline{W}_{14}=3.58>1.96$,故拒绝原假设,怀疑 h_{14} 中包含有超限误差。

(2) τ 检验法。

由平差求得的改正数向量 $\tilde{V}$ 与观测值权阵 P,可以计算求得剔除粗差前的中误差估值

$$\hat{\sigma}_0=\sqrt{\frac{\tilde{V}^{T}P\tilde{V}}{6-3}}=\pm0.97\text{mm}$$

由此得

$$\tau_{14}=\frac{1.6124}{0.97}=1.66$$

在自由度为 2,显著水平为 0.05 时查表得 $\boldsymbol{t}_{0.975}(2)=4.30$。按式(4-25)可计算 τ 分位值

$$\tau_{0.975}(3)=\sqrt{\frac{3\times4.30^2}{3-1+4.30^2}}=1.645$$

因为 $\tau_{14}=1.66>1.645$,故与 B 检验法得到的结论相同。

(3) t 检验法。

为了利用 t 检验,需计算剔除具有超限误差的 l_i 观测值后的方差估值 $(\hat{\sigma}^{(k)})^2$。此处,我们应用公式(4-29)第(5)式

$$(\widetilde{\boldsymbol{V}}^{\mathrm{T}}\boldsymbol{P}\widetilde{\boldsymbol{V}})^k=\widetilde{\boldsymbol{V}}^{\mathrm{T}}\boldsymbol{P}\widetilde{\boldsymbol{V}}-\frac{\bar{V}_k^2}{q_{\bar{V}_k\bar{V}_k}}$$

对此算例,观测值之间互相独立,故有

$$\frac{\bar{V}_k^2}{q_{\bar{V}_k\bar{V}_k}}=\frac{V_k^2}{q_{V_kV_k}}=2.600$$

由此得

$$(\widetilde{\boldsymbol{V}}^{\mathrm{T}}\boldsymbol{P}\widetilde{\boldsymbol{V}})^k=2.823\ 7-2.600=0.223\ 7$$

$$\hat{\sigma}^{(k)}=\sqrt{\frac{0.223\ 7}{5-3}}=0.334$$

统计量

$$t_{14}=\frac{1.612\ 4}{0.334}=4.82$$

因 $t_{14}=4.82>4.30$,故怀疑 h_{14} 包含有超限误差,与前两法的结论相同。

剔除具有超限误差的观测值 h_{14} 后,需对其余观测值进行检核。对于本算例,检核结果表明:其余观测值中不再包含有超限误差。

4.4 监测资料奇异值的检验与插补

4.4.1 监测自动化系统中观测数据序列的奇异值检验

对于任何一个监测系统,其观测数据中或多或少会存在奇异值,在变形分析的开始有必要将该奇异值剔除。考虑到系统的连续、实时和自动化,最简便的方法是用"3σ 准则"来剔除奇异值。其中,观测数据的中误差 σ 既可以用观测值序列本身直接进行估计,也可根据长期观测的统计结果确定,或取经验数值。下面介绍两种实用的奇异值检验方法。

(1)方法一:

对于观测数据序列 $\{x_1,x_2,\cdots,x_N\}$,描述该序列数据的变化特征为

$$d_j=2x_j-(x_{j+1}+x_{j-1})\quad(j=2,3,\cdots,N-1)\tag{4-32}$$

这样,由 N 个观测数据可得 $N-2$ 个 d_j。这时,由 d_j 值可计算序列数据变化的统计均值 $\bar{d}$ 和均方差 $\hat{\sigma}$:

$$\bar{d}=\sum_{j=2}^{N-1}\frac{d_j}{N-2}\tag{4-33}$$

$$\hat{\sigma}_d=\sqrt{\sum_{j=2}^{N-1}\frac{(d_j-\bar{d})^2}{N-3}}\tag{4-34}$$

根据 d_j 偏差的绝对值与均方差的比值

$$q_j = \frac{|d_j - \bar{d}|}{\hat{\sigma}_d} \tag{4-35}$$

当 $q_j>3$ 时,则认为 x_j 是奇异值,应予以舍弃。

(2)方法二:

对于观测数据序列 $\{x_1, x_2, \cdots, x_N\}$,可用一级差分方程进行预测,其表达式为:

$$\hat{x}_j = x_{j-1} + (x_{j-1} - x_{j-2}) \quad (j = 3, 4, 5, \cdots, N) \tag{4-36}$$

实际值与预测值之差为:

$$d_j = x_j - \hat{x}_j \tag{4-37}$$

设观测数据的中误差为 m(m 的数值可根据长期观测资料计算得到,也可取经验数据),那么,由式(4-36)和式(4-37)可计算出实际值与预测值之差 d_j 的均方差为 $\hat{\sigma}_d = \sqrt{6}\,\mathrm{m}$。由实际值与预测值之差的绝对值 $|d_j|$,当 $|d_j|>3\hat{\sigma}_d$ 时,则认为 x_j 是奇异值,予以舍弃。

另外,对于舍弃的奇异值,可用一个与前一点数值相等的数据补上,或用预测值代替,以保持数据序列的连续性。

当然,在实际的程序算法中,还要考虑观测数据序列的"断链"现象,即当数据序列中某一段时间内无数据时,不至于因为采用上述方法检验奇异值而舍弃有效数据。

4.4.2 监测资料的插补

由于各种主、客观条件的限制,当实测资料出现漏测时,或在数据处理时需要利用等间隔观测值时,则可利用已有的相邻测次或相邻测点的可靠资料进行插补工作。

1. 按内在物理联系进行插补

按照物理意义,根据对已测资料的逻辑分析,找出主要原因量之间的函数关系,再利用这种关系,将缺漏值插补出来。

2. 按数学方法进行插补

(1)线性内插法。

由某两个实测值内插此两值之间的观测值时,可用

$$y = y_i + \frac{t - t_i}{t_{i+1} - t_i}(y_{i+1} - y_i) \tag{4-38}$$

式中,y, y_i, y_{i+1} 为效应量;t_1, t_i, t_{i+1} 为时间。

(2)拉格朗日内插计算。

对变化情况复杂的效应量,可按下式

$$y = \sum_{i=1}^{n} y_i \sum_{\substack{i=1 \\ j\neq i}}^{n} \left(\frac{x - x_j}{x_i - x_j}\right) \tag{4-39}$$

式中,y 为效应量;x 为自变量。

(3)用多项式进行曲线拟合。

$$y = f(x) = a_0 + a_1 x + a_2 x^2 + \cdots + a_n x^n \tag{4-40}$$

在用式(4-40)时,式中方次和拟合所用点数必须根据实际情况适当选择。

(4)周期函数的曲线拟合。

$$
\begin{aligned}
y_t = a_0 + a_1\cos wt + b_1\sin wt + a_2\cos 2wt + b_2\sin 2wt + \cdots \\
+ a_n\cos nwt + b_n\sin nwt
\end{aligned}
\tag{4-41}
$$

式中,y_t 为时刻 t 的期望值;w 为频率,$w=2\pi/M$;M 为在一个季节性周期中所包含的时段数,如以一年为周期,每月观测一次,则 $M=12$。

(5)多面函数拟合法。

多面函数拟合曲面的方法是美国 Hardy 教授 1977 年提出并用于地壳形变分析,这种方法认为,任何一个圆滑的数学表面总可用一系列有规则的数学表面的总和以任意的精度逼近,一个数学表面上点(x,y)处的速率 $s(x,y)$ 可表示成

$$
s(x,y) = \sum_{j=1}^{u} \alpha_j Q(xyx_jy_j) \tag{4-42}
$$

式中,u 为所取结点的个数;$Q(x\ y\ x_j\ y_j)$为核函数;α 为待定函数。

核函数可以任意选用,为了简单,一般采用具有对称性的距离型,例如

$$
Q(x\ y\ x_j\ y_j) = [(x-x_j)^2 + (y-y_j)^2 + \delta^2]^{\frac{1}{2}}
$$

式中,δ^2 为光滑因子,称为正双曲面型函数。

式(4-42)的矩阵形式为:

$$
\boldsymbol{s} = \boldsymbol{Q\alpha} \tag{4-43}
$$

设有 m 个高程速率为已知,$\boldsymbol{s}$ 为 $m\times1$ 向量,选择 u 个结点,其坐标为(x_j,y_j),则 $\boldsymbol{Q}$ 为 $m\times u$ 矩阵,待定系数 $\boldsymbol{\alpha}$ 为 $u\times1$ 向量。

当 $m=u$ 时,

$$
\boldsymbol{\alpha} = \boldsymbol{Q}^{-1}\boldsymbol{s} \tag{4-44}
$$

当 $m>u$,则

$$
\boldsymbol{V} = \boldsymbol{Q\alpha} - \boldsymbol{s} \tag{4-45}
$$

$$
\boldsymbol{\alpha} = (\boldsymbol{Q}^{\mathrm{T}}\boldsymbol{Q})^{-1}\boldsymbol{Q}^{\mathrm{T}}\boldsymbol{s} \tag{4-46}
$$

推算点 P 的未知速率可由下式确定

$$
\boldsymbol{s}_p = \boldsymbol{Q}_p\boldsymbol{Q}^{-1}\boldsymbol{s} \tag{4-47}
$$

或

$$
\boldsymbol{s}_p = \boldsymbol{Q}_p(\boldsymbol{Q}^{\mathrm{T}}\boldsymbol{Q})^{-1}\boldsymbol{Q}^{\mathrm{T}}\boldsymbol{s} \tag{4-48}
$$

式中,Q_p 为 $1\times u$ 向量。

式(4-48)的协因数为:

$$
\boldsymbol{Q}_{s_ps_p} = \boldsymbol{Q}_p(\boldsymbol{Q}^{\mathrm{T}}\boldsymbol{Q})^{-1}\boldsymbol{Q}_p^{\mathrm{T}} \tag{4-49}
$$

4.5 小波变换用于信噪分离

4.5.1 引言

小波分析(Wavelet Analysis)是 20 世纪 80 年代中后期发展起来的新兴学科,是 Fourier 分析的发展和重大突破。Fourier 分析起源于法国科学家 Fourier 于 1822 年发表的“热的解析理

论”(The Analytic Theory of Heat),而小波分析却是不同学科、不同研究者共同创造的,它反映了大科学时代学科之间相互综合、相互渗透的强烈趋势。小波分析集中体现了数学理论的完美性和数学应用的广泛性,已成为众多学科共同关注的热点,用它可分析处理各种类型的信号,并已取得了显著的效果。

变形体的变形可描述为随时间或空间变化的信号,变形监测所获取的变形信号,包含了有用信号和误差(即噪声)两部分,如何有效地消除误差并提取变形特征是变形分析研究的重要内容。比如,对于大坝 GPS 监测系统的序列观测数据,监测点的短时间变形是微小的,表现为一种弱信号,而误差却呈现为强噪声,如何从受强噪声干扰的序列观测数据中提取微弱的特征信息,提高变形监测的精度是 GPS 监测系统所涉及的关键技术问题之一。目前,一般采用数据平滑或 Kalman 滤波的方法在时域内进行处理。又如,对于动态变形监测(如桥梁、高层建筑等工程的监测),变形的频率和幅值是其主要特征,我们通常采用频谱分析法将时域内的数据序列通过 Fourier 级数转换到频域内进行分析。由于这些方法的本身所限,对于非平稳、非等时间间隔观测信号的变形特征提取存在局限性。

为了克服经典 Fourier 分析不能描述信号时频局部特征的缺陷,1946 年 Gabor 引入了窗口 Fourier 变换的概念,试图通过选取适当的窗口函数来分析信号的局部性质,起到了一定作用。但是,窗口函数一经选定,其窗口大小和形状也随之固定,频率增高相应的窗口就不能变窄,因此,窗口 Fourier 变换也就不能敏感地反映信号的突变。为了克服这一缺陷,很好地解决时频局部化问题,即希望在低频段用高的频率分辨率和低的时间分辨率,而在高频段用低的频率分辨率和高的时间分辨率,寻找一种窗口大小固定而形状可变的时频局部化分析方法,提出了小波变换。

小波就是小的波形,所谓“小”是指它具有衰减性,比如是局部非零的;所谓“波”是指它的波动性,即其振幅呈现正负相间的震荡形式。虽然早在 1910 年,Haar 就提出了小波规范正交基,但当时并未用“小波”这个词。小波概念的真正出现始于 1984 年,是由法国地球物理学家 J.Morlet 和理论物理学家 A.Grossman 最早提出的。1986 年,Y.Meyer 构造出了具有衰减性质的光滑函数 ψ,其二进制伸缩与平移构成了 $L^2(R)$ 的规范正交基,它标志着小波热的真正开始。后来,Lemarie 和 Battle 又分别独立地提出了具有指数衰减的小波函数。1987 年,S. Mallat 提出了多分辨率分析(Multiresolution Analysis)概念,统一了在此之前的所有具体正交小波基的构造,并且给出了相应的分解与重构快速小波算法,现称之为 Mallat 算法,它在小波分析中的地位类似于 FFT(快速 Fourier 变换)在经典 Fourier 分析中的地位。1988 年 I. Daubechies 构造了具有有限支集(即紧支集)的正交小波,虽然 Daubechies 小波不能用解析公式给出,但其滤波器系数却可以解析构造出来。1990 年崔锦泰和王建忠构造了基于样条的单正交(或斜交、半正交)小波函数。从此,奠定了小波分析的基础。

由于小波分析的核心内容是小波变换,所以,下面首先介绍小波变换的基本理论与方法,并尽量避免过多复杂的数学定理与公式推导,着重于应用上的理解和认识。然后论述小波变换在变形分析中的应用。

4.5.2 小波变换的基本理论及方法

1. 小波变换的定义

小波变换的基本思想是用一族函数去表示或逼近一信号或函数。这一族函数称为小波函数系，它是由一基本小波函数通过平移和伸缩构成的。若设基本小波函数为 $\psi(t)$，平移和伸缩因子分别为 a 和 b，则小波变换基底的定义为：

$$\psi_{a,b}(t)=|a|^{-1/2}\psi\left(\frac{t-b}{a}\right)\quad a,b\in R,\quad a\neq 0 \tag{4-50}$$

对于任意的函数或信号 $f(t)\in L^2(R)$（$L^2(R)$ 表示平方可积的实数空间），其小波变换为该函数与小波函数的内积：

$$W_f(a,b)=\langle f(t),\Psi_{a,b}(t)\rangle=|a|^{-1/2}\int_R f(t)\overline{\Psi}\left(\frac{t-b}{a}\right)\mathrm{d}t \tag{4-51}$$

其中，$\overline{\Psi}(t)$ 是 $\Psi(t)$ 的共轭。

为了理论分析和计算上的方便，在实际应用中，需要将连续小波 $\Psi_{a,b}(t)$ 及其变换 $W_f(a,b)$ 离散化。将式（4-51）中的 a、b 离散化，取 $a=a_0^j$，$b=kb_0a_0^j$（$a>1$，$b_0\in R$，j、$k\in Z$），代入式（4-50）中得到离散小波的函数为：

$$\psi_{j,k}(t)=a_0^{-j/2}\psi\left(\frac{t-kb_0a_0^j}{a_0^j}\right)=a_0^{-j/2}\psi(a_0^{-j}t-kb_0) \tag{4-52}$$

相应地，实值函数 $f(t)$ 的小波变换为：

$$D_f(j,k)=\langle f(t),\psi_{j,k}(t)\rangle=a_0^{-j/2}\int_R f(t)\psi(a_0^{-j}t-kb_0)\mathrm{d}t \tag{4-53}$$

当 $a_0=2$，$b_0=1$ 时，式（4-52）、式（4-53）就变为离散的二进小波及其变换，此时

$$\psi_{j,k}(t)=2^{-j/2}\psi(2^{-j}t-k) \tag{4-54}$$

$$D_f(j,k)=2^{-j/2}\int_R f(t)\psi(2^{-j}t-k)\mathrm{d}t \tag{4-55}$$

由式（4-54）可见，小波函数 $\psi(t)$ 的平移和伸缩 $\{2^{-j/2}\psi(2^{-j}t-k)\mid j、k\in Z\}$ 构成 $L^2(R)$ 的一组正交小波基，选择了小波函数就等于选择了一组小波基。根据小波函数的定义，小波函数 $\psi(t)$ 具有多样性（即不惟一性），因此，在小波变换的实际工程应用中，一个十分重要的问题就是选取最恰当的小波基。目前往往是通过经验或不断的试验（对结果进行对比分析）来选择小波函数。

2. Mallat 算法

在多分辨率分析的框架出现之前，已采用不同的方法构造出了一些正交小波基，比如 Haar 小波、Littlewood-Paley 小波、Meyer 小波、Strombery 小波、Battle-Lemarie 小波等。多分辨率分析理论的提出，不仅统一了正交小波基的构造方法，而且为正交小波变换的快速算法提供了理论依据。由 S. Mallat 建立的快速小波变换（FWT）的算法在小波变换中起到了十分重要的作用，利用 Mallat 算法可以快速简捷地进行小波变换和逆小波变换。

设信号 $f(t)$ 的离散采样数据序列为 $f(k)$，$k=0,1,2,\cdots,N-1$，有小波分解算法则为

$$\left.\begin{aligned}c_{j,k}&=\sum_{n\in\mathbf{Z}}c_{j-1,n}\overline{h}_{n-2k}\\ d_{j,k}&=\sum_{n\in\mathbf{Z}}c_{j-1,n}\overline{g}_{n-2k}\end{aligned}\right\} \tag{4-56}$$

式中，$c_{0,k}=f(k)$ 为原始数据；$h(n)$ 和 $g(n)$ 为一对共轭镜像滤波器的脉冲响应，分别是低通滤

波器 H 和高通滤波器 G 的滤波器系数，且 $g(n)=(-1)^{1-n}h(1-n)$；j 为小波分解的层数。其分解过程如图 4-5(a)所示。

相应地有信号的重构算法为：

$$c_{j-1,n}=\sum_{k\in\mathbf{Z}}(c_{j,k}h_{k-2k}+d_{j,k}g_{k-2k}) \tag{4-57}$$

其重构过程如图 4-5(b)所示。

实际应用时，可根据信号特征提取的需要，有目的地重构需要频段，以有效地提取所需的特征信息。

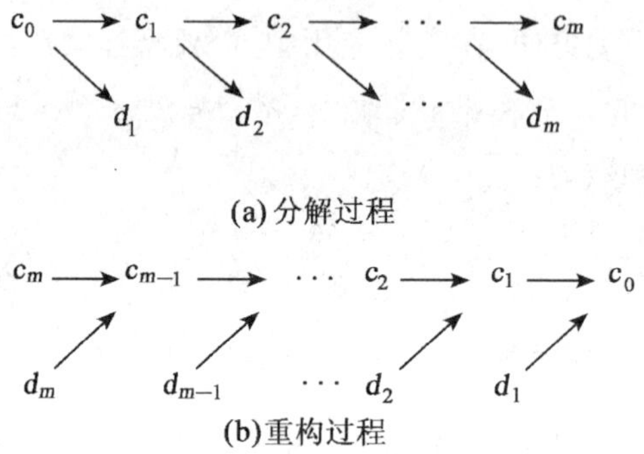

图 4-5　Mallat 算法示意图

3. Daubechies 小波的滤波系数及变换方法

在 Mallat 算法中，信号的小波变换不涉及小波函数的具体形式，仅通过一对共轭镜像滤波器卷积而得到，为此，构造具有紧支集的正交小波基低通滤波系数 $h(n)$ 和高通滤波系数 $g(n)$ 成为关键。由于 $g(n)=(-1)^{1-n}h(1-n)$，因此，只需要知道 $h(n)$ 就行了。比利时的数学物理学家德比契斯(I. Daubechies, 1988)首先构造了这样一种小波滤波器，为了说明问题，取其最简单的一类，记为 db4，仅有 h_0,h_1,h_2 和 h_3 4 个系数，所构造的小波系数矩阵(即变换矩阵)为：

$$\underset{N\times N}{\boldsymbol{W}}=\begin{bmatrix} h_0 & h_1 & h_2 & h_3 & 0 & 0 & \cdots & 0 & 0 & 0 & 0 \\ h_3 & -h_2 & h_1 & -h_0 & 0 & 0 & \cdots & 0 & 0 & 0 & 0 \\ 0 & 0 & h_0 & h_1 & h_2 & h_3 & \cdots & 0 & 0 & 0 & 0 \\ 0 & 0 & h_3 & -h_2 & h_1 & -h_0 & \cdots & 0 & 0 & 0 & 0 \\ \vdots & \vdots & \vdots & \vdots & \vdots & \vdots & \ddots & \vdots & \vdots & \vdots & \vdots \\ 0 & 0 & 0 & 0 & 0 & 0 & \cdots & h_0 & h_1 & h_2 & h_3 \\ 0 & 0 & 0 & 0 & 0 & 0 & \cdots & h_3 & -h_2 & h_1 & -h_0 \\ h_2 & h_3 & 0 & 0 & 0 & 0 & \cdots & 0 & 0 & h_0 & h_1 \\ h_1 & -h_0 & 0 & 0 & 0 & 0 & \cdots & 0 & 0 & h_3 & -h_2 \end{bmatrix} \tag{4-58}$$

式中，h_0,h_1,h_2,h_3 为低通滤波系数；$h_3,-h_2,h_1,-h_0$ 为高通滤波系数，相应的低通滤波器 $\boldsymbol{H}$ 和高通滤波器 $\boldsymbol{G}$ 的矩阵形式为：

$$\underset{N/2\times N}{\boldsymbol{H}}=\begin{bmatrix} h_0 & h_1 & h_2 & h_3 & 0 & 0 & \cdots & 0 & 0 & 0 & 0 \\ 0 & 0 & h_0 & h_1 & h_2 & h_3 & \cdots & 0 & 0 & 0 & 0 \\ \vdots & \vdots & \vdots & \vdots & \vdots & \vdots & \ddots & \vdots & \vdots & \vdots & \vdots \\ 0 & 0 & 0 & 0 & 0 & 0 & \cdots & h_0 & h_1 & h_2 & h_3 \\ h_2 & h_3 & 0 & 0 & 0 & 0 & \cdots & 0 & 0 & h_0 & h_1 \end{bmatrix} \tag{4-59}$$

$$\underset{N/2\times N}{\boldsymbol{G}}=\begin{bmatrix} h_3 & -h_2 & h_1 & -h_0 & 0 & 0 & \cdots & 0 & 0 & 0 & 0 \\ 0 & 0 & h_3 & -h_2 & h_1 & -h_0 & \cdots & 0 & 0 & 0 & 0 \\ \vdots & \vdots & \vdots & \vdots & \vdots & \vdots & \ddots & \vdots & \vdots & \vdots & \vdots \\ 0 & 0 & 0 & 0 & 0 & 0 & \cdots & h_3 & -h_2 & h_1 & -h_0 \\ h_1 & -h_0 & 0 & 0 & 0 & 0 & \cdots & 0 & 0 & h_3 & -h_2 \end{bmatrix} \tag{4-60}$$

对于正交矩阵 $\boldsymbol{W}$,应满足 $\boldsymbol{W}\boldsymbol{W}^{\mathrm{T}}=\boldsymbol{W}^{\mathrm{T}}\boldsymbol{W}=\boldsymbol{I}$,因此有条件式:

$$\left.\begin{aligned} h_0^2+h_1^2+h_2^2+h_3^2=1 \\ h_2h_0+h_3h_1=0 \end{aligned}\right\} \tag{4-61}$$

同时,为满足阶数为 $p=2$ 的近似条件,则还有两个附加条件:

$$\left.\begin{aligned} h_3-h_2+h_1-h_0=0 \\ 0h_3-1h_2+2h_1-3h_0=0 \end{aligned}\right\} \tag{4-62}$$

联合式(4-61)、式(4-62)求解,可得小波滤波系数:

$$h_0=(1+\sqrt{3})/(4\sqrt{2}),\quad h_1=(3+\sqrt{3})/(4\sqrt{2})$$

$$h_2=(3-\sqrt{3})/(4\sqrt{2}),\quad h_3=(1-\sqrt{3})/(4\sqrt{2})$$

对于 db6 的情形,则式(4-61)中有 3 个正交条件,式(4-62)中有 3 个附加条件($p=3$),所解得的小波滤波系数为:

$$h_0=(1+\sqrt{10}+\sqrt{5+2\sqrt{10}})/(16\sqrt{2})$$

$$h_1=(5+\sqrt{10}+3\sqrt{5+2\sqrt{10}})/(16\sqrt{2})$$

$$h_2=(10-2\sqrt{10}+2\sqrt{5+2\sqrt{10}})/(16\sqrt{2})$$

$$h_3=(10-2\sqrt{10}-2\sqrt{5+2\sqrt{10}})/(16\sqrt{2})$$

$$h_4=(5+\sqrt{10}-3\sqrt{5+2\sqrt{10}})/(16\sqrt{2})$$

$$h_5=(1+\sqrt{10}-\sqrt{5+2\sqrt{10}})/(16\sqrt{2})$$

对于更高阶的 p(直至 10),Daubechies(1988)已列表给出了其滤波系数的数值,p 每增加 1,系数的数目将增加 2 倍。

上述所提到的阶数 p 指的是 p 阶消失矩(Cancellations),其作用是使函数在小波展开时消去其高阶平滑部分(即光滑部分),为此,小波变换将仅仅反映函数的高阶变化部分,它可使我们能够研究函数的高阶变化和某些高阶导数中可能的奇异性。

设原始信号 $f(\cdot t)$ 的离散采样数据序列长度为 N,将变换矩阵 $\boldsymbol{W}$ 作用于该列数据向量的左边,便可实现第一层离散小波变换。即

$$\tilde{f} = Wf \tag{4-63}$$

式中,$\tilde{f}$ 为 f 的小波变换。同时,对原始信号的恢复(即逆变换)为:

$$f = W^{T}\tilde{f} \tag{4-64}$$

离散小波变换的作法就是逐层地应用(4-63)式对信号进行分解的过程。首先是对长度为 N 的数据序列进行第一层分解,可得到长度为 $N/2$ 的第一层低频系数(即光滑部分)和长度为 $N/2$ 的第一层高频系数(即细节部分);然后是对长度为 $N/2$ 的光滑部分进行第二层分解,可得到长度为 $N/4$ 的第二层低频系数(即光滑部分)和长度为 $N/4$ 的第二层高频系数(即细节部分);这样一直进行下去,直到一个数目较小(即所需要)的光滑部分被保留下来。这一过程又被称为角锥形算法,可用如下框图进行描述。离散小波变换的输出由最后一层留下的光滑部分和各层的细节部分所构成。

$$f = \begin{bmatrix} x_1 \\ x_2 \\ x_3 \\ x_4 \\ x_5 \\ x_6 \\ x_7 \\ x_8 \end{bmatrix} \xrightarrow{W\text{变换}} \begin{bmatrix} s_1 \\ d_1 \\ s_2 \\ d_2 \\ s_3 \\ d_3 \\ s_4 \\ d_4 \end{bmatrix} \xrightarrow{\text{排列}} \begin{bmatrix} s_1 \\ s_2 \\ s_3 \\ s_4 \\ d_1 \\ d_2 \\ d_3 \\ d_4 \end{bmatrix} \xrightarrow{W\text{变换}} \begin{bmatrix} S_1 \\ D_1 \\ S_2 \\ D_2 \\ d_1 \\ d_2 \\ d_3 \\ d_4 \end{bmatrix} \xrightarrow{\text{排列}} \begin{bmatrix} S_1 \\ S_2 \\ D_1 \\ D_2 \\ d_1 \\ d_2 \\ d_3 \\ d_4 \end{bmatrix} \tag{4-65}$$

离散小波变换的重构只需要简单地颠倒上述整个过程,按式(4-65)从右向左进行,此时的变换矩阵要用 W 的逆阵,即用变换矩阵 W^{T} 便可。

具有紧支集正交小波基的 Daubechies 小波是计算机时代的产物,由于它具有良好的时频分析性能,目前已在很多工程领域得到了较为广泛的应用。

4.5.3 小波变换在变形分析中的应用

在变形分析中,研究小波变换的最终目的在于应用。因此,在这里我们首先介绍基于小波变换的变形分析模型、作用及实施步骤。实践中,要针对变形分析的具体实际问题进行应用。

设变形监测系统的观测数据由两部分组成,具体模型为:

$$x(t) = s(t) + n(t) \tag{4-66}$$

式中,$x(t)$为观测数据;$s(t)$为有用信号;$n(t)$为随机噪声,即 $n(t) \sim N(0,\sigma^2)$。在有用信号 $s(t)$中,既有可能是实际变形信号 $s_d(t)$或确定性噪声 $s_n(t)$(如 GPS 动态监测中的多路径效应),也有可能是两者的混合,即

$$s(t) = s_d(t) + s_n(t) \tag{4-67}$$

小波分析理论表明,小波变换具有带通滤波的功能,可将信号划分成不同的频带。若设原始信号的分析频率为 f,在尺度参数 $j=1,2,\cdots,J$ 下,应用小波包分解,其结果所对应的频带数为 2^J,相应的频率范围为:

$$2^{-J}(i-1)f \sim 2^{-J}if \tag{4-68}$$

式中，$i=1,2,\cdots,2^J$ 表示分解信号的频带序列。式(4-68)中包括了整个频率 f 从高频到低频的不同频带的信息，且各频带互不重叠。如果有目的地对某频带的分解结果进行重构，则可实现该频带的信号从原信号中分离。

因此，根据小波变换的多分辨率特性，由式(4-66)、式(4-67)可知，小波变换在变形分析中将发挥如下作用：

(1)观测数据滤波。对于变形体的变形监测，观测数据序列中的有用信号和噪声的时频特性通常是不一样的。有用信号在时域和频域上是局部化的，表现为低频特性；而噪声在时频空间中的分布是全局性的，它在整个观测的时域内处处存在，在频域上表现为高频特性。因此，小波滤波可有效地分离有用信号 $s(t)$ 和噪声 $n(t)$，实现消噪的目的。

(2)变形特征提取。借助于小波变换的局部时频分析特性，可以聚焦到信号的任意细节，在很强的背景噪声下，可有效地提取反映变形的特征信息。尤其对于非平稳突变(或非线性)变形、非等时间间隔观测以及弱信号等特征提取，将会是一种很好的方法。另外，在高层和高耸建筑的动态监测中，可以高精度地实现振动特征提取。

(3)不同变形频率的分离。对于复杂周期或多种频率混杂的变形特征可进行有效分离，这对变形的物理解释是十分有用的。

(4)观测精度估计。对模型式(4-66)进行小波滤波，一方面实现了消噪的目的，另一方面所分离出的噪声实质上反映了变形监测系统的观测精度，由噪声量可以更为客观地评定监测系统的精度。

一般地，对观测数据序列进行消噪的基本步骤可归纳为：

(1)小波分解。比如，根据问题的性质，选择一组 Daubechies 小波滤波系数构造变换矩阵 $\boldsymbol{W}$，并确定其分解层次 J，然后对观测数据 $x(t)$ 进行 J 层小波分解。

(2)小波分解高频系数的阈值量化处理。选择阈值的规则有多种，其意义在于从高频信息中提取弱小的有用信号，而不至于在消噪过程中将有用的高频特征信号当做噪声信号而消除。一般可设置阈值为：

$$\lambda=\sigma\sqrt{2\log(n)} \tag{4-69}$$

式中，n 为对应分解层次的高频系数个数。由于实际噪声系数的标准偏差 σ 一般是未知的，因此，可用小波分解的第 1 层(即最细尺度)上高频系数的绝对标准偏差作为 σ 的估计值。

对各层小波分解高频系数 $d_{j,k}$ 应用下式

$$\eta_\lambda(d)=\begin{cases}\operatorname{sgn}(d)(|d|-\lambda), & |d|\geqslant\lambda\\ 0, & |d|<\lambda\end{cases} \tag{4-70}$$

进行阈值量化处理，将小于阈值 λ 的系数置为 0，大于或等于阈值 λ 的系数均减少 λ。这样便可将集中于高频系数的噪声成分舍去。实际中，也可以对小波分解的高频系数 $d_{j,k}$ 进行硬阈值处理，即将大于阈值的高频系数完全保留。研究表明，硬阈值处理后的信号比软阈值处理后的信号较为粗糙。

(3)小波重构。用小波分解的第 J 层的低频系数和经过阈值量化处理后的第 1 层至第 J 层的高频系数进行重构，可得到消噪后的观测数据序列估计值。若将阈值量化处理后的小波分解高频系数进行重构，便可得到观测精度的估计值。

对于复杂变形信息的分离，采用小波包进行分解和重构，可以得到各个相应频段的变形信息。

4.6 变形监测成果的整理

4.6.1 工作基点位移对变形值的影响

变形监测中,工作基点与基准点本身的稳定性极为重要,其稳定性分析方法将在第五章进行介绍。当工作基点(或基准点)确实存在位移时,必须对由它们为基准所测定的位移值施加改正数。下面以基准线观测为例,对此问题进行论述。

对于基准线观测,当端点 A、B 由于本身位移而变动到了 A'、B' 的位置时(图 4-6),则对 P_i 点进行观测所得的偏离值将不再是 $l'_i(\overline{P_iP'_i})$,而变成 $l_i(\overline{P_iP''_i})$。由图 4-6 不难看出,端点位移对偏离值的影响为:

$$\delta_i = l'_i - l_i = \frac{S_{iB}}{S_{AB}}(\Delta a - \Delta b) + \Delta b \tag{4-71}$$

式中,Δa、Δb 分别为基准线端点 A、B 的位移值;S_{AB} 为基准线 AB 的长度;S_{iB} 为观测点 P_i 与端点 B 之间的距离。

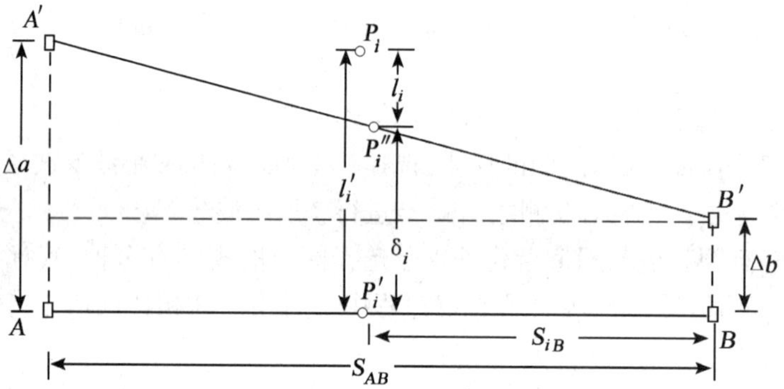

图 4-6 工作基点位移对偏离值的影响

如果设 P_i 点首次观测的偏离值为 l_{0i},则观测点 P_i 改正后的位移值为

$$d = (l_i + \delta_i) - l_{0i} \tag{4-72}$$

将式(4-71)的 δ_i 值代入,并令 $K=\dfrac{S_{iB}}{S_{AB}}$,则上式可写成

$$d = [l_i + K\Delta a + (1-K)\Delta b] - l_{0i} \tag{4-73}$$

将上式微分,并写成中误差形式

$$m_d^2 = m_{l_i}^2 + K^2 m_{\Delta a}^2 + (1-K)^2 m_{\Delta b}^2 + m_{l_{0i}}^2 \tag{4-74}$$

假设

$$m_{l_{0i}} = m_{l_i} = m_{测}, \quad m_{\Delta a} = m_{\Delta b} = m_{端}$$

则得

$$m_d^2 = 2m_{测}^2 + (2K^2 - 2K + 1)m_{端}^2 \tag{4-75}$$

当观测点在基准线中间时,即 $K=\dfrac{1}{2}$时,

$$m_d^2 = 2m_{测}^2 + \frac{1}{2}m_{端}^2 \tag{4-76}$$

当观测点靠近端点时，即 K 近似等于 1 或 0 时，

$$m_d^2 = 2m_{测}^2 + m_{端}^2 \tag{4-77}$$

比较式(4-76)和式(4-77)可以看出，观测点越靠近端点，端点位移测定误差对其影响越大。由于靠近端点的观测点(对大坝而言)一般处于非重点观测部位上；另外，由于这些点距端点较近，因而它们的偏离值测定精度较高(即 $m_{测}$ 较小)。考虑到这些情况，可以采用位移值测定的精度要求±1mm作为对端点位移测定的精度要求，此时，位移值测定的精度仍将接近±1mm。

当前方交会的测站点产生位移时，可以将测站点的位移看做仪器的偏心，而对各交会方向施加仪器归心的改正数，然后利用改正后的方向值来计算位移量。

4.6.2 观测资料的整编

当对所测变形值施加工作基点位移改正后，即可最终求得建筑物的相应变形值。为了使这些计算成果更便于分析，通常将变形观测值绘制成各种图表，常用的图表有观测点变形过程线与建筑物变形分布图。

1. 观测点变形过程线

某观测点的变形过程线是以时间为横坐标，以累积变形值(位移、沉陷、倾斜和挠度等)为纵坐标绘制成的曲线。观测点变形过程线可明显地反映出变形的趋势、规律和幅度，对于初步判断建筑物的工作情况是否正常是非常有用的。

观测点变形过程线的绘制：

(1)根据观测记录填写变形数值表。表 4-4 为位移数值表的形式。

(2)绘制观测点实测变形过程线。图 4-7 为根据表 4-4 绘制的某坝 5#观测点的累计位移值。

表 4-4　　位移数值表　　单位：mm

观测点 \ 累计位移值 \ 日期	1月10日	2月11日	3月10日	4月11日	5月10日	6月10日	7月11日	8月11日	9月10日	10月11日	11月11日	12月10日
…												
5#	+4.0	+6.2	+6.5	+4.2	+4.3	+5.0	+2.2	+3.8	+1.5	+2.0	+3.5	+4.0
…												

(3)实测变形过程线的修匀。由于观测是定期进行的，故所得成果在变形过程线上仅是几个孤立点。直接连接这些点自然得到的是折线形状，加上观测中存在误差，就使实测变形过程线常呈明显跳动的折线形状，如图 4-7 所示。为了更确切地反映建筑物变形的规律，需将折线修匀成圆滑的曲线。过去，一般采用"三点法"手工进行修匀，现在通常在计算机上采用一定算法进行光滑处理。图 4-8 为某坝变形过程线的实例。

在实际工作中，为了便于分析，常在各种变形过程线上画出与变形有关因素的过程线，例如，库水位过程线，气温过程线等。图 4-9 为某土石坝 160m 高程处沉陷点的沉陷过程线。图上绘出了气温过程线。因为横坐标(时间)是两个过程线公用的，故画在两个过程线的中间。

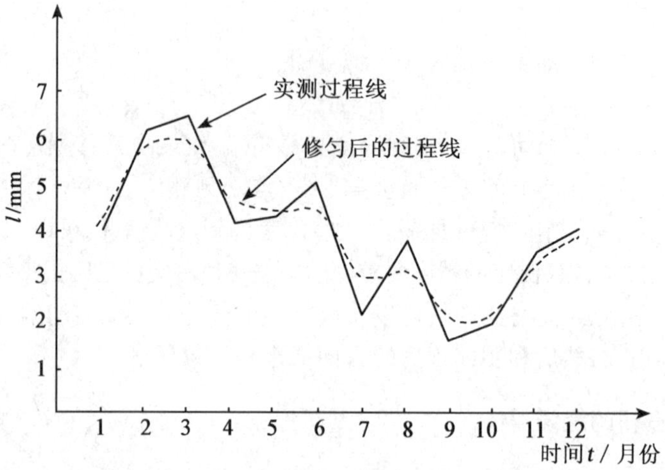

图 4-7　观测点变形过程线

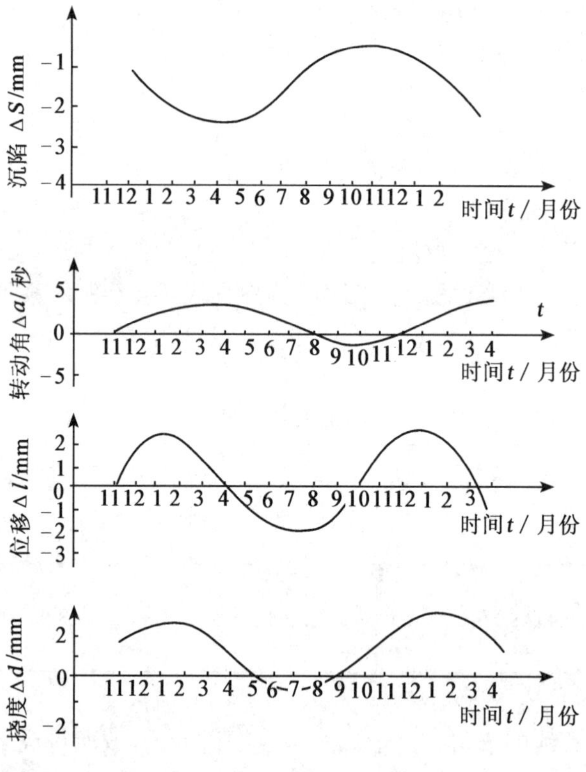

图 4-8　修匀后的变形过程线

2. 建筑物变形分布图

这种图能够全面地反映建筑物的变形状况。下面介绍几种常用的变形分布图：

(1)变形值剖面分布图。

这种图是根据某一剖面上各观测点的变形值绘制而成的。图 4-10 为拱坝坝顶水平面上的变形状况。图 4-11 上同时绘制了某混凝土坝坝顶与挑水鼻坎两个高程处的水平剖面上的

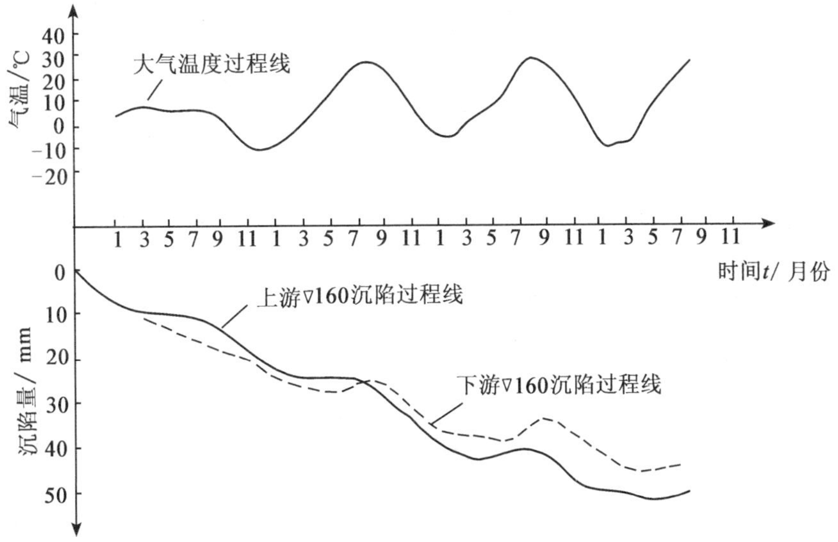

图 4-9 某土石坝的沉陷过程线

水平位移情况。图 4-12 为绘有三个不同高程的水平剖面上的沉陷情况。图 4-13 为根据某坝竖直剖面上各观测点的水平位移绘制而成,它反映了建筑物的挠曲情况。

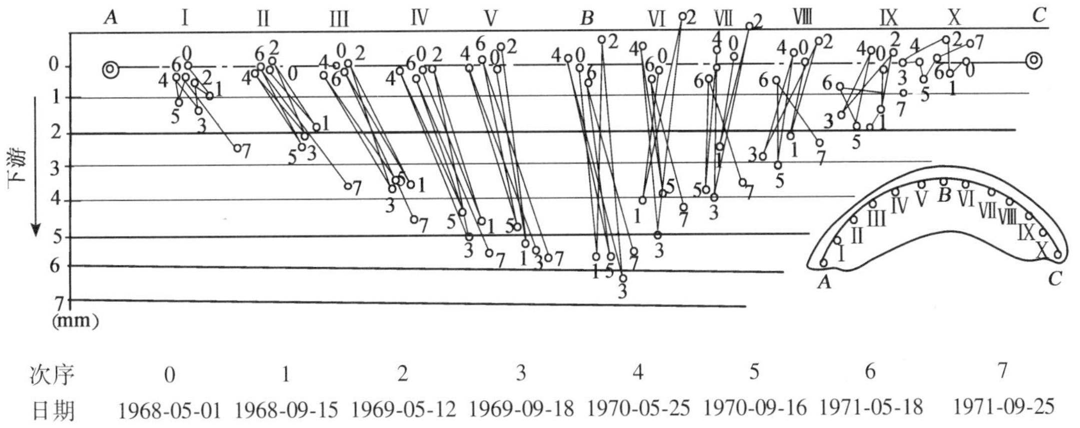

图 4-10 某拱坝坝顶水平位移状况

(2)建筑物(或基础)沉陷等值线。

为了了解建筑物或基础沉陷情况,常绘制沉陷等值线图。图 4-14 为某土坝的沉陷等值线图。图 4-15 为某高层民用建筑物基础的沉陷等值线图。图中沉陷量的单位为 cm。

4.6.3 变形值的统计规律及其成因分析

根据实测变形值整编的表格和图形,可以显示变形的趋势、规律和幅度。例如,从图 4-8 的某混凝土坝的各种变形过程线可以明显地看出坝的年周期变形规律,由其近似正弦曲线的情况可看出建筑物的变形是一个弹性变形。对于图 4-9 的土石坝的沉陷过程曲线,则可看出虽然建筑物也有年周期性的沉陷变化,但其下沉过程却一直在继续。

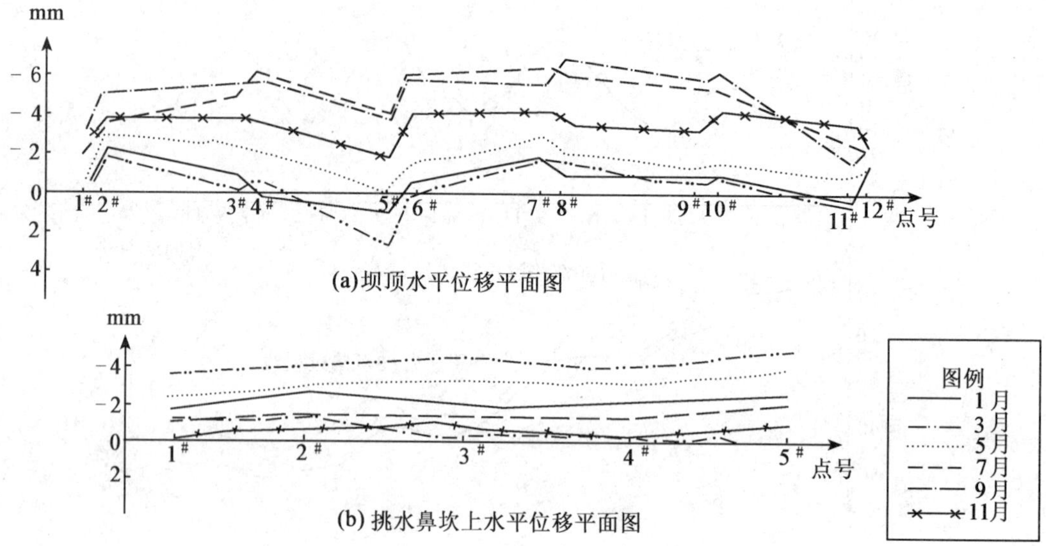

图 4-11　某混凝土坝两个不同高程面上的水平位移情况

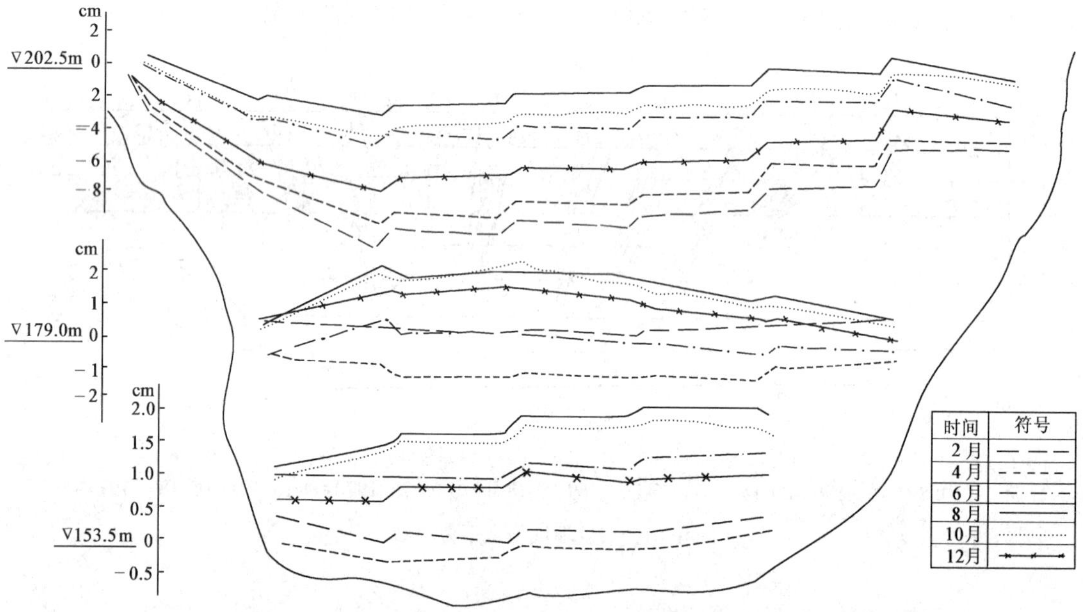

图 4-12　三个不同高程面处的沉陷情况

在变形观测资料整编的变形数值表上可以看出各种变形的年变幅，例如，由表 4-4 可以看出某坝 5#观测点处建筑物的年变幅为 5mm。

在经过长期的观测，初步掌握了变形规律后，可以绘制观测点的变形范围图。绘制时，可先绘制观测点变形过程曲线，然后用两倍的变形值的中误差绘制变形值的变化范围，变形范围图可以用来初步检查观测是否有粗差，同时也可初步判断建筑物是否有异常变形。图 4-16 为某坝 5#观测点的变形范围图。

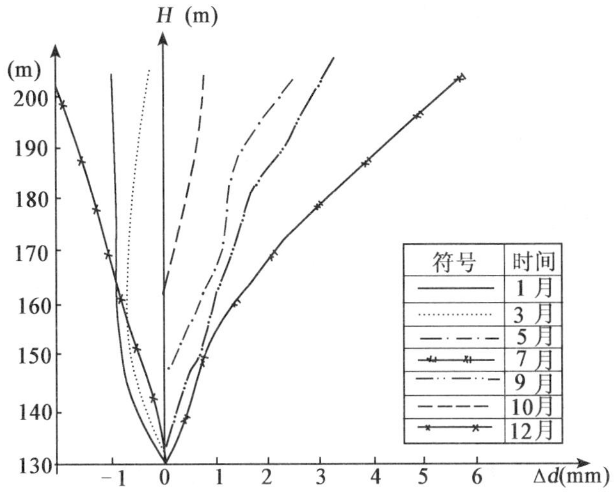

图 4-13　某坝的挠曲变形情况

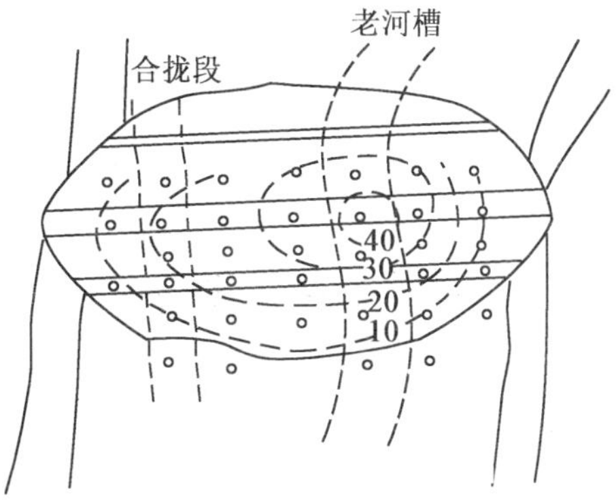

图 4-14　某坝的沉陷等值线图

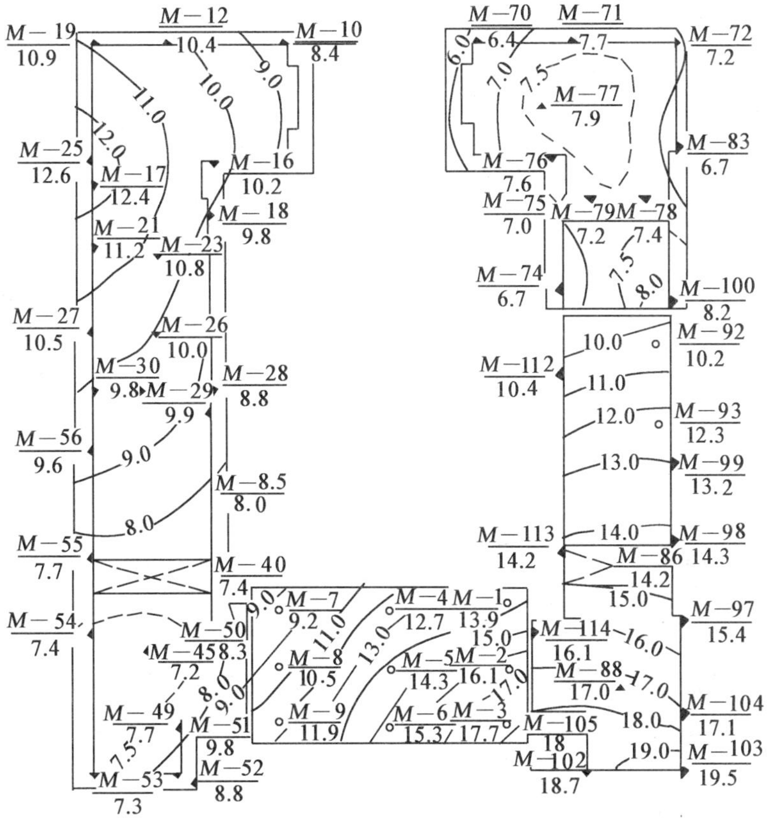

图 4-15　某高层民用建筑基础沉陷的等值线图

利用长期观测掌握的建筑物变形范围的数据资料来判断建筑物运营是否正常，这在一般情况下是可行的。但对异常情况，例如大坝遇到特大洪水，变形值超过变化范围时的观测资料

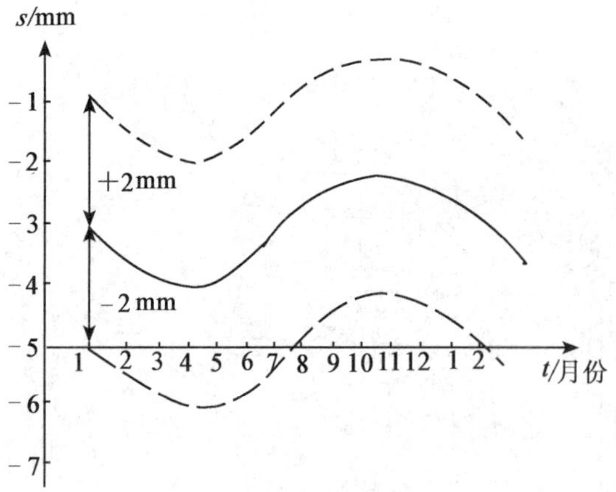

图 4-16　某坝 5#观测点的变形范围图

用来判断坝体是否正常就缺乏必要的理论根据。此外,这种方法也无法对变形的原因作出解释。

要搞清变形的规律,必须分析引起变形的因素。现对大坝的变形原因进行讨论如下:

1. 静水压力

静水压力引起的变形,有 4 种可能的情况:

(1)在静水压力作用下,由于坝体不同高度处不同的水平推力的作用,使坝体产生挠曲变形 b(图 4-17(a))。

(2)由于水库水压及坝底扬压力的作用,使坝体产生向下游转动而引起的变形 r(图 4-17(b))。

(3)由于水库水体的重力作用使库底变形,引起坝基向上游转动而引起的变形 u(图 4-17(c))。

(4)由于剪应力对坝底接触带的作用,在静水压力作用下产生的滑动为 s(图 4-17(d))。对重力坝来说,滑动是绝对不允许产生的,因为滑动就意味着坝体失去稳定,有毁坏的危险。

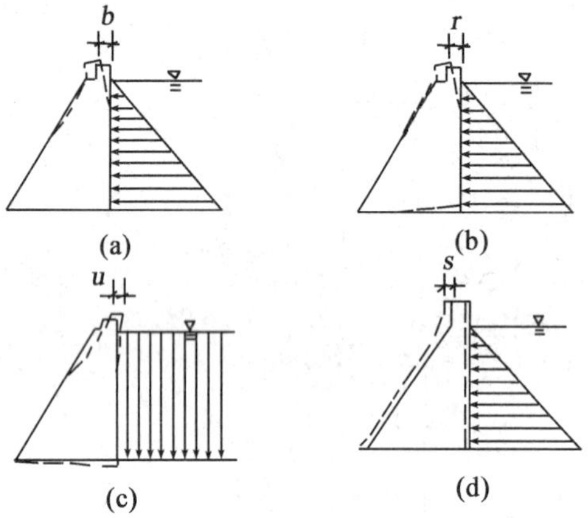

图 4-17　静水压力引起的变形

2. 坝体的温度变化

坝体上、下游混凝土温度变化是不同的,例如在夏季,坝下游面混凝土由于烈日的曝晒,其温度高于气温,但在坝的上游面,大部分混凝土浸在库水面之下,其温度将低于气温。在冬季,情况恰好相反。这种现象可以使坝体产生季节性摆动(见图 4-18)。坝体温度变化引起混凝土的收缩与膨胀是坝顶沉陷的主要原因。

对于运营初期的大坝,坝体本身混凝土产生的放热升温与冷却降温,也将使坝体产生不同的变形。

3. 时效变化

时效变化是由于建筑材料的变形(例如混凝土的收缩、徐变)以及基础岩层在荷载作用下引起的变形所产生的。它的特点是施工期与运营初期的变形比较大,随着时间的推移而渐趋稳定。时效变化为不可逆变形。

我国的水库由于水量来源一般是在春、夏季节,故这时水位逐渐升高,到秋冬季节时水位下降,呈现以年为周期的变化。由于大气气温与水库水温(它也与气温有关)所引起的坝体混凝土温度也呈年周期变化。水库水位与混凝土温度的这种季节性的周期变化,造成了坝体变形的周期性变化(图 4-8)。

时效变化在土石坝沉陷过程线(图 4-9)中可明显地看出。在许多混凝土坝变形成果分析

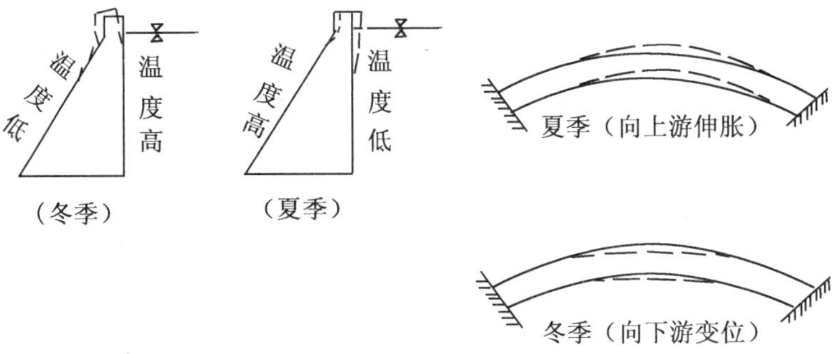

图 4-18　坝体不同季节的季节性摆动示意图

中，也证实了时效变化的明显存在。

根据我国水坝观测资料的分析可知，对于坝顶的位移，温度影响往往比水位影响大。坝顶沉陷的主要因素是温度和水位的变化。对于坝基来说，库水位变化是垂直位移和倾斜变形的主要因素，而温度的影响则可以忽略。

4.7　监测资料管理

监测资料管理系统，一般分为：

(1)人工管理处理。即采用人工量测效应量，每个测次采集到的原始资料，按规定格式记录在一定的记簿中，对这些观测值在资料处理时经可靠性检验后按时序制表或点绘过程线图与相关图，再依靠监测人员的经验和直觉来进行原因量与效应量的相关分析和对过程线进行观察，据此作出判断，最后整理归档。

(2)计算机辅助人工处理。这一方法除了进行上述人工处理内容外，还利用计算机作适当的统计学的处理，如为检验某一物理量进行该量的冗余实测值的一致性分析，以及各物理量间的交叉相关分析等，最后建立合适的数据(资料)库。

(3)数据库管理系统。由于变形监测资料需要保存的时间长、数据量大且使用频繁，尤其为了满足监测自动化和适时监测分析预报的要求，上述的人工处理与管理不仅难度大，而且容易出错。数据库的概念始于 20 世纪 60 年代，经过几十年的发展和应用，特别是计算机技术的迅速发展和普及，数据库的设计、实现和应用，无论是在实践方面还是在理论方面都已经发展成为一种较为成熟的技术，在变形监测资料管理中已得到应用。

数据库管理系统(Data Base Mangerment System，DBMS)是用户的应用程序和数据库中数据间的一个接口。数据库管理系统包括描述数据库、建立数据库、使用数据库，对数据库进行维护的语言，系统运行、控制程序对数据库的运行进行管理和调度，以及对数据库生成、原始装入、统计、维护、故障排除等一系列的服务程序。

利用数据库管理系统技术建立的监测资料管理系统，由资料处理和资料解释两个既有继承关系，又有一定独立性的子系统组成，并有与资料库结合的成套的应用软件系统。系统具有以下功能：

①各种监测资料以及有关文件资料的存储、更新、增删、更改、检索和管理；

②监测资料的处理；

③监测资料的解释。

目前，我国不少单位已开始大坝安全监测资料管理系统的开发工作。例如，我国某单位在开发中对系统提出：

(1)要求系统功能全面，运行可靠，使用简便，易于维护，有利于高效率地进行安全监测工作；

(2)要求使用合理的机型和软、硬件配置，便于推广、扩展，在将来必要时，可与自动采集系统连接，实现联机实时的安全监测。

图4-19为安全监测资料管理系统逻辑结构简图。

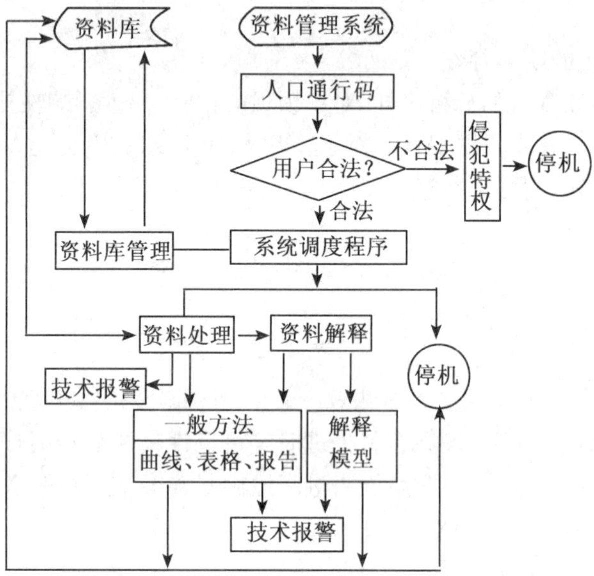

图4-19　安全监测资料管理系统逻辑结构图

实现监测资料科学管理必须建立数据资料库。资料管理系统的资料库主要存储原始实测资料，经过处理的资料，各测次及综合的资料，解释过程资料与结果，安全监测系统设计文件，观测仪器布置、种类、型号、数量、埋设部位、高程、日期以及初始值等。所有数据资料由系统内的专用管理软件进行管理，资料库管理流程图如图4-20所示。

图4-21为三峡工程安全监测数据仓库系统研究的逻辑结构，具体说明如下：

源数据是原关系数据库存储的安全监测系统中自动采集的或人工采集的数据。本系统拟在源数据库之外建立分级分析的数据仓库实体，但在数据和结构上与源数据库紧密沟通。

仓库管理是首先对源数据进行抽取、转换、装载，定义数据的综合、转化过程，使系统自动将数据从不同层次的数据源中提取出来，转移到数据仓库中，并给予维护。使用元数据执行存储数据模型、定义数据结构，管理数据的安全、维护、备份、恢复等工作。

分析工具是包括数据发掘工具、数据分析模型及模型库、可视化工具等。其中，数据发掘工具用于发现知识、发现规则、发现新的数据关系；数据分析工具，用于从源数据中按决策要求的主题形成当前基本数据层，再按综合决策要求形成轻度和高度综合决策数据层；由于安全监

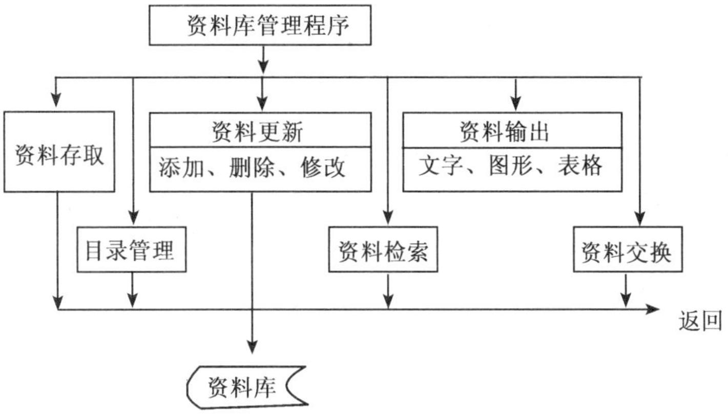

图 4-20　资料库管理流程图

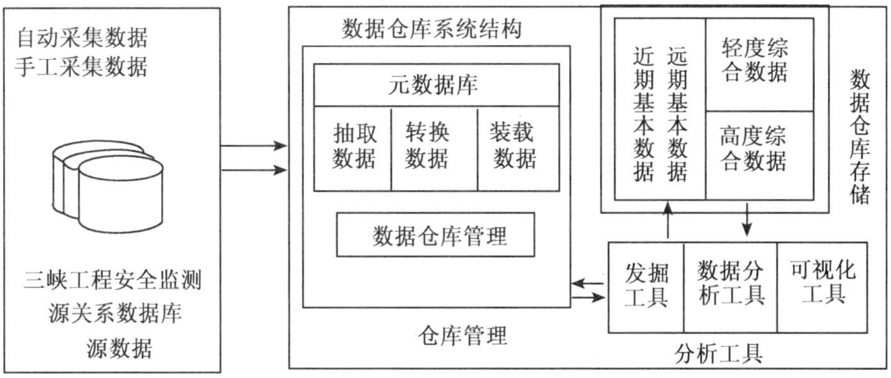

图 4-21　数据仓库系统逻辑结构图

测数据专业性都很强，对其分析除用到许多一般化模型外，还要用到众多专业模型，对所有这些模型拟用模型库组织起来。

工具环境是数据仓库中重要的一个部分，能使用户从数据仓库中进行有效的数据访问和应用开发，为用户迅速建立起适用于决策支持的数据仓库界面和应用软件。

分析方法包括统计分析、时间序列分析，以及指数从平滑到复杂的多变量状态空间和频谱分析等多种分析方法。另外，还包括解释引导式数据分析和图表式数据分析，以及交互式编程语言。

可视化工具是用于对分析数据和结果数据进行可视化表示。

数据仓库存储是数据仓库中存储的数据分为当前数据、历史数据、不同层次综合和分析的数据 3 大部分，各部分都按多个决策主题形成多维数据组织形式。

思考题 4

1. 为什么要对变形监测资料进行检核？怎样检核？
2. 如何用一元回归分析法对变形监测资料进行检核？

3. 试述监测网观测资料中数据筛选的基本过程，应用 B 检验法、τ 检验法和 t 检验法时的本质区别是什么？
4. 变形监测自动化系统中，如何对奇异值进行检验？变形监测资料为什么会存在插补问题？如何进行插补？
5. 小波分析法在变形监测中有何作用？何谓小波分解和小波重构？
6. 为什么要开展变形监测成果的整理工作？何谓变形过程线？为描述建筑物的变形状况，常用的变形分布图有哪些？
7. 简述变形监测资料管理的必要性和重要性。

第5章　变形监测网的参考系和参考点的稳定性分析

5.1　绝对网和相对网

众所周知,在测量中,当观测量是未知量的相对观测量而不是绝对观测量时,要由相对观测量求得未知量的值必须有初始值作为参考。如在水准测量中,高差是两个点高程的相对观测量,而不是某一个点高程的绝对观测量,一个水准网中各点的高程计算必须有一个高程已知点,这个已知点就是该网的基准点。对于一个平面控制网,角度、距离、坐标差都是点的位置(坐标)的相对观测量,要由这些观测量计算网中各点的坐标,必须已知其中一个点的坐标。另外根据观测量的类型还需要相应的起算数据,如测角网需要一条边的方位角和一条边的距离,它们分别是网的方位基准和尺度基准;测边网由于边长观测量是网的尺度的绝对观测量,所以只需要一个点的坐标和一条边的方位角。如果观测量是坐标差观测量,如GPS的基线观测结果,则只需要已知一个点的坐标。这些高程已知点、坐标已知点称为控制网的基准点,已知方位角称为控制网的方位基准,已知边长称为控制网的尺度基准。必要的基准参数构成网的基准,或称参考系。在这里参考系与基准是两个同义语。

在变形观测中,为了采集变形体的变形信息需要布设变形监测网。通过在不同时间对变形监测网进行重复观测,来获取布设在变形体上目标点的位移。变形监测网是控制网在变形监测中的一种形式。它可能是水准网、三角网、边角网或GPS网。所以变形监测网的观测量都是坐标的相对观测量,需要给定参考系才能计算各观测周期网点的坐标。两期坐标差就是监测网的目标点在两观测周期期间的位移。由于变形监测网的目的是测量坐标的变化,作为定义参考系的参考点(或基准点)的稳定性非常重要,而参考系参数的初始值并不重要。所以变形监测网一般是在变形体外稳定的地方布设一些点作为参考点。但是在地壳形变监测中,由于整个地壳都可以看成一个变形体,在地壳形变的研究范畴里,不存在变形体外之说。可以认为地壳形变监测网的所有点都是布设在变形体上的。所以客观上,变形监测网存在两种类型:

(1)绝对网:有部分点布设在变形体外的监测网;

(2)相对网:网的全部点都在变形体上的监测网。

对于绝对网,那些布设在变形体外的全部点或部分点是作为位移测量和计算的参考对象的点,称为参考点或基准点,如图5-1所示。如果参考点是稳定不动的,变形监测网以它们为参考所测量的目标点的位移就是真实的位移,也叫绝对位移。为了保持绝对网的这一优势,对于绝对网,也要经常检测参考点的稳定性。避免将不稳定的点作为参考点而影响成果的真实性,以致引起对变形的错误解释和判断。

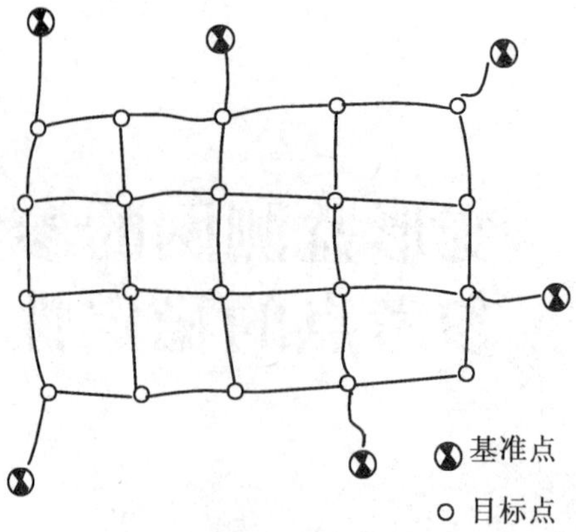

图 5-1　一个地面沉降监测网(绝对网)略图

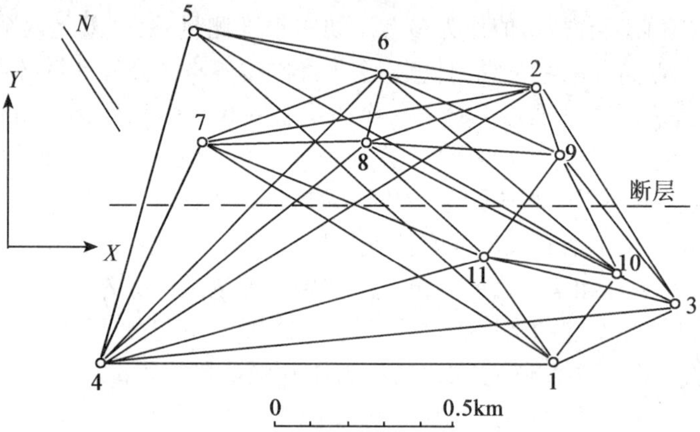

图 5-2　某地壳变形监测网

相对网由于没有参考点,以坐标为参数的间接平差模型(或高斯-马尔科夫模型)的系数矩阵出现秩亏,这种现象也叫参考系亏损或基准亏损。这种网也就是所谓的自由网,如图 5-2 所示的地壳运动监测网。由于只能获取相对位移,对相对网所获取的数据一般只能做应变分析和块体相对几何变形分析,难以进行单点位移时间序列的分析和变形的物理解释等。变形分析工作主要是对变形块体的相对变形分析,如断层两边的相对平移、旋转与伸缩,或者是变形块体的线应变与剪应变分量的提取。这一工作需要对变形模型进行识别,通过模型的筛选,选择最佳的变形模型。尽管变形模型与参考系的关系不大,但是在判断变形块体及变形模型时,点的位移是起作用的,尽量选择合理的参考系,使得网点的位移接近绝对位移有助于这一判断。所以对于相对网,存在参考系的选择问题。

1962 年,奥地利学者 P. Miessl 提出了自由网的“内制约”平差方法,开辟了不以固定参考点的参数(如前面讲的固定一个点的坐标、固定一条边的方位角)定义基准或参考系,而以拟合所有点参数的初始值,并保持由观测量所确定的网的形状不变来定义参考系的新途径。这种参考系具有几何上的意义,就是以网的重心(即各点坐标均值)、各点方向角的均值、各点矢距均值分别作为网的位置、方向和尺度基准。在相对网各点的位移成等概率的随机变化时,这样的基准参数在各期的实际变化量接近于0,所定义基准比单独固定某一个点坐标、某一条边的方位角或边长,要稳定得多。就像我们在测量数据处理中,取独立同精度 n 次观测值的均值作为平差值比取任一次观测值作为平差值更接近“真值”一样。

我国周江文教授提出自由网的拟稳平差方法,其基准的定义与“内制约”平差原理一样,只是参与基准定义的点不是网的全部点,而是取网中相对稳定点来定义基准。相对稳定点可以选择变形体外围的点,或者断层的下边(或上边)的外围点,但一般需要通过统计检验来选取。当变形体的变形不均匀时,合理选择的拟稳基准比“内制约”平差基准稳定性更好。

考虑到相对网中各点的位移量可能存在不同的量级,一些学者相应地提出各个点在参与基准定义时根据其可能的位移大小给予不同的权,这样相应地得到加权重心基准。

对自由网的平差研究和它所给出的参考系的定义方式,使人们注意到:网的参考系定义这一原本要由与观测无关的外部信息提供支持的事情,变成了一个平差模型问题。参考系的选择变成了平差模型的选择,不同的参考系可以用相应的参考系方程的约束来表达。扩展了参考系概念的传统内涵。

这些研究结果,不仅为相对网参考系的定义和数据处理提供了理论基础,而且也产生了一些检验网点稳定性的方法。这些方法包括平均间隙法、稳健相似变换法等。平均间隙法可以认为是:拟稳基准变换+统计检验;稳健相似变换可以认为是选权迭代相似变换。这些检验方法无论对绝对网还是相对网都是有用的。

本章主要介绍变形监测网参考系的定义和特点,以及参考点稳定性检验的基本方法。

5.2 监测网的参考系

无论是绝对网还是相对网,在确认其点位的稳定性之前,所有点都可能是移动的,因此只能将其作为自由网看待。只有通过点位的稳定性检验以后,才能进行参考系的选择,这时需要了解现有几种参考系的特点,根据实际情况选择较稳定的参考系。

自由网没有参考点,这意味着它本身不包含可以在空间定位的足够信息。例如一个水准网没有任何点的高程信息,或一个三角网不知道任何点的坐标以及任何边的方位角。所以一个自由网可以在空间任意平移、旋转和缩放。这种现象可以认为是有基准亏损或参考系亏损。参考系亏损表现在平差模型上就是系数矩阵的秩亏,消除秩亏也就意味着定义了一个参考系。

5.2.1 自由网的约束平差解法

考虑自由网线性平差模型

$$\begin{aligned} \boldsymbol{l}+\boldsymbol{v} &= \boldsymbol{A}\boldsymbol{X} \\ \boldsymbol{D}_{ll} &= \sigma_0^2\boldsymbol{Q}_{ll}=\sigma_0^2\boldsymbol{P} \end{aligned} \tag{5-1}$$

式中,$\boldsymbol{l}$ 是 n 维观测向量,$\boldsymbol{v}$ 是 n 维残差向量,$\boldsymbol{X}$ 是 m 维观测点坐标改正数向量,$\boldsymbol{A}$ 是 $n\times m$ 阶系数矩阵,$\boldsymbol{D}_{ll}$是观测值向量的先验方差。

由于参考系亏损,系数矩阵 $\boldsymbol{A}$ 是秩亏的,即 $r(\boldsymbol{A})=r<u$。秩亏 $d=u-r(\boldsymbol{A})$,等于自由网的参考系参数的必要个数。如水准自由网的秩亏为1,测角网的秩亏为4,测边网的秩亏为3等。

式(5-1)相应的法方程式为

$$N\hat{X}=W \tag{5-2}$$

式中,$N=A^{T}PA$,$W=A^{T}Pl$。由于 A 的亏秩,因而矩阵 N 为奇异阵。按照线性代数,方程(5-2)的通解为

$$\hat{X}=N^{-}W+(I-N^{-}N)\eta \tag{5-3}$$

N^{-}为任意的广义逆,满足条件 $NN^{-}N=N$。式中 η 为任意的 m 维变量,故最小二乘解不唯一。

为了消除秩亏,可通过对未知数 x 附加约束条件

$$B^{T}X=0 \tag{5-4}$$

来实现。其中 B^{T} 满足两个条件:

(1)B^{T} 由 $d=m-r(A)$个独立行组成。

(2)B^{T} 的行与 A 的行相互独立。

即 B^{T} 是一个 $d\times m$ 阶矩阵。这两个条件也可表达成:B^{T} 需要满足

$$r\begin{pmatrix}A\\B^{T}\end{pmatrix}=m \tag{5-5}$$

施加约束以后,平差模型(5-1)就变成了有约束条件的间接平差模型

$$\begin{aligned}&l+v=AX,\\&B^{T}X=0\end{aligned} \tag{5-6}$$

由最小二乘原理,可得法方程

$$\begin{pmatrix}N & B\\B^{T} & 0\end{pmatrix}\begin{pmatrix}X\\k\end{pmatrix}=\begin{pmatrix}W\\0\end{pmatrix} \tag{5-7}$$

式中,k 是联系数。由于 B 满足条件式(5-5)时,式(5-7)的系数阵是满秩的,所以可求得参数的唯一解:

$$\begin{aligned}&\hat{X}=(N+BB^{T})^{-1}W\\&Q_{\hat{X}\hat{X}}=(N+BB^{T})^{-1}N(N+BB^{T})^{-1}\end{aligned} \tag{5-8}$$

5.2.2 自由网的参考系方程

约束方程(5-4)实际上给出了网的参考系定义,所以称其为参考系方程,也可以称为基准约束。但是一般性的约束没有多少实际意义,且纯数学的约束方程难以与参考系的稳定性分析形成联系。为了得到有意义的参考系定义,需要给出参考系定义的准则。

1. 秩亏自由网平差参考系方程系数矩阵

秩亏自由网平差消除秩亏的方法是在满足最小二乘准则下,进一步对待估参数施加约束:$\hat{X}^{T}\hat{X}=\min$。在这个约束下,可以使得待估参数的协因数阵的迹最小,即 $\mathrm{tr}(Q_{\hat{X}\hat{X}})=\min$。通过有关推导(在此略去),如果约束方程满足下列条件即可使得 $\hat{X}^{T}\hat{X}=\min$ 或 $\mathrm{tr}(Q_{\hat{X}\hat{X}})=\min$:

$$\begin{cases}H^{T}X=0\\AH=0\\r(H)=d\end{cases} \tag{5-9}$$

这里将满足式(5-9)的约束方程系数矩阵记为 H^{T},以与仅满足式(5-4)和式(5-5)的一般的约

束方程系数矩阵 $\boldsymbol{B}^{\mathrm{T}}$ 相区别。从线性代数可以知道，当满足式(5-9)，$\boldsymbol{H}$ 矩阵的列向量构成 A 的零空间的一组正交基向量。平差问题的解(5-8)变为

$$\begin{aligned}\hat{\boldsymbol{X}} &= (\boldsymbol{N}+\boldsymbol{H}\boldsymbol{H}^{\mathrm{T}})^{-1}\boldsymbol{W}\\ \boldsymbol{Q}_{\hat{X}\hat{X}} &= (\boldsymbol{N}+\boldsymbol{H}\boldsymbol{H}^{\mathrm{T}})^{-1}-\boldsymbol{H}(\boldsymbol{H}^{\mathrm{T}}\boldsymbol{H})^{-1}\boldsymbol{H}^{\mathrm{T}}\end{aligned} \tag{5-10}$$

在 $\boldsymbol{AH}=0$ 和 $r(\boldsymbol{H})=d$ 可以构造秩亏自由网平差参考系方程的系数阵。

(1)水准网：

$$\boldsymbol{H}=(1 \quad 1 \quad 1 \quad \cdots \quad 1)^{\mathrm{T}} \tag{5-11}$$

(2)边角网或测边网：

$$\boldsymbol{H}=\begin{pmatrix} 1 & 0 & 1 & 0 & \cdots & 1 & 0\\ 0 & 1 & 0 & 1 & \cdots & 0 & 1\\ -y_1^0 & x_1^0 & -y_2^0 & x_2^0 & \cdots & -y_m^0 & x_m^0 \end{pmatrix}^{\mathrm{T}} \tag{5-12}$$

(3)测角网：

$$\boldsymbol{H}=\begin{pmatrix} 1 & 0 & 1 & 0 & \cdots & 1 & 0\\ 0 & 1 & 0 & 1 & \cdots & 0 & 1\\ -y_1^0 & x_1^0 & -y_2^0 & x_2^0 & \cdots & -y_m^0 & x_m^0\\ x_1^0 & y_1^0 & x_2^0 & y_2^0 & \cdots & y_m^0 & y_m^0 \end{pmatrix}^{\mathrm{T}} \tag{5-13}$$

(4)三维控制网：

$$\boldsymbol{H}=\begin{pmatrix} 1 & 0 & 0 & 1 & 0 & 0 & \cdots & 1 & 0 & 0\\ 0 & 1 & 0 & 0 & 1 & 0 & \cdots & 0 & 1 & 0\\ 0 & 0 & 1 & 0 & 0 & 1 & \cdots & 0 & 0 & 1\\ 0 & -z_1^0 & y_1^0 & 0 & -z_2^0 & y_2^0 & \cdots & 0 & -z_m^0 & y_m^0\\ z_1^0 & 0 & -x_1^0 & z_2^0 & 0 & -x_2^0 & \cdots & z_m^0 & 0 & -x_m^0\\ -y_1^0 & x_1^0 & 0 & -y_2^0 & x_2^0 & 0 & \cdots & -y_m^0 & x_m^0 & 0\\ x_1^0 & y_1^0 & z_1^0 & x_2^0 & y_2^0 & z_2^0 & \cdots & x_m^0 & y_m^0 & z_m^0 \end{pmatrix}^{\mathrm{T}} \tag{5-14}$$

式(5-12)至式(5-14)中，m 均为监测网网点数；x_i^0、y_i^0、z_i^0 为中心化后的近似坐标。也即减去给定近似坐标的平均值

$$\overline{x^0}=\frac{1}{m}\sum_{i=1}^{m}x_i^0,\overline{y^0}=\frac{1}{m}\sum_{i=1}^{m}y_i^0,\overline{z^0}=\frac{1}{m}\sum_{i=1}^{m}z_i^0$$

则中心化的近似坐标为

$$_zx_i^0=x_i^0-\overline{x^0},{}_zy_i^0=y_i^0-\overline{y^0},{}_zz_i^0=z_i^0-\overline{z^0}$$

为了表达简单，系矩阵中仍用 x_i^0、y_i^0、z_i^0 表示。

2. 拟稳平差参考系方程的系数矩阵

拟稳平差是将网中部分点作为拟稳点，参考系方程只对拟稳点的参数进行约束。拟稳平差是使拟稳点的参数平方和最小，即 $x_{拟}^{\mathrm{T}}x_{拟}=\min$。相应地拟稳平差参考系的系数矩阵如下。

(1)水准网：

$$B_0=(\underbrace{1 \quad 1 \quad \cdots \quad 1}_{\&\text{个元素}} \quad 0 \quad 0 \quad \cdots \quad 0)^{\mathrm{T}} \tag{5-15}$$

这里假设前 k 个水准点为拟稳点。实际应用中，拟稳点的点号不一定就是前面 k 个点，这时，只要使拟稳点对应的元素为 1，非拟稳点对应的元素为 0 就可以了。

（2）测边网或边角网：

$$B_0=\begin{pmatrix} 1 & 0 & 1 & 0 & \cdots & 1 & 0 & 0 & 0 & \cdots & 0 & 0 \\ 0 & 1 & 0 & 1 & \cdots & 0 & 1 & 0 & 0 & \cdots & 0 & 0 \\ y_1^0 & x_1^0 & -y_2^0 & x_2^0 & \cdots & -y_k^0 & x_k^0 & 0 & 0 & \cdots & 0 & 0 \end{pmatrix}^{\mathrm{T}} \tag{5-16}$$

（前 $2k$ 列：$2k$ 个元素）

这里假设前 k 个点为拟稳点。

（3）测角网：

$$B_0=\begin{pmatrix} 1 & 0 & 1 & 0 & \cdots & 1 & 0 & 0 & 0 & \cdots & 0 & 0 \\ 0 & 1 & 0 & 1 & \cdots & 0 & 1 & 0 & 0 & \cdots & 0 & 0 \\ -y_1^0 & x_1^0 & -y_2^0 & x_2^0 & \cdots & -y_k^0 & x_k^0 & 0 & 0 & \cdots & 0 & 0 \\ x_1^0 & y_1^0 & x_2^0 & y_2^0 & \cdots & x_k^0 & y_k^0 & 0 & 0 & \cdots & 0 & 0 \end{pmatrix}^{\mathrm{T}} \tag{5-17}$$

（前 $2k$ 列：$2k$ 个元素）

这里假设前 k 个点为拟稳点。

拟稳平差是在拟稳点范围内应用自由网平差，它可以理解成对拟稳点给予权 1，而非拟稳点权为 0。因而它的参考系之系数矩阵 $\boldsymbol{B}_0^{\mathrm{T}}$ 可以看成是自由网平差参考系方程的系数矩阵 $\boldsymbol{H}^{\mathrm{T}}$ 乘上一个权阵 $\boldsymbol{P}_0$。

即

$$\boldsymbol{B}_0^{\mathrm{T}}=\boldsymbol{H}^{\mathrm{T}}\boldsymbol{P}_0 \tag{5-18}$$

具有

$$\boldsymbol{P}_0=\begin{pmatrix} \boldsymbol{I}_0 & \boldsymbol{0} \\ \boldsymbol{0} & \boldsymbol{0} \end{pmatrix} \tag{5-19}$$

式中，$\boldsymbol{I}_0$ 为一单位矩阵，下标 0 表示拟稳点，例如当平面网中取 $1,2,\cdots,k$ 作拟稳点时，则 $\boldsymbol{I}_0$ 为一个 $2k\times 2k$ 的单位矩阵。当拟稳点分散时，上述单位阵也可分散写，将拟稳点对应的坐标分量的权为 1，非拟稳点对应的坐标分量的权为 0 即可。

3. 经典平差参考系方程系数矩阵

自由网按经典平差时，是将作为基准点的坐标，或作为方位基准或尺度基准的参数固定。由于在变形监测中，强调基准不对网的形状进行约束，所以经典自由网平差只给出必要的基准固定约束。这样可以列出自由网按经典平差的约束方程系数矩阵。

（1）水准网：

$$\boldsymbol{B}=(1\quad 0\quad 0\quad \cdots\quad 0)^{\mathrm{T}}\quad \text{（假设第一个点是基准点）} \tag{5-20}$$

（2）测边网或边角网：

$$\boldsymbol{B}=\begin{pmatrix} 1 & 0 & 0 & 0 & 0 & 0 & \cdots & 0 & 0 \\ 0 & 1 & 0 & 0 & 0 & 0 & \cdots & 0 & 0 \\ -y_1^0 & x_1^0 & -y_2^0 & x_2^0 & 0 & 0 & \cdots & 0 & 0 \end{pmatrix}^{\mathrm{T}} \tag{5-21}$$

这里假设第 1 个点为已知点，第 1 个点到第 2 个点的方向为已知方向。

（3）测角网：

$$
\boldsymbol{B}=\begin{pmatrix} 1 & 0 & 0 & 0 & 0 & 0 & \cdots & 0 & 0 \\ 0 & 1 & 0 & 0 & 0 & 0 & \cdots & 0 & 0 \\ -y_1^0 & x_1^0 & -y_2^0 & x_2^0 & 0 & 0 & \cdots & 0 & 0 \\ x_1^0 & y_1^0 & x_2^0 & y_2^0 & 0 & 0 & \cdots & 0 & 0 \end{pmatrix}^{\mathrm{T}} \tag{5-22}
$$

这里假设第 1 个点为已知点，第 1 个点到第 2 个点的方向为已知方向，第 1 个点到第 2 个点的边长为已知边长。

5.2.3 秩亏自由网平差参考系与拟稳平差参考系的特点

以水准网为例，秩亏自由网平差的结果满足

$$
\boldsymbol{H}^{\mathrm{T}}\boldsymbol{X}=(1 \quad 1 \quad \cdots \quad 1)\begin{pmatrix} x_1 \\ x_2 \\ \vdots \\ x_4 \end{pmatrix}=\sum_{i=1}^{m} x_i=0 \tag{5-23}
$$

令 $\bar{x}=\frac{1}{m}\sum_{i=1}^{m} x_i=0$，$\bar{x}$ 为水准网的高程重心。$\bar{x}=0$ 说明水准网的自由网平差参考系是网的高程重心。

又以测边网或边角网为例，秩亏自由网平差的坐标向量 $\boldsymbol{X}$ 满足

$$
\boldsymbol{H}^{\mathrm{T}}\boldsymbol{X}=\begin{pmatrix} 1 & 0 & 1 & 0 & \cdots & 1 & 0 \\ 0 & 1 & 0 & 1 & \cdots & 0 & 1 \\ -y_1^0 & x_1^0 & -y_2^0 & x_2^0 & \cdots & -y_m^0 & x_m^0 \end{pmatrix}\begin{pmatrix} x_1 \\ y_1 \\ \vdots \\ x_m \\ y_m \end{pmatrix}
$$

$$
=\begin{pmatrix} \sum_{i=1}^{m} x_i \\ \sum_{i=1}^{m} y_i \\ \sum_{i=1}^{m}(x_i^0 y_i - y_i^0 x_i) \end{pmatrix}=\begin{pmatrix} 0 \\ 0 \\ 0 \end{pmatrix} \tag{5-24}
$$

这里，我们将参考系方程进一步引申。由

$$
\sum_{i=1}^{m} x_i=0,\ \sum_{i=1}^{m} y_i=0
$$

可见

$$
\bar{x}=\frac{1}{m}\sum_{i=1}^{m} x_i=0;\ \bar{y}=\frac{1}{m}\sum_{i=1}^{m} y_i=0
$$

$\bar{x}$、$\bar{y}$ 是网的重心改正数，说明秩亏自由网平差是以网的重心坐标作为坐标起算数据。也就是说，预先给定的网点坐标（近似值）的平均值与平差以后网点坐标的平均值相同。这种约束抹杀了变形体的系统性平移，但是当变形体的变形在空间呈随机性分布时，实际上系统性位移很小，这时网的重心可以认为是稳定的。

边角网平差还需要方向起算数据，在经典平差中，假定一条边的方位角作为起始方位。在

边角网的秩亏自由网平差中，起始方位（或称方向基准）是由参考系方程组的第 3 个方程决定的。

令 α_i 为第 i 点的坐标方向角，即

$$\alpha_i = \arctan \frac{x_i^0 + \mathrm{d}x_i}{y_i^0 + \mathrm{d}y_i} \tag{5-25}$$

微分得：

$$\mathrm{d}\alpha_i = \frac{x_i^0 \mathrm{d}y_i - y_i^0 \mathrm{d}x_i}{(x_i^0)^2 + (y_i^0)^2} = \frac{x_i^0 \mathrm{d}y_i - y_i^0 \mathrm{d}x_i}{r_i^2} \tag{5-26}$$

式中，$r_i = \sqrt{(x_i^0)^2 + (y_i^0)^2}$，即第 i 点到坐标原点的距离；由于采用的是中心化近似坐标，原点实际上就是网的重心。$\mathrm{d}\alpha_i$ 是重心到点 i 的方向角改正数。将(5-26)式中的微分换成改正数，兼顾式(5-24)的第 3 个方程，即得

$$\sum_{i=1}^{m} (x_i^0 y_i - y_i^0 x_i) = \sum_{i=1}^{m} r_i^2 v_{\alpha_i} = 0 \tag{5-27}$$

式(5-27)说明重心到各网点方向角改正数的加权（以距离的平方为权）平均值为零。也就是边角网秩亏自由网平差的方位基准是重心到各个点的方位角的加权平均值。

秩亏自由网平差的参考系是由控制网中所有的点定义的。如果以网中的部分点来定义网的参考系，所得到的是拟稳平差参考系。参与参考系定义的点为拟稳点。类似于秩亏自由网平差的参考系，拟稳平差参考系的坐标基准是拟稳点的重心坐标，起始方位是重心到各拟稳点方位角的加权平均值。

5.2.4 不同参考系之间平差结果的转换

这里讨论利用参考系方程的系数矩阵构成一个相似变换矩阵，可以将任意参考系的平差结果，转换到参考系方程所定义的参考系的平差结果。这种转换避免了因参考系变化而重新平差的问题，同时也给出了利用相对简单的平差方法（如经典间接平差）计算较复杂的平差问题的一条途径，即先利用较简单的平差方法平差后，再用相似变换将其结果转换到较复杂的平差结果。

自由网不同参考系的平差结果都是法方程式(5-4)的特解，因此若 $\hat{\boldsymbol{X}}_1, \hat{\boldsymbol{X}}_2$ 是式(5-4)的任意两个解，则有

$$\boldsymbol{N}\hat{\boldsymbol{X}}_1 = \boldsymbol{N}\hat{\boldsymbol{X}}_2 = \boldsymbol{W} \tag{5-28}$$

或

$$\boldsymbol{N}(\hat{x}_1 - \hat{x}_2) = 0 \tag{5-29}$$

式(5-29)表示向量 $\hat{\boldsymbol{X}}_1 - \hat{\boldsymbol{X}}_2$ 属于法方程系数阵 $\boldsymbol{N}$ 的零空间（核空间），即

$$\hat{\boldsymbol{X}}_1 - \hat{\boldsymbol{X}}_2 \in \boldsymbol{N}\{\boldsymbol{N}\} = \boldsymbol{N}\{\boldsymbol{A}\} \tag{5-30}$$

其中，$\boldsymbol{N}\{\boldsymbol{N}\}$ 表示法方程系数阵 $\boldsymbol{N}$ 的零空间。因 $\boldsymbol{A}$ 的秩亏为 d，故 $\boldsymbol{N}\{\boldsymbol{A}\}$ 的一组基向量可用一个 $m \times d$ 阶矩阵 $\boldsymbol{H}$ 表示。$\boldsymbol{H}$ 满足

$$\boldsymbol{AH} = 0 \tag{5-31}$$

且有

$$\boldsymbol{N}\{\boldsymbol{N}\} = \boldsymbol{S}\{\boldsymbol{H}\} \tag{5-32}$$

这里 $\boldsymbol{S}\{\boldsymbol{H}\}$ 表示由 $\boldsymbol{H}$ 的列向量所张成的线性子空间。顾及式(5-30)，可知

$$\hat{X}_2-\hat{X}_1 \in S\{H\} \tag{5-33}$$

于是 $\hat{X}_1-\hat{X}_2$ 可表示为 H 列向量的线性组合，即

$$\hat{X}_2-\hat{X}_1=H_t \tag{5-34}$$

或

$$\hat{X}_2=\hat{X}_1+H_t \tag{5-35}$$

顾及 $\hat{X}$ 应满足附加条件式(5-4)，则式(5-6)可写成

$$B^{\mathrm{T}}\hat{X}_2=B^{\mathrm{T}}(\hat{X}_1+H_t)=0 \tag{5-36}$$

由此解得

$$t=-(B^{\mathrm{T}}H)^{-1}B^{\mathrm{T}}\hat{X}_1 \tag{5-37}$$

$$\hat{X}_2=(I-H(B^{\mathrm{T}}H)^{-1}B^{\mathrm{T}})\hat{X}_1 \tag{5-38}$$

上式说明，由不同方程 $B^{\mathrm{T}}\hat{X}=0$ 定义参考系后，所求得的解可以互相转换。通常将这种转换称为相似转换(或称 S-变换)。

令 $S=I-H(B^{\mathrm{T}}H)^{-1}B^{\mathrm{T}}$，可以证明 S 是一个相似矩阵。H 阵就是秩亏自由网平差参考系方程系数阵。

因而有

$$\hat{X}_2=S\hat{X}_1,$$
$$Q_{\hat{X}_2\hat{X}_2}=SQ_{\hat{X}_1\hat{X}_1}S^{\mathrm{T}} \tag{5-39}$$

B^{T} 也可取 H 的加权形式：$B^{\mathrm{T}}=H^{\mathrm{T}}W$，这时相似变换

$$S=I-H(B^{\mathrm{T}}H)^{-1}B^{\mathrm{T}}=I-H(H^{\mathrm{T}}WH)^{-1}H^{\mathrm{T}}W \tag{5-40}$$

称为加权相似变换。这里 W 是参考系定义的权阵。当 $W=I$ 时，转换后对应参考系是秩亏自由网平差参考系，当 $W=I_0$ 时，对应的是拟稳平差参考系。

5.2.5 参考系的选择对位移计算的影响

监测网的位移向量是通过平差两期观测得到的坐标向量之差求得。参考系的选择将影响各期的坐标向量的平差结果，因而影响到位移的计算结果。

不同的参考系方程将给出网点不同的位移值。由经典平差所求的网点位移值是相对于假定的固定点的变化量。由自由网平差计算所求得的网点位移是相对于网的重心的变化值。由拟稳平差所求的网点变形则是相对于拟稳点的重心而言的。究竟哪一个位移向量是我们应该依据的呢？

图 5-3 是参考系对点位位移影响的示意图。图中不带撇的点号表示第一周期网点位置，带撇的点号表示后一周期的位置。图 5-3(a)表示监测网真实位移情况(假设我们用更高精度测定求得)；图 5-3(b)表示亏秩自由网的平差情况；图 5-3(c)表示经典平差情况。由图可见采用不同的参考系，所计算的位移是不同的。

由于我们事先无法知道监测网网点的实际变形，因而选用某种平差方法去计算网点的位移，实质上是选用某种变形模型去模拟实际变形。例如，经典平差是用监测网某些点是稳定不变的变形模型来计算网点的位移；当采用自由网平差时，则是把网点重心看成稳定不变的数学

模型来模拟实际变形;类似地对于拟稳平差,则采用了拟稳点重心不变的数学模型去模拟实际变形。当所选的数学模型与实际变形不相符时,将使所计算的位移值伴随有误差,这一误差我们称它为参考系模型误差,简称为模型误差。

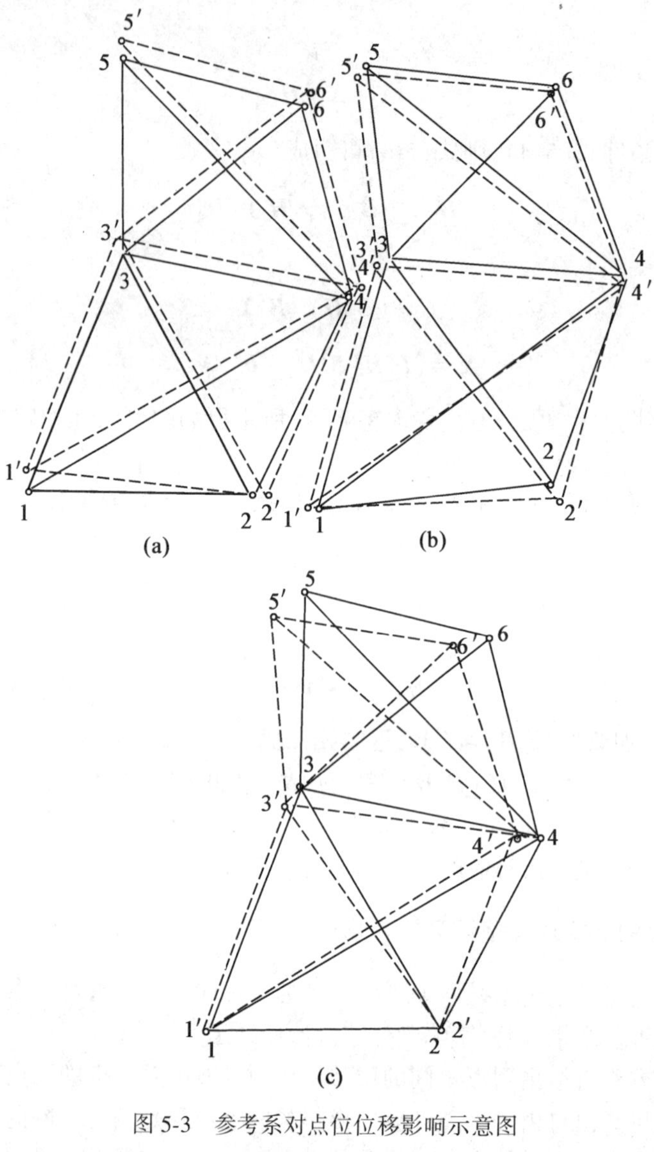

图 5-3　参考系对点位位移影响示意图

表 5-1 为分别用自由网平差与经典平差对某大坝监测网的两个观测周期资料计算的成果。由表中数值可以看出,不同方法所计算之位移值差别很大。这些数值也说明在监测网平差中,平差方法选择不恰当,将给位移值计算带来不可忽略的模型误差。

由于监测网网点位置是随时间变化的,我们无法确知监测网网点的变化情况,因此,对于不同周期的观测资料,选用何种参考系将它们统一起来就成为监测网平差首先必须解决的问题。

参考系选择得不合适,将使所计算的点的位移值伴随有模型误差。

在变形分析中,选择哪种平差方法最好,关键在于了解平差方法中所定义的参考系是否与实际变形情况相符合。当网中存在固定点时,采用这些固定点作基准,应用经典平差,可以得到满意的成果。当网中某些点具有相对的稳定性,它们相互变动是随机的情况下,则用这些点作拟稳点,用拟稳平差对成果进行分析,结果将令人满意。当监测网所有网点具有微小的随机变动时,自由网平差对这种变形情况是一种有效的分析方法。

表 5-1 某大坝监测网按两种平差方法计算的位移

网点编号	计算位移值/cm			
	自由网平差		经典平差	
	ΔX	ΔY	ΔX	ΔY
1	-0.29	0.02	0	0
2	0.32	-0.83	0	0
3	-1.01	-0.08	0.14	0.48
4	-0.12	0.59	0.47	-0.15
5	0.38	-0.18	2.39	0.48
6	0.30	-0.06	2.68	0.24
7	0.35	-0.12	2.91	0.23
8	0.69	0.38	3.18	0.53
9	0.17	0.26	1.90	-1.04
10	-0.79	0.02	0.89	-1.27

因此,要合理地确定监测网的参考系,首先要确定的是监测网中哪些点是稳定的或相对稳定的点,哪些点是不稳定的点。从 20 世纪 70 年代起,人们相继提出了多种关于监测点稳定性分析方法,其中平均间隙法是一种比较典型的方法,将在下一节里重点介绍这种方法。

5.3 平均间隙法

1971 年,德国测量学者 Pelzer 提出了平均间隙法,用于对监测网中的不稳定点的检验与识别。

平均间隙法的基本思想是,先进行两周期图形一致性检验(或称"整体检验"),如果检验通过,则确认所有参考点是稳定的。否则,就要找出不稳定的点。寻找不稳定点的方法是"尝试法",依次去掉每一点,计算图形不一致性减少的程度,使得图形不一致性减少最大的那一点是不稳定的点。排除不稳定点后再重复上述过程,直到图形一致性(指去掉不稳定点后的图形)通过检验为止。

5.3.1 整体检验

现考虑用某两周期观测的成果进行稳定性检验。设这两周期分别为第 1,j 周期。

根据每一周期观测的成果,按秩亏自由网平差的方法进行平差,由平差改正数可计算单位权方差的估值

$$\left.\begin{aligned}\mu_1^2 &= \frac{(\boldsymbol{V}^{\mathrm{T}}\boldsymbol{P}\boldsymbol{V})^1}{f_1}\\ \mu_j^2 &= \frac{(\boldsymbol{V}^{\mathrm{T}}\boldsymbol{P}\boldsymbol{V})^j}{f_j}\end{aligned}\right\} \tag{5-41}$$

式(5-41)中分别用上标与下标 1,j 表示不同的两个周期观测的成果。一般情况下两个不

同周期观测的精度是相等的(必要时需进行验证),可以将 μ_1^2 与 μ_j^2 联合起来求一个共同的单位权方差估值,亦即

$$\mu^2 = \frac{(\boldsymbol{V}^{\mathrm{T}}\boldsymbol{PV})^1 + (\boldsymbol{V}^{\mathrm{T}}\boldsymbol{PV})^j}{f} \tag{5-42}$$

式中,$f=f_1+f_j$。

如果作假设"两次观测期间点位没有变动",则可从两个周期所求得的坐标差 ΔX 计算另一方差估值

$$\theta^2 = \frac{\Delta X^{\mathrm{T}} P_{\Delta X} \Delta X}{f_{\Delta X}} \tag{5-43}$$

式中,$P_{\Delta X} = Q_{\Delta X}^{+} = (Q_{X_j}+Q_{X_1})^{+}$;$f_{\Delta X}$为独立的 ΔX 的个数。

可以证明方差估值 μ^2 与 θ^2 是统计独立的。

利用 F 检验法,我们可以组成统计量

$$F = \frac{\theta^2}{\mu^2} \tag{5-44}$$

在原假设 H_0(两次观测期间点位没有变动)F,统计量 F 服从自由度为 $f_{\Delta X}$、f 的 F 分布,故可用下式

$$P(F > F_{1-\alpha}(f_{\Delta X}, f) \mid H_0) = \alpha \tag{5-45}$$

来检验点位是否有变动。置信水平 α 通常取 0.05 或 0.01,由 α 与自由度 $f_{\Delta X}$、f 可以从 F 分布表中查得分位值 $F_{1-\alpha}(f_{\Delta X}, f)$。

当统计量 F 小于相应分位值时,则表明没有足够的证据来怀疑原假设,因而接受原假设,即认为点位是稳定的,稳定性分析即告完成。

当统计量 F 大于分位值时,则必须拒绝原假设,亦即认为点位发生了变动。在这种情况下,是所有的点位都发生变动,还是其中一部分发生变动?如果其中还有一部分点没有变动,我们又如何设法找出它们?对此,平均间隙法给出了进一步搜索不稳定点的方法。

从上面的检验方法可以看出,整体检验利用 $\Delta\boldsymbol{X}^{\mathrm{T}}\boldsymbol{P}_{\Delta X}\Delta\boldsymbol{X}$ 构成检验统计量,这个量反映了两周期图形的整体一致性,若两周期的图形一致性好,则 $\Delta\boldsymbol{X}^{\mathrm{T}}\boldsymbol{P}_{\Delta X}\Delta\boldsymbol{X}$ 就小;反之,$\Delta\boldsymbol{X}^{\mathrm{T}}\boldsymbol{P}_{\Delta X}\Delta\boldsymbol{X}$ 就大。所以整体检验又叫图形一致性检验。$\Delta\boldsymbol{X}^{\mathrm{T}}\boldsymbol{P}_{\Delta X}\Delta\boldsymbol{X}$ 是整个网的图形一致性指标,可以证明它与所选的参考系无关。

5.3.2 不稳定点搜索

若经整体检验后发现监测网中有不稳定点,则要将不稳定点找出来,寻找不稳定点的方法采用"尝试法"。

我们尝试将监测网的点分为两组:稳定点组(F 组)和不稳定点组(M 组)。F 组中可能既有稳定点,又有不稳定点。现在我们想通过检验来看 F 组的点是否真的都是稳定点。这种检验由对 F 组进行图形一致性检验来实现。

将 $\Delta\boldsymbol{X}$、$\boldsymbol{P}_{\Delta X}$按 F、M 组排序并分块为:

$$\Delta\boldsymbol{X}^{\mathrm{T}} = (\Delta\boldsymbol{X}_F^{\mathrm{T}} \ \vdots \ \Delta\boldsymbol{X}_M^{\mathrm{T}}) \tag{5-46}$$

$$\boldsymbol{P}_{\Delta X} = \begin{pmatrix} \boldsymbol{P}_{FF} & \boldsymbol{P}_{FM} \\ \boldsymbol{P}_{MF} & \boldsymbol{P}_{MM} \end{pmatrix} \tag{5-47}$$

由于 $\Delta\boldsymbol{X}_F$、$\Delta\boldsymbol{X}_M$ 是相关的，也即 $\boldsymbol{P}_{FM}=\boldsymbol{P}_{MF}^{\mathrm{T}}\neq 0$ $\Delta\boldsymbol{X}_F^{\mathrm{T}}\boldsymbol{P}_{FF}\Delta\boldsymbol{X}_F$ 不能反映 F 组的图形一致性，它受 M 组的影响。为得到 F 组的图形一致性指标，作如下变换：

$$\overline{\Delta\boldsymbol{X}}_M = \Delta\boldsymbol{X}_M + \boldsymbol{P}_{MM}^{-1}\boldsymbol{P}_{MF}\Delta\boldsymbol{X}_F \tag{5-48}$$

$$\bar{\boldsymbol{P}}_{FF} = \boldsymbol{P}_{FF} - \boldsymbol{P}_{FM}\boldsymbol{P}_{MM}^{-1}\boldsymbol{P}_{MF} \tag{5-49}$$

由此获得

$$\Delta\boldsymbol{X}^{\mathrm{T}}\boldsymbol{P}_{\Delta X}\Delta\boldsymbol{X} = \Delta\boldsymbol{X}_F^{\mathrm{T}}\bar{\boldsymbol{P}}_{FF}\Delta\boldsymbol{X}_F + \overline{\Delta\boldsymbol{X}}_M^{\mathrm{T}}\boldsymbol{P}_{MM}\overline{\Delta\boldsymbol{X}}_M \tag{5-50}$$

这样就将 $\Delta\boldsymbol{X}^{\mathrm{T}}\boldsymbol{P}_{\Delta X}\Delta\boldsymbol{X}$ 分成了两个独立项，第一项表达了 F 组点的图形一致性。

令

$$\theta_F^2 = \frac{\Delta\boldsymbol{X}_F^{\mathrm{T}}\bar{\boldsymbol{P}}_{FF}\Delta\boldsymbol{X}_F}{f_F} \tag{5-51}$$

即可构成 F 组点的稳定性检验统计量

$$F_1 = \frac{\theta_F^2}{\mu^2} \tag{5-52}$$

若 $F_1<F(f_F, f_1+f_j)$，则 F 组的点都是稳定的；

反之，若 $F_1>F(f_F, f_1+f_j)$，则 F 组中含有不稳定点。

借助于这种统计检验和下列搜索方法，可以实现对全部不稳定点的搜索。

若整体检验发现网中有不稳定点，那么网中至少应有一个不稳定点。虽然不知道到底有多少个不稳定点，我们可以首先只搜索出一个不稳定点，然后检验剩下的点是否还含有不稳定点，如果还有不稳定点，那么再搜索出一个不稳定点，并检验剩下的点中是否还有不稳定点，如此重复，直到剩下的点中没有不稳定点。

在搜索第 1 个不稳定点时，需要遍历对全部监测网点进行考察。若要考察某一个点 i 是否是不稳定点，我们将全部监测点分为两组，将点 i 作为不稳定点组，其余的点作为稳定点组。设监测网有 t 个点，这两组包含的点分别为：

F_i 组：$1,2,\cdots,i-1,i+1,\cdots,t$

M_i 组：i

然后计算 $\overline{\Delta\boldsymbol{X}}_{M_i}^{\mathrm{T}}\boldsymbol{P}_{M_iM_i}\overline{\Delta\boldsymbol{X}}_{M_i}$，将其作为判断点 i 是否为不稳定点的指标。对于每一个点，都进行这种分组和计算，相应地得到 t 个指标，选择这个指标最大的点作为可能的不稳定点，即选择与

$$\Delta\overline{\boldsymbol{X}}_{M_j}^{\mathrm{T}}\boldsymbol{P}_{M_jM_j}\Delta\overline{\boldsymbol{X}}_{M_j} = \max(\Delta\overline{\boldsymbol{X}}_{M_i}^{\mathrm{T}}\boldsymbol{P}_{M_iM_i}\Delta\overline{\boldsymbol{X}}_{M_i}) \quad (i\text{ 为 }1,2,\cdots,t) \tag{5-53}$$

所相应的 j 点作为可能不稳定的点。

在搜索到点 j 这个可能的不稳定点后，再对其余的点的图形一致性进行检验，如果经检验这些点是稳定的，那么稳定性分析即可停止。否则，继续搜索第 2 个可能的不稳定点，搜索的方法与搜索第 1 个可能的不稳定点类似，从其余的 $t-1$ 个点中找一个点 i 与已找出的不稳定点 j 构成不稳定点组，其余的点构成稳定点组，即

F_{ij} 组：$1,2,\cdots,i-1,i+1,\cdots,j-1,j+1,\cdots,t$

M_{ij} 组：i,j

相应地，可计算 $\overline{\Delta\boldsymbol{X}}_{M_{ij}}^{\mathrm{T}}\boldsymbol{P}_{M_{ij}M_{ij}}\overline{\Delta\boldsymbol{X}}_{M_{ij}}$。为找出第 2 个可能的不稳定点，需要进行 $t-1$ 次这样的分组与计算，选择与

$$\overline{\Delta X}_{M_{lj}}^{T} P_{M_{lj}M_{lj}} \overline{\Delta X}_{M_{lj}} = \max\{ \overline{\Delta X}_{M_{ij}}^{T} P_{M_{ij}M_{ij}} \overline{\Delta X}_{M_{ij}}, i = 1,\cdots,j-1,j+1,\cdots,t\} \tag{5-54}$$

对应的 l 点作为第 2 个可能的不稳定点，再检验其余的 $t-2$ 个点的图形一致性。

如此重复，直到剩下的点经检验是稳定的。

5.3.3 算例

例 5.1 如图 5-4 为某形变监测水准网，根据两周期观测资料自由网平差求得点位变动量

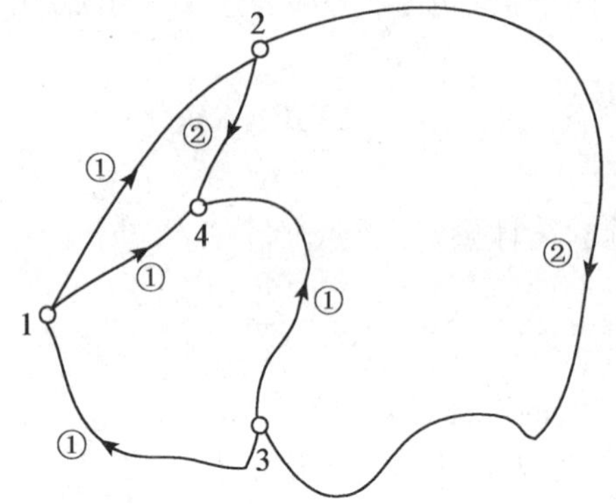

图 5-4 形变监测水准网示意图

$$\Delta X = \begin{pmatrix} 0.425 \\ 0.245 \\ 0.150 \\ -0.821 \end{pmatrix} (\mathbf{mm})$$

$$P_{\Delta X} = Q^{+} = \begin{pmatrix} 3.0 & -1.0 & -1.0 & -1.0 \\ -1.0 & 2.0 & -0.5 & -0.5 \\ -1.0 & -0.5 & 2.5 & -1.0 \\ -1.0 & -0.5 & -1.0 & 2.5 \end{pmatrix}$$

两期平差求得之联合方差估值 $\mu^2=0.0616$。试判断两周期观测期间水准点的相对稳定点组。

解：利用式(5-43)、式(5-44)可求得统计量

$$\theta^2 = \frac{\Delta X^{T} P_{\Delta X} \Delta X}{f_{\Delta X}} = \frac{3.18}{3} = 1.06,\ F = \frac{\theta^2}{\mu^2} = 17.2$$

取显著水平 $\alpha=0.05$，则 $F_{0.05,3,6}=4.8$，因为 $F>F_{0.05}(3,6)$，故应认为两观测周期期间点位发生了变动。

分别将点 1、点 2、点 3、点 4 看成是动点，利用式(5-48)计算变换后的 $\Delta\bar{X}_i$，再由式(5-53)计算 $\Delta\bar{X}_i^{T} P_{ii} \Delta\bar{X}_i$，例如，对第一点有

$$\Delta\bar{X}_1 = \Delta X_1 + P_{MM}^{-1} P_{MF} \Delta X_F = 0.425 + (3.0)^{-1} \cdot$$

$$(-1.0\ -1.0\ -1.0) \begin{pmatrix} 0.245 \\ 0.150 \\ -0.821 \end{pmatrix}$$

$$= 0.425 + 0.142 = 0.567$$

$$\Delta\bar{X}_1^{\mathrm{T}} P_{11} \Delta\bar{X}_1 = (0.567)^{\mathrm{T}}(3.0)(0.567) = 0.964$$

同法可求得 2,3,4 点之 $\Delta\bar{X}_i^{\mathrm{T}} P_{ii} \Delta\bar{X}_i$ 分别为 0.080 2,0.162,3.02。故怀疑点 4 发生变动,剔除点 4。相应于点 4 为动点,由式(5-49)计算 $\bar{P}_{FF}$,再计算

$$\Delta X_F^{\mathrm{T}} \bar{P}_{FF} \Delta X_F = 0.16$$

对点 1、点 2、点 3 重新组成统计量

$$F = \frac{0.16/2}{0.061\,6} = 1.30 < F_{0.05}(2,6) = 5.1$$

因而,点 1、点 2、点 3 可作为相对稳定点组。

5.4 GPS 变形监测网的数据处理

采用传统测量手段所布设的工程变形监测网,为二维和一维的监测网,通常是将水平变形和垂直位移分别布网测设,而现在采用 GPS 建立的工程变形监测网 ,可直接测定变形体的三维空间变形。GPS 变形监测网的数据处理(主要指监测网平差和变形分析)在方法上与过去没有什么本质区别,只不过要复杂些。

GPS 变形监测网平差方法可分为静态平差和动态平差两种。静态平差是把各期的观测数据分别进行平差处理,而不考虑两期之间的动态参数,通过统一基准来进行变形分析;动态平差是将监测网作为动态系统,纳入监测点的变形参数,将各期观测数据联合进行平差处理。在实际的工程中,一般采用静态平差法,所以本节仅介绍 GPS 监测网的静态平差方法。正如5.2 节所述,监测网平差基准可采用固定基准、重心基准或拟稳基准,因此,对各期的 GPS 监测网观测数据进行静态平差,可分别从经典自由网平差、秩亏自由网平差和拟稳平差 3 个方面进行论述。

5.4.1 GPS 监测网的经典自由网平差

通常,在建立工程变形 GPS 监测网时会考虑选择少数点(一般为 1~3 个)远离变形体作为稳定的基准点,因此,我们在对各期观测数据进行静态平差时,可以先选定一个共同的基准点作为位置基准进行 GPS 网的空间三维无约束平差。

设某期 GPS 监测网,已知基准点点号为 1,其坐标为 $\boldsymbol{X}_1=(x_1,y_1,z_1)^{\mathrm{T}}$,网点总数为 n,待定点的近似坐标为 $\boldsymbol{X}_i^0=(x_i^0,y_i^0,z_i^0)^{\mathrm{T}}(i=2,3,\cdots,n$,下同),其坐标改正数为 $\mathrm{d}\boldsymbol{X}_i=(\mathrm{d}x_i,\mathrm{d}y_i,\mathrm{d}z_i)^{\mathrm{T}}$,待定点坐标平差值为 $\hat{\boldsymbol{X}}_i=(\hat{x}_i,\hat{y}_i,\hat{z}_i)^{\mathrm{T}}$。

以基线向量 $\Delta\boldsymbol{X}_{ij}=(\Delta x_{ij},\Delta y_{ij},\Delta z_{ij})^{\mathrm{T}}(i\neq j,j=1,2,\cdots,n)$ 为观测值,则对任一基线向量的误差方程为:

$$\begin{bmatrix} V_{\Delta x_{ij}} \\ V_{\Delta y_{ij}} \\ V_{\Delta z_{ij}} \end{bmatrix} = -\begin{bmatrix} 1 & 0 & 0 \\ 0 & 1 & 0 \\ 0 & 0 & 1 \end{bmatrix}\begin{bmatrix} \mathrm{d}x_i \\ \mathrm{d}y_i \\ \mathrm{d}z_i \end{bmatrix} + \begin{bmatrix} 1 & 0 & 0 \\ 0 & 1 & 0 \\ 0 & 0 & 1 \end{bmatrix}\begin{bmatrix} \mathrm{d}x_j \\ \mathrm{d}y_j \\ \mathrm{d}z_j \end{bmatrix} - \begin{bmatrix} \Delta x_{ij} + x_i^0 - x_j^0 \\ \Delta y_{ij} + y_i^0 - y_j^0 \\ \Delta z_{ij} + z_i^0 - z_j^0 \end{bmatrix} \tag{5-55}$$

写成矩阵形式为:

$$\boldsymbol{V}_{ij} = -\boldsymbol{E}\mathrm{d}\boldsymbol{X}_i + \boldsymbol{E}\mathrm{d}\boldsymbol{X}_j - \boldsymbol{L}_{ij},\text{权为 } \boldsymbol{P}_{ij} \tag{5-56}$$

式中，$\boldsymbol{V}_{ij}$为基线向量$\Delta\boldsymbol{X}_{ij}$的改正数向量；$\boldsymbol{E}$为单位矩阵，$\boldsymbol{L}_{ij}$为式(5-55)的最后一项。

对于一端为已知点的基线向量$\Delta\boldsymbol{X}_{i1}$(即$j$点为已知点时，$j=1$)，其误差方程式为：

$$\begin{bmatrix} V_{\Delta x_{i1}} \\ V_{\Delta y_{i1}} \\ V_{\Delta z_{i1}} \end{bmatrix} = -\begin{bmatrix} 1 & 0 & 0 \\ 0 & 1 & 0 \\ 0 & 0 & 1 \end{bmatrix}\begin{bmatrix} \mathrm{d}x_i \\ \mathrm{d}y_i \\ \mathrm{d}z_i \end{bmatrix} - \begin{bmatrix} \Delta x_{i1} + x_i^0 - x_1 \\ \Delta y_{i1} + y_i^0 - y_1 \\ \Delta z_{i1} + z_i^0 - z_1 \end{bmatrix} \tag{5-57}$$

写成矩阵形式为：

$$\boldsymbol{V}_{i1} = -\boldsymbol{E}\mathrm{d}\boldsymbol{X}_i - \boldsymbol{L}_{i1}, \quad 权为\ \boldsymbol{P}_{i1} \tag{5-58}$$

对于GPS网中m条独立基线向量，可得整体误差方程组为：

$$\underset{3m\times1}{\boldsymbol{V}} = \underset{3m\times(3n-3)}{\boldsymbol{A}}\ \underset{(3n-3)\times1}{\mathrm{d}\boldsymbol{X}} - \underset{3m\times1}{\boldsymbol{L}}, 权阵为\ \underset{3m\times3m}{\boldsymbol{P}} \tag{5-59}$$

法方程为：

$$\boldsymbol{N}\mathrm{d}\boldsymbol{X} - \boldsymbol{u} = 0 \tag{5-60}$$

式中，$\boldsymbol{N}=\boldsymbol{A}^{\mathrm{T}}\boldsymbol{PA}$；$\boldsymbol{u}=\boldsymbol{A}^{\mathrm{T}}\boldsymbol{PL}$。解法方程后得到未知数为

$$\mathrm{d}\boldsymbol{X} = \boldsymbol{N}^{-1}\boldsymbol{u} \tag{5-61}$$

各待定点坐标平差值为：

$$\hat{\boldsymbol{X}}_i = \boldsymbol{X}_i^0 + \mathrm{d}\boldsymbol{X}_i \tag{5-62}$$

相应的单位权方差估值为：

$$\hat{\sigma}_0^2 = \boldsymbol{V}^{\mathrm{T}}\boldsymbol{PV}/(3m - 3n + 3) \tag{5-63}$$

坐标未知数互协因数阵为：

$$\boldsymbol{Q}_{\hat{X}} = \boldsymbol{N}^{-1} \tag{5-64}$$

5.4.2 GPS监测网的秩亏自由网平差

如果GPS监测网点均位于变形体内，应采用秩亏自由网平差法。此时，GPS网的位置基准为各网点近似坐标的平均值，即为网的重心基准，该基准在平差后是不变的。

理论已经证明，秩亏自由网平差的结果可直接由上述的经典平差结果进行转换得到。设秩亏自由网平差时，GPS网点的平差坐标为$\overline{\boldsymbol{X}}_i=(\bar{x}_i,\bar{y}_i,\bar{z}_i)^{\mathrm{T}}(i=1,2,\cdots,n)$，其近似坐标为$\overline{\boldsymbol{X}}_i^0=(\bar{x}_i^0,\bar{y}_i^0,\bar{z}_i^0)^{\mathrm{T}}$，改正数为$\mathrm{d}\overline{\boldsymbol{X}}_i=(\mathrm{d}\bar{x}_i,\mathrm{d}\bar{y}_i,\mathrm{d}\bar{z}_i)^{\mathrm{T}}$，则有

$$\overline{\boldsymbol{X}}_i = \overline{\boldsymbol{X}}_i^0 + \mathrm{d}\overline{\boldsymbol{X}}_i \tag{5-65}$$

由于重心位置基准在平差前后保持不变，即有

$$\frac{1}{n}\sum\overline{\boldsymbol{X}}_i = \frac{1}{n}\sum\overline{\boldsymbol{X}}_i^0 \tag{5-66}$$

由式(5-65)对所GPS点坐标求平均值，顾及式(5-66)，则有

$$\sum\mathrm{d}\overline{\boldsymbol{X}}_i^0 = 0 \tag{5-67}$$

很明显，GPS网秩亏平差坐标与经典平差坐标之间仅存在一常数差，设为$\delta\overline{\boldsymbol{X}}=(\delta\bar{x},\delta\bar{y},\delta\bar{z})^{\mathrm{T}}$，则有

$$\overline{\boldsymbol{X}}_i = \hat{\boldsymbol{X}}_i + \delta\overline{\boldsymbol{X}}, \quad i=1,2,\cdots,n \tag{5-68}$$

$$\delta\overline{\boldsymbol{X}} = \overline{\boldsymbol{X}}_i - \hat{\boldsymbol{X}}_i = \overline{\boldsymbol{X}}_i^0 - \hat{\boldsymbol{X}}_i + \mathrm{d}\overline{\boldsymbol{X}}_i \tag{5-69}$$

在n个GPS点上对式(5-69)求和并顾及式(5-69)，得

$$\delta\bar{X} = \frac{1}{n}\sum(\bar{X}_i^0 - \hat{X}_i) \tag{5-70}$$

将式(5-70)代入式(5-68),得

$$\bar{X}_i = \hat{X}_i + \frac{1}{n}\sum(\bar{X}_i^0 - \hat{X}_i) \tag{5-71}$$

这样便实现了由经典平差的坐标 $\hat{X}_i$ 转换成秩亏自由网平差的坐标 $\bar{X}_i$。

对式(5-71)求全微分,可得秩亏自由网平差后 GPS 点坐标平差值的互协因素阵 $Q_{\bar{X}}$ 为

$$Q_{\bar{X}} = \left(I - \frac{1}{n}E\right)Q_{\hat{X}}\left(I - \frac{1}{n}E\right)^{\mathrm{T}} \tag{5-72}$$

式中,I 为 $3n$ 阶单位阵;E 由 $n \times n$ 个 3×3 单位阵组成。可见,$Q_{\bar{X}}$ 也可直接由经典平差的 GPS 点坐标平差值的互协因素阵计算得到。

5.4.3 GPS 监测网的拟稳平差

如果在 GPS 监测网中,有一部分点相对另一部分点是稳定的,则可采用拟稳平差方法进行数据处理。

对于 GPS 监测网,如果按拟稳平差,设非稳定点平差后的坐标为:

$$\bar{X}_{M_i} = \bar{X}_{M_i}^0 + \mathrm{d}\bar{X}_{M_i}, \quad i = 1,2,\cdots,k_M \tag{5-73}$$

稳定点平差后的坐标为

$$\bar{X}_{F_j} = \bar{X}_{F_j}^0 + \mathrm{d}\bar{X}_{F_j}, \quad j = 1,2,\cdots,k_F \tag{5-74}$$

式(5-73)、式(5-74)中,$\bar{X}$、$\bar{X}^0$ 及 $\mathrm{d}\bar{X}$ 分别代表坐标的平差值、坐标近似值及其改正数,k_M 为非稳定点数,k_F 为稳定点数。

当 GPS 网采用拟稳平差时,其位置基准为稳定点的重心坐标,该重心坐标平差前后是保持不变的。也即平差前所取的各稳定点近似坐标平均值等于各稳定点平差后坐标的平均值,即

$$\frac{1}{k_F}\sum\bar{X}_{F_j} = \frac{1}{k_F}\sum\bar{X}_{F_j}^0 \tag{5-75}$$

则由式(5-74)可知

$$\frac{1}{k_F}\sum\mathrm{d}\bar{X}_{F_j} = 0 \tag{5-76}$$

与前述的秩亏自由网平差相类似,GPS 网拟稳平差坐标与经典平差坐标之间仅存在一常数差,设为 $\delta\bar{X} = (\delta\bar{x}, \delta\bar{y}, \delta\bar{z})^{\mathrm{T}}$,则有

$$\bar{X}_{M_i} = \hat{X}_{M_i} + \delta\bar{X} \tag{5-77}$$

$$\bar{X}_{F_j} = \hat{X}_{F_j} + \delta\bar{X} \tag{5-78}$$

将式(5-74)代入式(5-78),可得

$$\delta\bar{X} = \bar{X}_{F_j} - \hat{X}_{F_j} = \bar{X}_{F_j}^0 - \hat{X}_{F_j} + \mathrm{d}\bar{X}_{F_j} \tag{5-79}$$

应用式(5-79)对 k_F 个稳定点求和,并顾及式(5-76),得

$$\delta\bar{X} = \frac{1}{k_F}\sum(\bar{X}_{F_j}^0 - \hat{X}_{F_j}) \tag{5-80}$$

将式(5-80)代入式(5-77)、式(5-78),得

$$\overline{X} = \hat{X} + \frac{1}{k_F}\sum(\overline{X}^0_{F_j} - \hat{X}_{F_j}) \tag{5-81}$$

这样便实现了由经典平差坐标 $\hat{X}_i$ 到拟稳平差坐标 $\overline{X}_i$ 的转换。

对式(5-81)求全微分,可得拟稳平差坐标的互协因数阵 $Q_{\bar{X}}$ 为:

$$Q_{\bar{X}} = \left(I - \frac{1}{k_F}E_F\right)Q_{\hat{X}}\left(I - \frac{1}{k_F}E_F\right)^{\mathrm{T}} \tag{5-82}$$

式中,I 为 $3n$ 阶单位矩阵;E_F 为 $3n$ 阶方阵,其中除以拟稳点所对应的列由 3×3 的单位阵组成外,其他列元素均为零。

5.4.4 GPS 监测网变形分析基准的统一

由前述的静态平差方法可知,我们对 GPS 监测网的观测成果进行平差计算和变形分析,是以基线向量的三维坐标差($\Delta x,\Delta y,\Delta z$)作为观测值,利用相对稳定的监测点作为监测网的位置基准,而 GPS 网的尺度基准和方位基准均未作考虑,因此,认为它是不变的。

实际上,GPS 监测网是在相隔一定时间后分期进行观测的,由于 GPS 卫星星历、电离层折射等误差的影响,各期基线向量之间可能存在系统性的尺度差异和方位差异,若不顾及这种系统性的偏差,则可能导致将系统性偏差当作变形值来处理,从而影响变形分析结果的正确性。所以,对 GPS 监测网的各期观测资料,除了保持其位置基准的统一之外,还必须消除各期观测值之间的尺度偏差和方位偏差,实现位置基准、尺度基准和方位基准的统一。

为实现各期观测成果的基准统一,可以采用坐标系统转换的方法,常用布尔莎(Bursa)七参数模型。设 GPS 监测网首期平差坐标为 $X_i^{(0)}$,第 k 期平差坐标为 $X_i^{(k)}$,则布尔莎模型有如下形式

$$X_i^{(0)} = \Delta X + (1+\mu)R(\varepsilon_z)R(\varepsilon_y)R(\varepsilon_x)\cdot X_i^{(k)} \tag{5-83}$$

式中,$\Delta X=(\Delta x,\Delta y,\Delta z)^{\mathrm{T}}$ 是第 k 期转换到首期的 3 个平移参数;μ 为尺度比参数,ε_x、ε_y、ε_z 为 3 个旋转参数。并有

$$R(\varepsilon_z) = \begin{bmatrix} \cos\varepsilon_z & \sin\varepsilon_z & 0 \\ -\sin\varepsilon_z & \cos\varepsilon_z & 0 \\ 0 & 0 & 1 \end{bmatrix}, R(\varepsilon_y) = \begin{bmatrix} \cos\varepsilon_y & 0 & -\sin\varepsilon_y \\ 0 & 1 & 0 \\ \sin\varepsilon_y & 0 & \cos\varepsilon_y \end{bmatrix}, R(\varepsilon_x) = \begin{bmatrix} 1 & 0 & 0 \\ 0 & \cos\varepsilon_x & \sin\varepsilon_x \\ 0 & -\sin\varepsilon_x & \cos\varepsilon_x \end{bmatrix}$$

所以,通常将 Δx、Δy、Δz、μ、ε_x、ε_y、ε_z 称为坐标系间的 7 个转换参数。

如果 GPS 监测网各期无约束平差没有采用统一的位置基准,则可以利用式(5-83)进行各期观测成果对首期成果的坐标转换,然后进行变形分析。

如果 GPS 监测网各期无约束平差采用了统一的位置基准,则利用式(5-83)进行坐标转换时,3 个平移参数为已知,此时的转换参数为 4 个(1 个尺度参数和 3 个旋转参数),通过计算各期成果对首期成果的转换参数,实现各期观测坐标的基准统一,然后进行变形分析。

当然,为实现各期观测成果的基准统一,除了上述的坐标系统转换法之外,也可以将各期观测对首期观测的系统性偏差作为未知参数,与坐标改正数一同建立数据处理模型进行解算。

思考题 5

1. 什么是参考网?参考网的作用是什么?

2. 什么是平差问题的基准？如何选择监测网的基准？

3. 为什么在平均间隙法中，两期观测要按秩亏自由网平差，而不按经典平差法平差？

4. 画出平均间隙法的程序设计框图。

5. 与传统的变形监测网相比较，GPS 监测网有何特点？

6. 试分析比较 GPS 监测网的经典平差、秩亏自由网平差和拟稳平差的区别和联系。

7. GPS 监测网变形分析的基准为什么要进行统一？如何实现基准的统一？

第 6 章　变形分析与建模的基本理论与方法

随着现代科学技术的发展和计算机应用水平的提高,各种理论和方法为变形分析和变形预报提供了广泛的研究途径。由于变形体变形机理的复杂性和多样性,对变形分析与建模理论和方法的研究,需要结合地质、力学、水文等相关学科的信息和方法,引入数学、数字信号处理、系统科学以及非线性科学的理论,采用数学模型来逼近、模拟和揭示变形体的变形规律和动态特征,为工程设计和灾害防治提供科学的依据。本章对变形分析与建模的理论与方法进行比较系统的介绍。

6.1　回归分析法

6.1.1　曲线拟合

曲线拟合是趋势分析法中的一种,又称曲线回归、趋势外推或趋势曲线分析,它是迄今为止研究最多,也最为流行的定量预测方法。

人们常用各种光滑曲线来近似描述事物发展的基本趋势,即

$$Y_t = f(t,\theta) + \varepsilon_t \tag{6-1}$$

式中,Y_t 为预测对象;ε_t 为预测误差;$f(t,\theta)$ 根据不同情况和假设,可取不同的形式,而其中的 θ 代表某些待定的参数。下面给出几类典型的趋势模型。

①多项式趋势模型

$$Y_t = a_0 + a_1 t + \cdots + a_n t^n \tag{6-2}$$

②对数趋势模型

$$Y_t = a + b\ln t \tag{6-3}$$

③幂函数趋势模型

$$Y_t = at^b \tag{6-4}$$

④指数趋势模型

$$Y_t = a\mathrm{e}^{bt} \tag{6-5}$$

⑤双曲线趋势模型

$$Y_t = a + b/t \tag{6-6}$$

⑥修正指数模型

$$Y_t = L - a\mathrm{e}^{bt} \tag{6-7}$$

⑦逻辑斯蒂(Logistic)模型

$$Y_t = \frac{L}{1 + \mu\mathrm{e}^{-bt}} \tag{6-8}$$

⑧龚伯茨(Gompertz)模型

$$Y_t = L\exp[-\beta e^{-\theta t}] \qquad \beta > 0, \theta > 0 \tag{6-9}$$

这里限于篇幅,仅介绍一种简洁实用的趋势曲线分析法——多项式趋势拟合模型的应用实例。

由于任一连续函数都可用分段多项式来逼近,所以在实际问题中,不论变量 Y_t 与其他变量的关系如何,在相当宽的范围内,我们总可以用多项式模型式(6-2)来拟合比较复杂的曲线。

对工程建筑物变形观测而言,Y_t 可以是对应于变形过程线图上的某一个变形点的累积变形值,t 是对应的时间;式(6-2)也可以是某一个变形点的累积变形值和某影响因子(如水位)之间的关系表达式。由于是采用多项式模型进行拟合,多项式模型中的阶数 n,其实事先并不知道,很多具体应用时,为图省事,有直接取 $n=4$ 或 $n=5$。比较科学的方法应采用对 n 添项增加的建模法。具体作法如下:

从 $n=k=1$ 开始,逐次升高,每增添一项,拟合一次多项式,并估计出系数 $\hat{a}_j(j=1,2,\cdots)$ 和残差平方和 $rs(k)$,两次拟合作统计检验:

$$\frac{rs(k-1)-rs(k)}{rs(k)/(N-k-1)} \sim F_\alpha(1, N-k-1)$$

一般情况下,当 $k=1$ 或 2 时,$rs(k)$ 将有较大幅度的下降,说明 t^k 项的添加,对 Y_t 的影响显著。然而,随着 k 的增加,当新添 t^{k+1} 项不能使残差平方和显著下降时,表明拟合的多项式已较优地表达了 Y_t 的函数关系。再进行相关指数的计算。

例 6.1 图 6-1 为文献[24]中的应用实例,给出了三峡某滑坡水平位移 X(1978—1990.7)近 13 年的按月变化曲线图,数据总数 $N=151$,此时留有(1990.7—1991.7)一年的数据作预报比较。采用多项式模型式(6-2)对该实例拟合的函数式为:

$$X_t = 1.605\ 1 + 1.037\ 7t - 0.007\ 8t^2 - 0.185\ 7\times 10^{-3}t^3 + 4.285\ 4e^{-6}t^4 - 3.07e^{-8}t^5 + 7.561\ 8e^{-11}t^6$$

其相关指数 R 为 0.98。表 6-1 为多项式趋势模型应用。

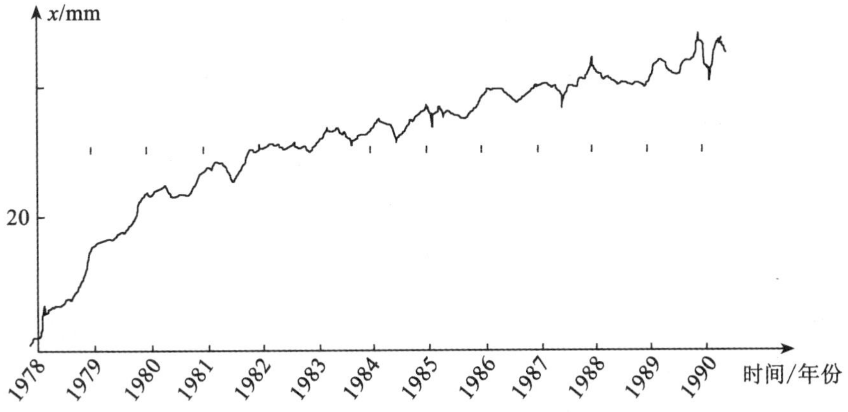

图 6-1 某点水平位移 x 随时间变化曲线(1978—1990.7)

表 6-1　　多项式趋势模型应用

时间	实测值 X	预测值	残差 V
1990.8	40.2	46.1	-5.9
9	45.8	46.7	-0.9
10	43.5	47.4	-3.9
11	47.3	48.1	-0.8
12	44.9	48.9	-4.0
1991.1	42.7	49.7	-7.0
2	46.1	50.6	-4.5
3	46.1	51.6	-5.5
4	49.6	52.7	-3.1
5	45.9	53.9	-8.0
6	44.9	55.1	-10.2
7	45.3	56.5	-11.2
$\sum \lvert \bar{V} \rvert / n$			5.3
$\frac{1}{n}\sum \frac{\lvert \bar{V} \rvert}{X}$			11.9%

6.1.2　多元线性回归分析

经典的多元线性回归分析法仍然广泛应用于变形观测数据处理中的数理统计中。它是研究一个变量(因变量)与多个因子(自变量)之间非确定关系(相关关系)的最基本方法。该方法通过分析所观测的变形(效应量)和外因(原因)之间的相关性,来建立荷载-变形之间关系的数学模型。其数学模型是:

$$y_t = \beta_0 + \beta_1 x_{t1} + \beta_2 x_{t2} + \cdots + \beta_p x_{tp} + \varepsilon_t \tag{6-10}$$

$$(t = 1,2,\cdots,n)$$

$$\varepsilon_t \sim N(0,\sigma^2)$$

式中,下标 t 表示观测值变量,共有 n 组观测数据;p 表示因子个数。具体分析步骤如下:

1. 建立多元线性回归方程

多元线性回归数学模型如式(6-10)所示,用矩阵表示为

$$\boldsymbol{y} = \boldsymbol{x\beta} + \boldsymbol{\varepsilon} \tag{6-11}$$

式中,$\boldsymbol{y}$ 为 n 维变形量的观测向量(因变量);$\boldsymbol{y}=(y_1,y_2,\cdots,y_n)^{\mathrm{T}}$;$\boldsymbol{x}$ 是一个 $n\times(p+1)$ 矩阵,它的元素是可以精确测量或可控制的一般变量的观测值或它们的函数(自变量),其形式为:

$$\boldsymbol{x} = \begin{bmatrix} 1 & x_{11} & x_{12} & \cdots & x_{1p} \\ 1 & x_{21} & x_{22} & \cdots & x_{2p} \\ \vdots & \vdots & \vdots & & \vdots \\ 1 & x_{n1} & x_{n2} & \cdots & x_{np} \end{bmatrix}$$

$\boldsymbol{\beta}$ 是待估计参数向量(回归系数向量),$\boldsymbol{\beta}=(\beta_0,\beta_1,\cdots,\beta_p)^{\mathrm{T}}$;$\boldsymbol{\varepsilon}$ 是服从同一正态分布 $N(0,\sigma^2)$ 的 n 维随机向量,$\boldsymbol{\varepsilon}=(\varepsilon_1,\varepsilon_2,\cdots,\varepsilon_n)^{\mathrm{T}}$。

由最小二乘原理可求得 $\boldsymbol{\beta}$ 的估值 $\hat{\boldsymbol{\beta}}$ 为

$$\hat{\boldsymbol{\beta}}=(\boldsymbol{x}^{\mathrm{T}}\boldsymbol{x})^{-1}\boldsymbol{x}^{\mathrm{T}}\boldsymbol{y} \tag{6-12}$$

事实上,模型(6-12)只是我们对问题初步分析所得的一种假设,所以,在求得多元线性回归方程后,还需要对其进行统计检验。

2. 回归方程显著性检验

实际问题中,事先我们并不能断定因变量 $\boldsymbol{y}$ 与自变量 $x_1,x_2,\cdots,x_p$ 之间是否确有线性关系。在求线性回归方程之前,线性回归模型(6-10)只是一种假设。尽管这种假设常常不是没有根据的,但在求得线性回归方程后,还是需要对回归方程进行统计检验,以给出肯定或者否定的结论。如果因变量 $\boldsymbol{y}$ 与自变量 $x_1,x_2,\cdots,x_p$ 之间不存在线性关系,则模型(6-10)中的 $\boldsymbol{\beta}$ 为零向量,即有原假设:

$$H_0:\beta_1=0,\beta_2,\cdots,\beta_p=0$$

将此原假设作为模型(6-10)的约束条件,求得统计量

$$F=\frac{S_{回}/p}{S_{剩}/(n-p-1)} \tag{6-13}$$

式中,$S_{回}=\sum_{i=1}^{n}(\hat{y}_i-\bar{y})^2$(称回归平方和);$S_{剩}=\sum_{i=1}^{n}(y_i-\hat{y}_i)^2$(称剩余平方和或残差平方和);$\bar{y}=\frac{1}{n}\sum_{i=1}^{n}y_i$。

在原假设成立时,统计量 F 应服从 $F(p,n-p-1)$ 分布,故在选择显著水平 α 后,可用下式检验原假设:

$$p\{|F|\geqslant F_{1-\alpha,p,n-p-1}|H_0\}=\alpha \tag{6-14}$$

对回归方程的有效性(显著性)进行检验。若式(6-14)成立,即认为在显著水平 α 下,y 对 $x_1,x_2,\cdots,x_p$ 有显著的线性关系,回归方程是显著的。

3. 回归系数显著性检验

回归方程显著,并不意味着每个自变量 $x_1,x_2,\cdots,x_p$ 对因变量 y 的影响都显著,我们总想从回归方程中剔除那些可有可无的变量,重新建立更为简单的线性回归方程。如果某个变量 x_j 对 y 的作用不显著,则模型(6-10)中它前面的系数 β_j 就应该取为零,因此,检验因子 x_j 是否显著的原假设应为:

$$H_0:\beta_j=0$$

由模型(6-10)可估算求得:

$$E(\hat{\beta}_j)=\beta_j$$

$$D(\hat{\beta}_j)=c_{jj}\boldsymbol{\sigma}^2$$

式中,C_{jj} 为矩阵 $(\boldsymbol{x}^{\mathrm{T}}\boldsymbol{x})^{-1}$ 中主对角线上第 j 个元素。于是在原假设成立时,统计量

$$(\hat{\beta}_j-\beta_j)/\sqrt{c_{jj}\boldsymbol{\sigma}^2}\sim N(0,1)$$

$$(\hat{\beta}_j-\beta_j)^2/c_{jj}\boldsymbol{\sigma}^2\sim\chi^2(1)$$

$$S_{剩}/\sigma^2\sim\chi^2(n-p-1)$$

故可组成检验原假设的统计量

$$\frac{\hat{\beta}_j^2/c_{jj}}{S_{剩}/(n-p-1)} \sim F(1,n-p-1) \tag{6-15}$$

它在原假设成立时服从 $F(1,n-p-1)$ 分布。分子 $\hat{\beta}_j^2/c_{jj}$ 通常又称为因子 x_j 的偏回归平方和。选择相应的显著水平 α，可由表查得分位值 $F_{1-\alpha,1,n-p-1}$，若统计量 $|F|>F_{1-\alpha,1,n-p-1}$，则认为回归系数 $\hat{\beta}_j$ 在 $1-\alpha$ 的置信度下是显著的，否则是不显著的。

在进行回归因子显著性检验时，由于各因子之间的相关性，当从原回归方程中剔除一个变量时，其他变量的回归系数将会发生变化，有时甚至会引起符号的变化，因此，对回归系数进行一次检验后，只能剔除其中的一个因子，然后重新建立新的回归方程，再对新的回归系数逐个进行检验，重复以上过程，直到余下的回归系数都显著为止。

例 6.2 多元线性回归分析的一个实例：

长江三峡库区岸坡稳定性最差的类型是顺层岸坡，过去进行的大量调查研究均证明了这一结论。顺向坡的变形方式以滑坡为主，其坡体稳定性主要受弱层、弱面、强度、产状等因素控制，是顺层岸坡最典型的破坏形式。

文献[25]根据顺层岸坡体典型研究与影响岸坡稳定性因素分析，对云阳—奉节段长江顺层岸坡稳定性进行分析，采用逐步回归法进行自变量的选择，建立了安坪段岸坡稳定性分析结果的多元线性回归模型，确定了岸坡稳定系数 F_s 的预测方程

$$\begin{aligned} F_s &= y(H,L,\beta_u,\beta_l) \\ &= -0.00742H+0.0031L+0.01134\beta_u-0.0081\beta_l+1.81865 \end{aligned}$$

可以看出，选择的四个变量在回归方程中的作用如下：

(1)坡高 H，一般情况下，岸坡稳定性随坡高增加而降低。

(2)坡宽 L，坡高一定时，坡宽越大，坡度越缓，岸坡稳定性相对增强。

(3)上部岩层倾角 β_u，坡度不变量，β_u 增大岸坡稳定性相应增强，这对于大多数 β_u 大于坡度的岸坡是适用的。

(4)下部岸层倾角 β_l，β_l 一般小于 β_u，β_l 增加，岸坡稳定性降低，但下降幅度不大。后两者只反映在目前模型中的作用，并不能全面反映其真实的作用。四参数中 H，L 为几何参数，β_u，β_l 为结构参数。

该方程复相关系数为 0.799。表 6-2 列出了对云阳—奉节库岸段 43 个岸坡进行预测的成果表。

表 6-2 安坪段顺倾岸坡稳定性回归预测分析成果表

岸坡号	H/m	L/m	β_u DEG	β_l DEG	F_s	岸坡号	H/m	L/m	β_u DEG	β_l DEG	F_s
1	480	1900	25	17	4.29	31	515	880	47	42	0.93
2	415	1237	27	20	2.73	32	570	1060	45	40	1.06
3	370	840	32	22	1.86	33	675	1250	43	36	0.89
4	340	650	40	30	1.52	34	575	1264	32	22	1.66
5	320	510	45	42	1.20	35	685	1600	32	25	1.86
6	350	580	46	43	1.19	36	770	1584	32	26	1.19

续表

岸坡号	H/m	L/m	β_u DEG	β_l DEG	F_s	岸坡号	H/m	L/m	β_u DEG	β_l DEG	F_s
7	400	646	45	41	1.03	37	635	1332	34	29	1.39
8	425	750	48	40	1.24	38	550	1070	34	30	1.20
9	455	850	44	34	1.30	39	375	674	35	33	1.26
10	495	1040	40	18	1.68	40	450	760	37	32	1.00
11	625	1770	46	14	3.10	41	675	1360	35	31	1.18
12	475	1400	18	8	2.79	42	675	1860	33	30	2.73
21	500	1000	15	6	1.33	43	285	537	30	28	1.48
22	560	1610	60	10	3.25	44	275	548	30	27	1.60
23	145	300	22	13	1.81	45	475	1360	30	27	2.63
24	355	540	45	31	1.12	46	775	2395	27	20	3.66
25	310	538	45	45	1.34	47	695	2455	27	17	4.46
26	250	324	52	52	1.14	48	450	1590	27	15	3.60
27	140	155	48	48	1.41	49	600	2060	25	14	3.95
28	190	246	49	47	1.34	50	520	1830	24	18	3.75
29	235	320	45	44	1.22	51	400	1420	24	18	3.39
30	265	420	44	41	1.32						

6.1.3 逐步回归计算

逐步回归计算是建立在 F 检验的基础上逐个接纳显著因子进入回归方程。当回归方程中接纳一个因子后，由于因子之间的相关性，可使原先已在回归方程中的其他因子变成不显著，这需要从回归方程中剔除。所以在接纳一个因子后，必须对已在回归方程中的所有因子的显著性进行 F 检验，剔除不显著的因子，直到没有不显著因子后，再对未选入回归方程的其他因子用 F 检验来考虑是否接纳进入回归方程（一次只接纳一个）。反复运用 F 检验，进行剔除和接纳，直到得到所需的最佳回归方程。

逐步回归的计算过程可概括如下：

(1) 由定性分析得到对因变量 $\boldsymbol{y}$ 的影响因子有 t 个，分别由每一因子建立 1 个一元线性回归方程，求相应的残差平方和 $S_{剩}$，选其最小的 $S_{剩}$ 对应的因子作为第一个因子入选回归方程。对该因子进行 F 检验，当其影响显著时，接纳该因子进入回归方程。

(2) 对余下的 $t-1$ 个因子，再分别依次选一个，建立二元线性方程（共有 $t-1$ 个），计算它们的残差平方和及各因子的偏回归平方和，选择与 $\max(\hat{\beta}_j^2/c_{jj})$ 对应的因子为预选因子，作 F 检验，若影响显著，则接纳此因子进入回归方程。

(3) 选第三个因子，方法同(2)，则共可建立 $t-2$ 个三元线性回归方程，计算它们的残差平方和及各因子的偏回归平方和，同样，选择 $\max(\hat{\beta}_j^2/c_{jj})$ 的因子为预选因子，作 F 检验，若影响显著,则接纳此因子进入回归方程。在选入第三个因子后,对原先已入选的回归方程的因子应重新进行显著性检验,在检验出不显著因子后,应将它剔除出回归方程,然后继续检验已入选的回归方程因子的显著性。

(4)在确认选入回归方程的因子均为显著因子后,则继续开始从未选入方程的因子中挑选显著因子进入回归方程,其方法与步骤(3)相同。

反复运用 F 检验进行因子的剔除与接纳,直至得到所需的回归方程。

多元线性回归分析应用于变形观测数据处理与变形预报中主要包括以下两个方面:

①变形的成因分析,当(6-10)式中的自变量 $x_{t1},x_{t2},\cdots,x_{tp}$ 为因变量的各个不同影响因子时,则方程(6-10)可用来分析与解释变形与变形原因之间的因果关系;

②变形的预测预报,当式(6-10)中的自变量 $x_{t1},x_{t2},\cdots,x_{tp}$ 在 t 时刻的值为已知值或可观测值时,则方程(6-11)可预测变形体在同一时刻的变形大小。

由于在式(6-10)中,自变量 $x_{ti}(i=1,2,\cdots,p)$ 是作为确定性因素,$\{y_t\}$ 的统计性质由 $\{\varepsilon_t\}$ 确定,$\{y_t\}$ 序列彼此相互独立,都是同一总体 y 的不同次独立随机抽样值;式(6-10)反映了变形值相对于自变量 $x_{ti}(i=1,2,\cdots,p)$ 之间在同一时刻的相关性,而没有体现变形观测序列的时序性、相互依赖性以及变形的继续性。因此,多元线性回归分析应用于变形观测数据处理是一种静态的数据处理方法,所建立的模型是一种静态模型。

6.2 时间序列分析模型

6.2.1 概述

无论是按时间序列排列的观测数据还是按空间位置顺序排列的观测数据,数据之间都或多或少地存在统计自相关现象。然而长期以来,变形数据分析与处理的方法都是假设观测数据是统计上独立或互不相关的,如回归分析法等。这类统计方法是一种静态的数据处理方法,从严格意义上说,它不能直接应用于所考虑的数据是统计相关的情况。

时间序列分析是20世纪20年代后期开始出现的一种现代数据处理方法,是系统辨识与系统分析的重要方法之一,是一种动态的数据处理方法。时间序列分析的特点在于:逐次的观测值通常是不独立的,且分析必须考虑到观测资料的时间顺序,当逐次观测值相关时,未来数值可以由过去观测资料来预测,可以利用观测数据之间的自相关性建立相应的数学模型来描述客观现象的动态特征。

时间序列分析的基本思想是:对于平稳、正态、零均值的时间序列 $\{x_t\}$,若 x_t 的取值不仅与其前 n 步的各个取值 $x_{t-1},x_{t-2},\cdots,x_{t-n}$ 有关,而且还与前 m 步的各个干扰 $a_{t-1},a_{t-2},\cdots,a_{t-m}$ 有关($n,m=1,2,\cdots$),则按多元线性回归的思想,可得到最一般的 ARMA 模型:

$$\begin{aligned} x_t &= \varphi_1 x_{t-1} + \varphi_2 x_{t-2} + \cdots + \varphi_n x_{t-n} \\ &\quad - \theta_1 a_{t-1} - \theta_2 a_{t-2} - \cdots - \theta_m a_{t-m} + a_t \\ a_t &\sim N(0,\sigma_a^2) \end{aligned} \tag{6-16}$$

式中,$\varphi_i(i=1,2,\cdots,n)$ 称为自回归(Auto-Regressive)参数;$\theta_j(j=1,2,\cdots,m)$ 称为滑动平均(Moving Average)参数;$\{a_t\}$ 这一序列为白噪声序列。式(6-16)称为 x_t 的自回归滑动平均模型(Auto-Regressive Moving Average Model, ARMA),记为 ARMA(n,m)模型。

特殊地,当 $\theta_1=0$ 时,模型(6-16)变为:

$$x_t = \varphi_1 x_{t-1} + \varphi_2 x_{t-2} + \cdots + \varphi_n x_{t-n} + a_t \tag{6-17}$$

式(6-17)称为 n 阶自回归模型,记为 AR(n)。

当 $\varphi_i = 0$ 时,模型(6-16)变为:

$$x_t = a_t - \theta_1 a_{t-1} - \cdots - \theta_m a_{t-m} \tag{6-18}$$

式(6-18)称为 m 阶滑动平均模型,记为 MA(m)。

ARMA(n,m)模型是时间序列分析中最具代表性的一类线性模型。它与回归模型的根本区别就在于:回归模型可以描述随机变量与其他变量之间的相关关系。但是,对于一组随机观测数据 $x_1, x_2, \cdots$,即一个时间序列 $\{x_t\}$,它却不能描述其内部的相关关系;另一方面,实际上,某些随机过程与另一些变量取值之间的随机关系往往根本无法用任何函数关系式来描述。这时,需要采用这个随机过程本身的观测数据之间的依赖关系来揭示这个随机过程的规律性。x_t 和 $x_{t-1}, x_{t-2}, \cdots$ 同属于时间序列 $\{x_t\}$,是序列中不同时刻的随机变量,彼此相互关联,带有记忆性和继续性,是一种动态数据模型。

例如,一元线性回归模型

$$y_t = \beta_1 x_t + \varepsilon_t \qquad \varepsilon_t \sim N(0, \sigma^2)$$

表达了在相同的 t 时一个随机变量 y_t 与另一变量 x_t 之间的相关关系,不能涉及它们在不同时刻的关系。而一阶自回归模型

$$x_t = \varphi_1 x_{t-1} + a_t \qquad a_t \sim N(0, \sigma_a^2)$$

则表达了在不同 t 时一个随机过程本身观测数据之间的关系,即表达了时间序列 $\{x_t\}$ 内部的相关关系。因而,一元线性回归模型乃至多元线性回归模型只是一个静态模型,它是对随机变量的静态描述。但是,一阶自回归却能表示不同时刻同一随机过程内部的相关性。因而,AR(1)模型乃至所有的时间序列模型是动态模型,是对随机过程的动态描述。

从系统分析的角度,建立 ARMA 模型所用的时间序列 $\{x_t\}$,可视为某一系统的输出,对式(6-16)我们引进线性后移算子 B

$$B^k x_t = x_{t-k} \quad B^k a_t = a_{t-k}$$

并令

$$\varphi(B) = 1 - \varphi_1 B - \varphi_2 B^2 - \cdots - \varphi_n B^n$$

$$\theta(B) = 1 - \theta_1 B - \theta_2 B^2 - \cdots - \theta_m B^m$$

则有

$$x_t = \frac{\theta(B)}{\varphi(B)} a_t \tag{6-19}$$

显然,若视 a_t 是输入,x_t 是输出,那么式(6-19)的 ARMA 模型描述了一个传递函数为 $\theta(B)/\varphi(B)$ 的系统,在输出等价原则下,此系统是产生 $\{x_t\}$ 的实际系统的一个等价系统。需要指出的是,由于 ARMA 模型只是基于 $\{x_t\}$ 建立起来的模型,不论系统的输入是否可观测,它都没有利用系统输入的任何信息,而总是将白噪声 $\{a_t\}$ 视为输入,因此,它是建立在输出等价原则上的等价系统的数学模型。而"系统辨识"中的差分模型是建立在输入、输出等价原则上的,与之相比,显然 ARMA 模型的适用范围要广得多。

6.2.2 ARMA 模型建立的一般步骤

ARMA 模型建立的一般步骤可以用图 6-2 概括:

A 为建模的准备阶段。初始数据的获取要求数据能准确真实地反映建模系统的行为状态,对数据首先要进行分析和检验,这主要包括粗差(奇异点)剔除和数据补损,对 Box 法还需

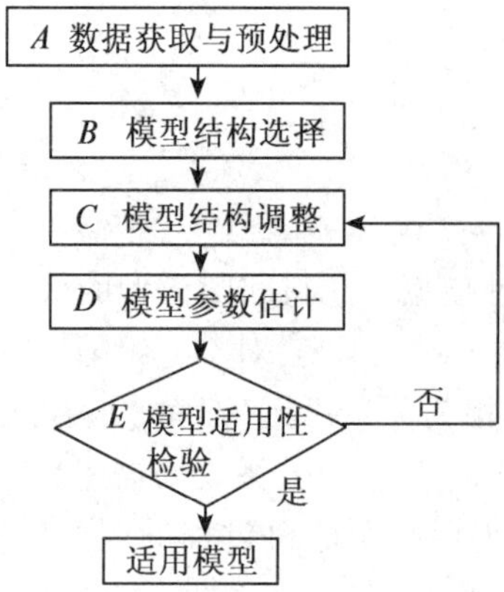

图 6-2　建模的一般步骤

进行正态性、平稳性和零均值性的检验，对不符合平稳化要求的序列要进行数据的预处理，处理方法主要有差分处理和提取趋势项两种；而采用 DDS 法对数据的平稳化处理则可灵活进行。

B 是模型的结构、类别的初步确定。确定模型的结构、类别需要选择建模方法，Box 法运用自相关分析法来判定模型的类别、阶次，DDS 法则先用统一的模型结构 ARMA($2n$, $2n-1$)进行处理。

D、*E* 是建模的关键。模型结构确定后，就要对其参数选取适当的方法按照一定的原则进行估计，从而得到一个完整的时序模型。但所建模型是否就是最佳模型呢？这就需要进行模型的适用性检验，以便最终确定序列的合适模型。对不适用的模型则需返回 *C*，作模型结构的调整，经 *C*、*D*、*E* 的反复过程，最终得到适用模型。

6.2.3　ARMA 的 Box 建模方法

Box 法又称 B-J 法，是以美国统计学家 Geoge E. P. Box 和英国统计学家 Gwilgm M. Jenkins 的名字命名的一种时间序列预测法。Box 法从统计学的观点出发，不论是模型形式和阶数的判断，还是模型参数的初步估计和精确估计，都离不开相关函数。其建模过程主要包括数据检验与预处理、模型识别、模型参数估计、模型检验和模型预测等几大步骤。

1. 自相关分析与 ARMA 模型识别

模型识别是 Box 建模法的关键，Box 法以自相关分析为基础来识别模型与确定模型阶数，自相关分析就是对时间序列求其本期与不同滞后期的一系列自相关函数和偏相关函数，以此来识别时间序列的特性。下面给出自相关函数和偏相关函数的定义：

定义 6.2.1　一个平稳、正态、零均值的随机过程$\{x_t\}$的自协方差函数为：

$$R_k = E(x_t x_{t-k}) \qquad (k = 1,2,\cdots) \tag{6-20}$$

当 $k=0$ 时得到$\{x_t\}$的方差函数 σ_x^2：

$$\sigma_x^2 = R_0 = E(x_t^2) \tag{6-21}$$

则自相关函数定义为：

$$\rho_k = R_k / R_0 \tag{6-22}$$

显然，$0 \leqslant \rho_k \leqslant 1$。

自相关函数提供了时间序列及其构成的重要信息，即自相关函数对 MA 模型具有截尾性，而对 AR 模型则不具备截尾性。

定义 6.2.2　已知$\{x_t\}$为一平稳时间序列，若能选择适当的 k 个系数 $\varphi_{k1}, \varphi_{k2}, \cdots, \varphi_{kk}$ 将 x_t 表示为 x_{t-i} 的线性组合。

$$x_t = \sum_{i=1}^{k} \varphi_{ki} x_{t-i} \tag{6-23}$$

当这种表示的误差方差

$$J = E\left[\left(x_t - \sum_{i=1}^{k} \varphi_{ki} x_{t-i}\right)^2\right] \tag{6-24}$$

为极小时,则定义最后一个系数 φ_{kk} 为偏自相关函数(系数)。φ_{ki} 的第一个下标 k 表示能满足定义的系数共有 k 个,第二个下标 i 表示这 k 个系数中的第 i 个。

可以证明偏相关函数对 AR 模型具有截尾性,而对 MA 模型具有拖尾性。下面我们直接给出初步识别平稳时间序列模型类型的依据如表 6-3 所示。

表 6-3　　　　模型识别

类别＼模型	AR(n)	MA(m)	ARMA(n,m)
模型方程	$\varphi(B)x_t=a_t$	$x_t=\theta(B)a_t$	$\varphi(B)x_t=\theta(B)a_t$
自相关函数	拖尾	截尾	拖尾
偏相关函数	截尾	拖尾	拖尾

在实际中,我们所获得的观测数据只是一个有限长度 N 的样本值,只可以计算出样本自相关函数 $\hat{\rho}_k$ 和样本偏相关函数 $\hat{\varphi}_{kk}$,它们可由下面的计算公式得到:

设有限长度的样本值为$\{x_t\}$($t=1,2,\cdots,N$),其自协方差函数的估计值 $\widehat{R}_k$ 和 $\widehat{R}_0$ 的计算公式为:

$$\widehat{R}_k=\frac{1}{N-k}\sum_{t=k+1}^{N}x_t x_{t-k},\quad k=0,1,2,\cdots,N-1 \tag{6-25}$$

或

$$\widehat{R}_k=\frac{1}{N}\sum_{t=k+1}^{N}x_t x_{t-k},\quad k=0,1,2,\cdots,N-1 \tag{6-26}$$

$$\sigma_x^2=\widehat{R}_0=\frac{1}{N}\sum_{t=1}^{N}x_t^2 \tag{6-27}$$

于是,

$$\widehat{\rho_k}=\widehat{R}_k/\widehat{R}_0,\quad k=0,1,2,\cdots,N-1 \tag{6-28}$$

式(6-25)与式(6-26)仅仅只是在分母上略有不同,但是,理论上可以证明,由式(6-26)确定的 $\widehat{R}_k$ 具有一系列的优点,它可构成非负定列,它是 R_k 的渐近无偏估计,且具有相容性、渐近正态分布等特点。而由式(6-25)确定的 $\widehat{R}_k$ 仅仅只是 R_k 的无偏估计。当然,当 $N\to\infty$ 时,这两者是一致的。

根据定义 6.2.2,将式(6-24)分别对 φ_{ki}($i=1,2,\cdots,k$)求偏导数,并令其等于 0,可得到

$$\rho_i-\sum_{j=1}^{k}\varphi_{kj}\rho_{j-i}=0 \tag{6-29}$$

在式(6-29)中分别取 $i=1,2,\cdots,k$,共可得到 k 个关于 φ_{kj} 的线性方程。考虑到 $\rho_i=\rho_{-i}$ 的性质,将这些方程整理并写成矩阵形式为:

$$\begin{bmatrix}\rho_0 & \rho_1 & \cdots & \rho_{k-1}\\ \rho_1 & \rho_0 & \cdots & \rho_{k-2}\\ \vdots & \vdots & & \vdots\\ \rho_{k-1} & \rho_{k-2} & \cdots & \rho_0\end{bmatrix}\begin{bmatrix}\varphi_{k1}\\ \varphi_{k2}\\ \vdots\\ \varphi_{kk}\end{bmatrix}=\begin{bmatrix}\rho_1\\ \rho_2\\ \vdots\\ \rho_k\end{bmatrix} \tag{6-30}$$

利用式(6-30)可解得所有系数 $\varphi_{k1},\varphi_{k2},\cdots,\varphi_{kk-1}$ 和偏自相关函数 φ_{kk}。偏自相关函数对 AR 模型的截尾特性可用来判断是否可对给定时序 $\{x_t\}$ 拟合 AR 模型，并确定 AR 模型的阶数。例如，可按式(6-30)从 $k=1$ 开始求 φ_{11}，然后令 $k=2$ 求 $\varphi_{21},\varphi_{22}$，令 $k=3$ 求 $\varphi_{31},\varphi_{32},\varphi_{33},\cdots$，直至出现 $\varphi_{kk}\approx 0$ 时，就认为 $\{x_t\}$ 为 AR 序列，AR 模型的阶数为 $k-1$，AR$(k-1)$模型的参数为 $\varphi_i=\varphi_{k-1,i}$ $(i=1,2,\cdots,k-1)$。当然，如同 R_k 对 MA 模型的截尾特性一样，只能通过 $\hat{\rho}_k$ 来计算估值 $\hat{\varphi}_{kk}$，因此，利用 $\hat{\varphi}_{kk}$ 来判断也不一定准确。

样本自相关函数 $\hat{\rho}_k$ 和样本偏相关函数 $\hat{\varphi}_{kk}$ 是 ρ_k 和 φ_{kk} 的估计值，我们可以根据 $\{\hat{\rho}_k\}$ 和 $\{\hat{\varphi}_{kk}\}$ 的渐近分布来进行模型阶数的判断。

(1)设 $\{x_t\}$ 是正态的零均值平稳 MA(m) 序列，则对于充分大的 N，$\hat{\rho}_k$ 的分布渐近于正态分布 $N(0,(1/\sqrt{N})^2)$，于是有：

$$p\left\{|\hat{\rho}_k| \leqslant \frac{1}{\sqrt{N}}\right\} \approx 68.3\%$$

或

$$p\left\{|\hat{\rho}_k| \leqslant \frac{2}{\sqrt{N}}\right\} \approx 95.5\% \tag{6-31}$$

于是，$\hat{\rho}_k$ 的截尾性判断如下：首先计算 $\hat{\rho}_1,\cdots,\hat{\rho}_M$(一般 $M<N/4$，常取 $M=N/10$ 左右)，因为 m 的值未知，故令 m 取值从小到大，分别检验 $\hat{\rho}_{m+1},\hat{\rho}_{m+2},\cdots,\hat{\rho}_M$ 满足

$$|\hat{\rho}_k| \leqslant \frac{1}{\sqrt{N}} \quad 或 \quad |\hat{\rho}_k| \leqslant \frac{2}{\sqrt{N}} \tag{6-32}$$

的比例是否占总个数 M 的 68.3%或 95.5%。第一个满足上述条件的 m 就是 $\hat{\rho}_k$ 的截尾处，即 MA(m)的模型的阶数。

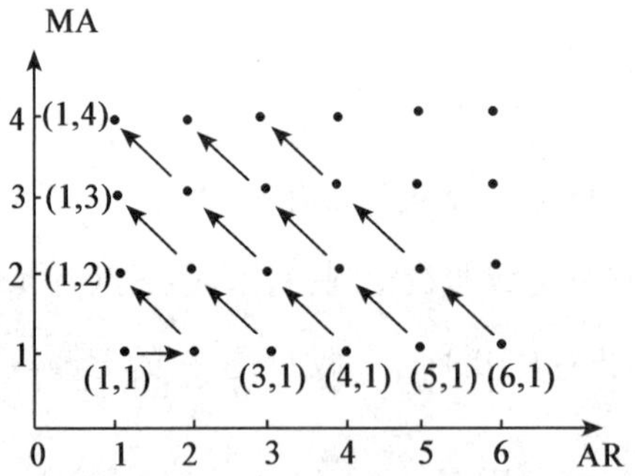

图 6-3 Box 建模方案

(2)设 $\{x_t\}$ 是正态的零均值平稳 AR(n) 序列，则对于充分大的 N，$\hat{\varphi}_{kk}$ 的分布也渐近于正态分布 $N(0,(1/\sqrt{N})^2)$，所以，可类似于步骤(1)对 $\hat{\varphi}_{kk}$ 的截尾性进行判断。

(3)若 $\{\hat{\rho}_k\}$ 和 $\{\hat{\varphi}_{kk}\}$ 均不截尾，但收敛于零的速度较快，则 $\{x_t\}$ 可能是 ARMA(n,m) 序列，此时阶数 n 和 m 较难确定，一般采用由低阶向高阶逐个试探，如取(n,m)为(1,1)，(1,2)，(2,1)，…等，直到经检验认为模型合适为止。

由相关分析识别出模型类型后，若是 AR(n) 或 MA(m) 模型，此时模型阶数 n 或 m 已经确

定，故我们可以直接运用时间序列分析中的参数估计方法求出模型参数；但若是 ARMA(n,m) 模型，此时 n,m 模型阶数未定，我们只能从 $n=1,m=1$ 开始采用某一参数估计方法对 $\{x_t\}$ 拟合 ARMA(n,m)，进行模型适用性检验，如果检验通过，则确定 ARMA(n,m) 为适用模型；否则，令 $n=n+1$ 或 $m=m+1$ 继续拟合直至搜索到适用模型为止。n,m 的搜索方案如图 6-3 所示。

2. ARMA 模型参数的初步估计

在经过模型识别到确定模型阶数的前提下，可以利用时间序列的自相关系数对模型参数进行初步估计。

(1) p 阶自回归模型参数的初步估计。

p 阶自回归模型 AR(p) 的公式为：

$$x_t = \varphi_1 x_{t-1} + \varphi_2 x_{t-2} + \cdots + \varphi_p x_{t-p} + a_t \tag{6-33}$$

对于 $k=1,2,3,\cdots,p$，方程式(6-33)两边同乘 x_{t-k}，可得

$$x_t \cdot x_{t-k} = \varphi_1 x_{t-1} \cdot x_{t-k} + \varphi_2 x_{t-2} x_{t-k} + \cdots + \varphi_p x_{t-p} x_{t-k} + a_t x_{t-k}$$

$$E(x_t \cdot x_{t-k}) = \varphi_1 E(x_{t-1} \cdot x_{t-k}) + \varphi_2 E(x_{t-2} x_{t-k}) + \cdots + \varphi_p E(x_{t-p} x_{t-k})$$

亦即

$$R_k = \varphi_1 R_{k-1} + \varphi_2 R_{k-2} + \cdots + \varphi_p R_{p-k}$$

故

$$\begin{cases} R_1 = \varphi_1 + \varphi_2 R_1 + \cdots + \varphi_p R_{p-1} \\ R_2 = \varphi_1 R_1 + \varphi_2 + \cdots + \varphi_p R_{p-2} \\ \cdots\cdots\cdots\cdots \\ R_p = \varphi_1 R_{p-1} + \varphi_2 R_{p-2} + \cdots + \varphi_p \end{cases} \tag{6-34a}$$

或

$$\begin{cases} \rho_1 = \varphi_1 \rho_0 + \varphi_2 \rho_1 + \cdots + \varphi_p \rho_{p-1} \\ \rho_2 = \varphi_1 \rho_1 + \varphi_2 \rho_0 + \cdots + \varphi_p \rho_{p-2} \\ \cdots\cdots\cdots\cdots \\ \rho_p = \varphi_1 \rho_{p-1} + \varphi_2 \rho_{p-2} + \cdots + \varphi_p \rho_0 \end{cases} \tag{6-34b}$$

这就是著名的 Yule-Walker 方程。根据方程(6-34)可求得 $\varphi_1,\varphi_2,\cdots,\varphi_p$。

(2) q 阶滑动平均模型参数的初步估计。

q 阶滑动平均模型 MA(q) 的公式为：

$$x_t = a_t - \theta_1 a_{t-1} - \theta_2 a_{t-2} - \cdots - \theta_q a_{t-q} \tag{6-35}$$

对于时滞 $t-k$，

$$x_{t-k} = a_{t-k} - \theta_1 a_{t-k-1} - \theta_2 a_{t-k-2} - \cdots - \theta_q a_{t-k-q} \tag{6-36}$$

(6-35)式与(6-36)式相乘得：

$$x_t \cdot x_{t-k} = (a_t - \theta_1 a_{t-1} - \cdots - \theta_q a_{t-q})(a_{t-k} - \theta_1 a_{t-k-1} - \cdots - \theta_q a_{t-k-q})$$

与 p 阶自回归模型的初步估计公式的推导类似，可得：

$$r_k = \frac{-\theta_k + \theta_1 \theta_{k+1} + \theta_2 \theta_{k+2} + \cdots + \theta_{q-k} \theta_q}{1 + \theta_1^2 + \theta_2^2 + \cdots + \theta_q^2} \tag{6-37}$$

3. ARMA 模型的检验

对所建的 ARMA 模型优劣的检验，是通过对原始时间序列与所建的 ARMA 模型之间的误差序列 a_t 进行检验来实现的。若误差序列 a_t 具有随机性，这就意味着所建立的模型已包含了原始时间序列的所有趋势（包括周期性变动），从而将所建立的模型应用于预测是合适的；若

误差序列 a_t 不具有随机性，说明所建模型还有进一步改进的余地，应重新建模。

误差序列的这种随机性可以利用自相关分析图来判断。这种方法比较简便直观，但检验精度不太理想。博克斯和皮尔斯于 1970 年提出了一种简单且精度较高的模型检验法，这种方法称为博克斯-皮尔斯 Q 统计量法。Q 统计量可按下式计算：

$$Q = n\sum_{k=1}^{m} r_k^2 \tag{6-38}$$

式中，m 为 ARMA 模型中所含的最大的时滞；n 为时间序列的观测值的个数。

对于给定的置信概率 $1-\alpha$，可查 χ^2 分布表中自由度为 m 的 χ^2 值 $\chi_\alpha(m)$，将 Q 与 $\chi_\alpha^2(m)$ 比较。

若 $Q \leqslant \chi_\alpha^2(m)$，则判定所选用的 ARMA 模型是合适的，可以用于预测。

若 $Q \geqslant \chi_\alpha^2(m)$，则判定所选用的 ARMA 模型不适用于预测的时间序列数据，应进一步改进模型。

4. ARMA 模型的预测

ARMA 模型的一个重要用途，就是用于预测。在 Box 建模方法中，经过模型的识别、模型的估计及模型的检验之后，获得一个合适的 ARMA 模型，就可对未来可能出现的结果进行预测了。

(1) p 阶自回归模型 AR(p) 的递推预测。

对于时间序列 x_t，若用 Box 法，我们可以选定一个适用的 p 阶自回归模型 AR(p)：

$$x_t = \varphi_1 x_{t-1} + \varphi_2 x_{t-2} + \cdots + \varphi_p x_{t-p} + a_t$$

记 $\hat{\varphi}_1, \hat{\varphi}_2, \cdots, \hat{\varphi}_p$ 为 AR(p) 模型中相应系数的估计值，则 AR(p) 模型预测的递推公式为：

$$\begin{aligned}
&\hat{x}_t(1) = \hat{\varphi}_1 x_t + \hat{\varphi}_2 x_{t-1} + \cdots + \hat{\varphi}_p x_{t-p+1}\\
&\hat{x}_2(2) = \hat{\varphi}_1 x_t(1) + \hat{\varphi}_2 x_t + \cdots + \hat{\varphi}_p x_{t-p+2}\\
&\cdots\cdots\cdots\cdots\\
&\hat{x}_t(p) = \hat{\varphi}_1 \hat{x}_t(p-1) + \hat{\varphi}_2 \hat{x}_t(p-2) + \cdots + \hat{\varphi}_{p-1}\hat{x}_t(1) + \hat{\varphi}_p x(t)\\
&\hat{x}_t(L) = \hat{\varphi}_1 \hat{x}_t(L-1) + \hat{\varphi}_2 \hat{x}_t(L-2) + \cdots + \hat{\varphi}_{p-1}\hat{x}_t(L-p+1) +\\
&\qquad \hat{\varphi}_p \hat{x}_t(L-p) \qquad \text{当 } L > p \text{ 时}
\end{aligned} \tag{6-39}$$

(2) q 阶滑动平均模型 MA(q) 的递推预测。

对于时间序列 x_t，若用博克斯-詹金斯法可以选定一个适用的 q 阶滑动平均模型 MA(q)：

$$x_t = a_t - \theta_1 a_{t-1} - \cdots - \theta_q a_{t-q}$$

记 $\hat{\theta}_1, \hat{\theta}_2, \cdots, \hat{\theta}_q$ 为 MA(q) 模型相应的系数的估计值，则 MA(q) 模型预测的递推公式为：

$$\begin{pmatrix} \hat{w}_k(1) \\ \hat{w}_k(2) \\ \vdots \\ \hat{w}_k(q) \end{pmatrix} = \begin{pmatrix} \hat{\theta}_1 & 1 & 0 & \cdots & 0 \\ \hat{\theta}_2 & 0 & 1 & \cdots & 0 \\ \vdots & \vdots & \vdots & & \vdots \\ \hat{\theta}_q & 0 & 0 & \cdots & 1 \end{pmatrix} \begin{pmatrix} \hat{w}_{k-1}(1) \\ \hat{w}_{k-1}(2) \\ \vdots \\ \hat{w}_{k-1}(q) \end{pmatrix} - \begin{pmatrix} \hat{\theta}_1 \\ \hat{\theta}_2 \\ \vdots \\ \hat{\theta}_q \end{pmatrix} w_k \tag{6-40}$$

$$\hat{w}_k(L) = 0 \qquad L > q \tag{6-41}$$

式(6-40)和式(6-41)描述了 MA(q) 模型以时刻 k 为起点，对未来进行任意 L 步预测应具有的全部结果。

6.2.4 DDS 建模法简介

标准的 Box 模型的描述对象是平稳序列。在序列是非平稳的情况时,还能否应用 Box 模型?答案是肯定的。这时,通常有两类处理方法:①是先对原始序列进行预处理,使之变为平稳序列或近似平稳序列,然后用 Box 的相关分析法建模;②是所谓的 DDS 法,即动态数据系统建模法(Dynamic Data System)。

DDS 法是一种适合于工程应用的系统建模方案,它由潘迪特(S. M. Pandit)和吴贤明(S. M. Wu)提出。DDS 法从分析系统特性出发,主张先建模,后处理。首先,采用具有特别结构的 ARMA 模型,即 ARMA$(2n,2n-1)$模型形式对动态数据进行拟合,然后用 F-检验和置信区间以及对系统特征根的分析进一步修改和精化模型,并给出了一套具体的办法,方便于建模在计算机上实现。

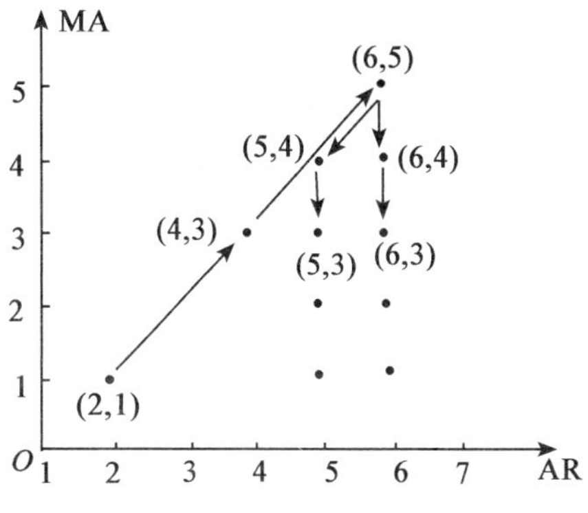

图 6-4 DDS 建模方案

DDS 法的建模方案如图 6-4 所示。这种方案从 $n=1$开始,首先拟合 ARMA(2,1)模型,进行适用性检验;若不适用,再令 $n=n+1$ 拟合 ARMA(4,3)模型,如此循环,直到确定出适用的 ARMA$(2n,2n-1)$模型。然后再回过头来降低自回归部分的阶次或滑动平均部分的阶次进行搜索,以得到阶次最低(参数最少)的适用模型 ARMA$(n,m)$$(n\leqslant 2n,m\leqslant 2n-1)$。

6.2.5 三种建模方法的分析与比较

本节运用三种不同的建模方法[11]:组合法(趋势拟合+ARMA 模型)、多项式拟合法及 DDS 法,对同一批数据进行建模和预测,并在不同的模型之间进行分析与比较,进而指出各种模型的建模特点。

同例 6.1 数据取自文献[24]中的应用实例,图 6.1 为水平位移 X(1978—1990.7)近 13 年的按月变化曲线图,数据总数 $N=151$,此时留有(1990.7—1991.7)一年的数据作预报比较。

1. 模型 1 组合法

组合法建模直接取用文献[23]的计算结果,其建模步骤按分解的方式进行:

(1)从数据曲线中提出主要趋势,先拟合主趋势项;

(2)如果剩余部分仍有趋势,继续拟合;

(3)对剩下的非零随机部分建立 ARMA 模型;

(4)将以上各步拟合的各项合并,并以各步所得参数为初始参数统一建模。

图 6-5、图 6-6 给出了各步拟合图形及残差曲线。主要包括先用多项式 $x_t=a+b\ (t+c)^d$ 拟合曲线,由残差曲线判断出有年周期变化趋势,再与多项式合并拟合得 $x_t=a+b\ (t+c)^d+e\sin(2\pi t/12+f)+\varepsilon_t$ 的各参数值为:

$$a=-68.611 \qquad b=57.272$$
$$c=3.157 \qquad d=0.132$$
$$e=11.68 \qquad f=0.101$$

然后再用 ARMA 模型拟合其残差以提高拟合精度,最后再调用组合模型或统一建模方式

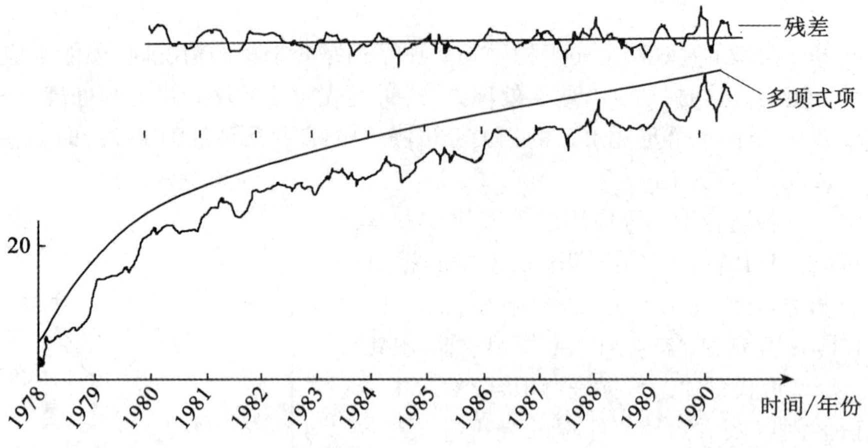

图 6-5　x 的多项式拟合及残差曲线

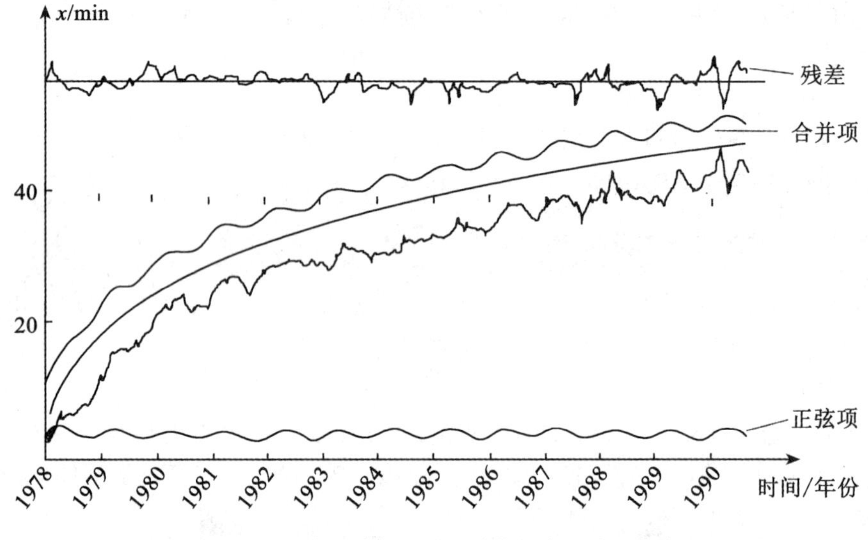

图 6-6　x 的多项式与正弦项趋势拟合及残差曲线

求得模型的最终参数。最终模型如下：

$$x_t = a + b\ (t+c)^d + e\sin(2\pi t/12+f) + \varphi_1 \mathrm{d}x_{t-1} + \varepsilon_t$$

$$\mathrm{d}x_t = x_t - [\, a + b\ (t+c)^d + e\sin(2\pi t/12+f)\,]$$

其中：

$a=-68.617$	$b=57.249$
$c=3.161$	$d=0.132$
$e=0.435$	$f=0.101$
$\varphi_1=0.453$	残差平方和 $S=200.82$

2. 模型 2　多项式拟合

具体建模过程见例 6.1，用模型 2 对该实例拟合的函数式为：

$$x = 1.6051+1.0377t-0.0078t^2-0.1857\times10^{-3}t^3$$
$$+4.2854e^{-6}t^4-3.07e^{-8}t^5+7.5618e^{-11}t^6$$

其相关指数 R 为 0.98。

3. 模型 3　DDS 法

模型 3 按 DDS 法的建模方式建模，最终得到该实例的建模结果为 ARMA(1,1)模型，其模型形式为：

$$x_t = 1.0057x_{t-1}-0.335a_{t-1}+a_t$$

最后我们将三种模型作导前一年(12 步)的预测，预测值列于表 6-4 中，并与实测值进行比较。

分析和比较上述三种建模方法，我们不难得到以下几点讨论：

(1)组合法采用分解的方式，先提取趋势项，再对平稳序列拟合 ARMA 模型，这种建模方案可直观地反映序列的趋势成分，隐含的周期因子，一般都能得到理想的最终模型，且预报效果好。但若分析组合模型的建模过程，我们不难发现，趋势提取部分很重要，而究竟选择什么样的函数类型来拟合曲线，在实际建模时往往需要对多种函数类型的回归方程进行比较，才能获得较为满意的结果。对趋势提取后剩下的残差部分，即随机序列建立 ARMA 模型有无必要则尚需考虑，因为从预报的效果看，若建立 ARMA 模型对提高预报精度作用明显，这时 ARMA 模型的建立有必要；但若残差序列很平稳，这时建立的 ARMA 模型，导前预报若干步后，其预报趋于其均值零，因而就没必要建立 ARMA 模型，如模型 1 的实例便是如此。另外，组合法建模工作量大，不易实现计算机自动建模，模型结构复杂，模型参数较多。

(2)多项式拟合模型用多项式函数来逼近形式未知的变量函数关系，一般能作出较好的逼近，所以在通常比较复杂的实际问题中，可以不问因变量与自变量的关系如何，而用多项式拟合进行分析计算。由于其建模过程简单，逼近效果良好，故在实际工作中经常用到。但实际拟合曲线时，k 的次数一般不超过 5，次数再高，结果的可信度就要大大降低。多项式拟合作内插预报较为适合，而作外推性预报，则要注意不可任意外推。这从表 6-4 中模型 2 的最后三个预测值的结果亦可看出。另外，多项式拟合是一种静态的数据处理方法。

(3)用 DDS 法对非平稳趋势变化的序列直接建立 ARMA 模型，尽管该方法略为粗糙，但仅用了较少的参数和简洁的模型形式就能很好地表达离乱序列的潜在变化规律，且预报效果好，易于在计算机上实现，非常适宜于工程实际问题的动态分析，快速建模及趋势预报。由于 DDS 法是一种高级的动态数据处理方法，数学理论较为复杂，在方法的实现上需具备一定的理论基础和实际编程能力。

表 6-4　　三种模型的比较

时间	实测值 X	预测值			残差 V		
		模型 1	模型 2	模型 3	模型 1	模型 2	模型 3
1990.8	40.2	42.8	46.1	44.9	−2.6	−5.9	−4.7
9	45.8	42.3	46.7	45.2	3.5	−0.9	0.6
10	43.5	42.4	47.4	45.4	1.1	−3.9	−1.9
11	47.3	42.9	48.10	45.7	4.4	−0.8	1.6

续表

时间	实测值 X	预测值			残差 V		
		模型 1	模型 2	模型 3	模型 1	模型 2	模型 3
12	44.9	43.5	48.9	45.9	1.4	-4.0	-1.0
1991.1	42.7	44.2	49.7	46.2	-1.3	-7.0	-3.3
2	46.1	44.7	50.6	46.4	1.4	-4.5	-0.3
3	46.1	44.8	51.6	46.7	1.3	-5.5	-0.6
4	49.6	44.7	52.7	47.0	4.9	-3.1	2.6
5	45.9	44.3	53.9	47.2	1.6	-8.0	-1.3
6	44.9	43.8	55.1	47.5	1.1	-10.2	-2.6
7	45.3	43.4	56.5	47.8	1.9	-11.2	-2.5
$\sum \lvert \bar{V} \rvert / n$					2.2	5.3	1.9
$\frac{1}{n}\sum \frac{\lvert \bar{V} \rvert}{X}$					4.8%	11.9%	4.3%

6.3 灰色系统分析模型

6.3.1 概述

灰色系统理论是由我国原华中理工大学邓聚龙教授在 20 世纪 80 年代提出的,它是用来解决信息不完备系统的数学方法,它把控制论的观点和方法延伸到复杂的大系统中,将自动控制与运筹学的数学方法相结合,用独树一帜的方法和手段,研究了广泛存在于客观世界中具有灰色性的问题。在短短的时间里,灰色系统理论有了飞速的发展,它的应用已渗透到自然科学和社会经济等许多领域,显示出这门学科的强大生命力,具有广阔的发展前景。

系统分析的经典方法是将系统的行为看做是随机变化的过程,用概率统计方法,从大量历史数据中寻找统计规律,这对于统计数据量较大情况下的处理较为有效,但对于数据量少的贫信息系统的分析则较为棘手。

灰色系统理论研究的是贫信息建模,它提供了贫信息情况下解决系统问题的新途径。它把一切随机过程看做是在一定范围内变化的、与时间有关的灰色过程,对灰色量不是从寻找统计规律的角度,通过大样本进行研究,而是用数据生成的方法,将杂乱无章的原始数据整理成规律性较强的生成数列后再作研究。灰色理论认为系统的行为现象尽管是朦胧的,数据是杂乱无章的,但它毕竟是有序的,有整体功能的,在杂乱无章的数据后面,必然潜藏着某种规律,灰数的生成,是从杂乱无章的原始数据中去开拓、发现、寻找这种内在规律。

6.3.2 灰色系统理论的基本概念

1. 基本概念

(1)灰色系统。

信息不完全的系统称为灰色系统。信息不完全一般指:①系统因素不完全明确;②因素关系不完全清楚;③系统结构不完全知道;④系统的作用原理不完全明了。

(2)灰数、灰元、灰关系。

灰数、灰元、灰关系是灰色现象的特征,是灰色系统的标志。灰数是指信息不完全的数,即只知大概范围而不知其确切值的数,灰数是一个数集,记为⊗;灰元是指信息不完全的元素;灰关系是指信息不完全的关系。

(3)灰数的白化值。

所谓灰数的白化值是指,令 a 为区间,a_i 为 a 中的数,若⊗在 a 中取值,则称 a_i 为⊗的一个可能的白化值。

(4)数据生成。

将原始数据列 x 中的数据 $x(k)$,$x=\{x(k)\mid k=1,2,\cdots,n\}$,按某种要求作数据处理称为数据生成。如建模生成与关联生成。

2. 累加生成与累减生成

累加生成与累减生成是灰色系统理论与方法中占据特殊地位的两种数据生成方法,常用于建模,亦称建模生成。

累加生成(Accumulated Generating Operation, AGO),即对原始数据列中各时刻的数据依次累加,从而形成新的序列。

设原始数列为

$$x^{(0)} = \{x^{(0)}(k) \mid k = 1,2,\cdots,n\}$$

对 $x^{(0)}$ 作一次累加生成(1-AGO)

$$x^{(1)}(k) = \sum_{i=1}^{k} x^{(0)}(i)$$

即得到一次累加生成序列

$$x^{(1)} = \{x^{(1)}(k) \mid k = 1,2,\cdots,n\}$$

若对 $x^{(0)}$ 作 m 次累加生成(记作 m-AGO)

则有

$$x^{(m)}(k) = \sum_{i=1}^{k} x^{(m-1)}(i)$$

累减生成(Inverse Accmulated Generating Operation, IAGO)是 AGO 的逆运算,即对生成序列的前后两数据进行差值运算。

$$x^{(m-1)}(k) = x^{(m)}(k) - x^{(m)}(k-1)$$

…………

$$x^{(0)}(k) = x^{(1)}(k) - x^{(1)}(k-1)$$

m-*AGO* 和 m-*IAGO* 的关系是:

$$x^{(0)} \xleftrightarrow[m\text{-IAGO}]{m\text{-AGO}} x^{(m)}$$

6.3.3 灰色关联分析

由灰色系统理论提出的灰关联度分析方法,是基于行为因子序列的微观或宏观几何接近,以分析和确定因子间的影响程度或因子对主行为的贡献测度而进行的一种分析方法。灰关联是指事物之间的不确定性关联,或系统因子与主行为因子之间的不确定性关联。它根据因素之间发展态势的相似或相异程度来衡量因素间的关联程度。由于关联度分析是按发展趋势作分析,因而对样本量的大小没有太高的要求,分析时也不需要典型的分布规律,而且分析的结果一般与定性分析相吻合,具有广泛的实用价值。

1. 构造灰关联因子集

对抽象系统进行关联分析时,首先要确定表征系统特征的数据列。表征方法有直接法和间接法两种。直接法指对直接能得到反映系统行为特征的序列,可直接进行灰关联分析;间接法指对不能直接找到表征系统的行为特征数列,这就需要寻找表征系统行为特征的间接量,称为映射量,然后用此映射量进行分析。

在灰色系统理论中,确定表征系统特征的数据列,并对数据进行处理,称为构造灰关联因子集。灰关联因子集是灰关联分析的重要概念,一般来说,进行灰关联分析时,都要把原始因子转化为灰关联因子集。

设时间序列(原始序列)

$$x = \{x(k) \mid k = 1,2,\cdots,n\}$$

常用的转化方式有以下 6 种。

(1)初值化

$$x'(k) = \frac{x(k)}{x(1)}, k = 1,2,\cdots,n$$

(2)平均值化

$$x'(k) = \frac{x(k)}{\frac{1}{n}\sum_{k=1}^{n} x(k)}, k = 1,2,\cdots,n$$

(3)最大值化

$$x'(k) = \frac{x(k)}{\max_k x(k)}, k = 1,2,\cdots,n$$

(4)最小值化

$$x'(k) = \frac{x(k)}{\min_k x(k)}, k = 1,2,\cdots,n$$

(5)区间值化

考虑 $x_i = \{x_i(k) \mid k=1,2,\cdots,n\}, i=1,2,\cdots,m$

令 $\max\max X = \max_i \max_k x_i(k)$

$\min\min X = \min_i \min_k x_i(k)$

则

$$x'_i(k) = \frac{x_i(k) - \min\min X}{\max\max X - \min\min X}$$

(6)正因子化

令 $X_{\min} = \min_k x(k)$

$$x'(k) = x(k) + 2\,|X_{\min}| \quad (k = 1,2,\cdots,n)$$

2. 灰关联度计算公式

设 $x_0 = \{x_0(k) \mid k=1,2,\cdots,n\}$ 为参考序列;$x_i = \{x_i(k) \mid k=1,2,\cdots,n\}$ $(i=1,2,\cdots,m)$ 为比较序列,则有如下定义:

$x_i(k)$与$x_0(k)$的关联系数为：

$$\xi_i(k)=\frac{\min\limits_i \min\limits_k |x_0(k)-x_i(k)|+\rho \max\limits_i \max\limits_k |x_0(k)-x_i(k)|}{|x_0(k)-x_i(k)|+\rho \max\limits_i \max\limits_k |x_0(k)-x_i(k)|} \tag{6-42}$$

式中，ρ 为分辨系数，ρ 越小分辨率越大，一般 ρ 的取值区间为$[0,1]$，通常取 $\rho=0.5$。

于是，可求出 $x_i(k)$与$x_0(k)$的关联系数

$$\xi_i=\{\xi_i(k)\mid k=1,2,\cdots,n\}$$

则灰关联度定义为：

$$\gamma_i=\gamma(x_0,x_i)=\frac{1}{n}\sum_{k=1}^{n}\xi_i(k) \tag{6-43}$$

灰关联度具有如下特性：

(1)规范性

$$0<\gamma(x_0,x_i)\leqslant 1$$

$$\gamma(x_0,x_i)=1\Leftrightarrow x_0=x_i$$

$$\gamma(x_0,x_i)=0\Leftrightarrow x_i,x_0\in\varnothing,\varnothing \text{ 为空集}$$

(2)偶对称性

$$\gamma(x,y)=\gamma(y,x),x,y\in X,X\text{ 为点的全体}$$

(3)整体性

若 $x_i(i=1,2,\cdots,m)m\geqslant 3$，则一般地有

$$\gamma(x_i,x_j)\neq\gamma(x_j,x_i),i\neq j,i,j=1,2,\cdots,n$$

(4)接近性

$\Delta_i(k)=|x_0(k)-x_i(k)|$越小，则 $\gamma(x_0,x_i)$越大，即 x_0 与 x_i 越接近。

从上述灰关联度的性质(3)可以看出，灰关联度一般不满足对称性，于是便有了如下满足对称性的灰关联度计算公式：

①改进关联度法

$$r_{ij}=\frac{1}{2(n-1)}\left[\frac{x_i(1)\wedge x_j(1)}{x_i(1)\vee x_j(1)}+\frac{x_i(n)\wedge x_j(n)}{x_i(n)\vee x_j(n)}+2\sum_{k=2}^{n-1}\frac{x_i(k)\wedge x_j(k)}{x_i(k)\vee x_j(k)}\right] \tag{6-44}$$

②相对变率关联度法

$$r_{ij}=\frac{1}{n-1}\sum_{k=1}^{n-1}\frac{1}{1+\left|\dfrac{\Delta x_j(k)}{x_j(k)}-\dfrac{\Delta x_i(k)}{x_i(k)}\right|} \tag{6-45}$$

式中，$\Delta x_j(k)=x_j(k+1)-x_j(k)$；$\Delta x_i(k)=x_i(k+1)-x_i(k)$

③斜率关联度法

$$r_{ij}=\frac{1}{n-1}\sum_{k=1}^{n-1}\frac{1}{1+\left|\dfrac{\Delta x_j(k)}{\sigma_{x_j}}-\dfrac{\Delta x_i(k)}{\sigma_{x_i}}\right|} \tag{6-46}$$

式中，

$$\sigma_{x_j}=\sqrt{\frac{1}{n-1}\sum_{k=1}^{n}(x_j(k)-\bar{x}_j)^2}\quad;\quad \bar{x}_j=\frac{1}{n}\sum_{k=1}^{n}x_j(k)$$

$$\sigma_{x_i}=\sqrt{\frac{1}{n-1}\sum_{k=1}^{n}(x_i(k)-\bar{x}_i)^2}\qquad \bar{x}_i=\frac{1}{n}\sum_{k=1}^{n}x_i(k)$$

3. 关联序

设参考序列 x_0 与比较序列 $x_i(i=1,2,\cdots,m)$，其关联度分别为 $\gamma_i(i=1,2,\cdots,m)$，按关联度大小排序即为关联序。

在灰关联分析中，关联序的大小体现了比较因子对参考因子的影响及作用的大小，其意义高于关联度本身的大小。

需要指出的是，在关联度的分析中，数列的处理方法不同，关联度的大小会发生变化，但关联序一般是不会发生变化的。也就是说，关联度的大小只是因子之间相互影响、相互作用的外在表现，而关联序才是其实质。

6.3.4 GM(1,N)模型

在灰色系统理论中，由 GM(1,N)模型描述的系统状态方程，提供了系统主行为与其他行为因子之间的不确定性关联的描述方法，它根据系统因子之间发展态势的相似性，来进行系统主行为与其他行为因子的动态关联分析。

GM(1,N)是一阶的，N 个变量的微分方程型模型，令 $x_1^{(0)}$ 为系统主行为因子，$x_i^{(0)}(i=2,3,\cdots,N)$ 为行为因子

$$x_1^{(0)} = (x_1^{(0)}(1), x_1^{(0)}(2), \cdots, x_1^{(0)}(n))$$
$$x_i^{(0)} = (x_i^{(0)}(1), x_i^{(0)}(2), \cdots, x_i^{(0)}(n))$$

式中，n 是数据序列的长度，记 $x_i^{(1)}$ 是 $x_i^{(0)}(i=1,2,\cdots,N)$ 的一阶累加生成序列。则 GM(1,N)白化形式的微分方程为：

$$\frac{dx_1^{(1)}}{dt} + ax_1^{(1)} = b_1x_2^{(1)} + b_2x_3^{(1)} + \cdots + b_{N-1}X_N^{(1)} \tag{6-47}$$

将上式离散化，且取 $x_i^{(1)}$ 的背景值（邓聚龙，1986）后，便可构成下面的矩阵形式：

$$\begin{bmatrix} x_1^{(0)}(2) \\ x_1^{(0)}(3) \\ \vdots \\ x_1^{(0)}(n) \end{bmatrix} = a\begin{bmatrix} -z_1^{(1)}(2) \\ -z_1^{(1)}(3) \\ \vdots \\ -z_1^{(1)}(n) \end{bmatrix} + b_1\begin{bmatrix} x_2^{(1)}(2) \\ x_2^{(1)}(3) \\ \vdots \\ x_2^{(1)}(n) \end{bmatrix} + \cdots + b_{N-1}\begin{bmatrix} x_N^{(1)}(2) \\ x_N^{(1)}(3) \\ \vdots \\ x_N^{(1)}(n) \end{bmatrix} \tag{6-48}$$

式中，$z_1^{(1)}(k)=0.5x_1^{(1)}(k)+0.5x_1^{(1)}(k-1)$，$k=2,3,\cdots,n$。

令

$$\underset{n-1\times1}{\boldsymbol{y}_N} = \begin{bmatrix} x_1^{(0)}(2) \\ x_1^{(0)}(3) \\ \vdots \\ x_1^{(0)}(n) \end{bmatrix} \qquad \underset{n-1\times N}{\boldsymbol{B}_N} = \begin{bmatrix} -z_1^{(1)}(2) & x_2^{(1)}(2) & \cdots & x_N^{(1)}(2) \\ -z_1^{(1)}(3) & x_2^{(1)}(3) & \cdots & x_N^{(1)}(3) \\ \vdots & \vdots & & \vdots \\ -z_1^{(1)}(n) & x_2^{(1)}(n) & \cdots & x_N^{(1)}(n) \end{bmatrix}$$

$$\underset{N\times1}{\hat{\boldsymbol{a}}} = [a \quad b_1 \quad b_2 \quad \cdots \quad b_{N-1}]^{\mathrm{T}}$$

则式(6-48)可写成下面的形式：

$$\boldsymbol{y}_N = \boldsymbol{B}\hat{\boldsymbol{a}} \tag{6-49}$$

由最小二乘法，可求得参数 $\hat{\boldsymbol{a}}$ 的计算式为：

$$\hat{\boldsymbol{a}} = (\boldsymbol{B}^{\mathrm{T}}\boldsymbol{B})^{-1}\boldsymbol{B}^{\mathrm{T}}\boldsymbol{y}_N \tag{6-50}$$

将求得的参数值 $\hat{\boldsymbol{a}}$ 代入式(6-47)，解此微分方程，可求得响应函数为：

$$\hat{x}_1^{(1)}(k+1)=\left[x_1^{(1)}(1)-\frac{b_1}{a}x_2^{(1)}(k+1)-\cdots-\frac{b_{N-1}}{a}x_N^{(1)}(k+1)\right]\mathrm{e}^{-ak}$$

$$+\frac{b_1}{a}x_2^{(1)}(k+1)+\frac{b_2}{a}x_3^{(1)}(k+1)+\cdots+\frac{b_{N-1}}{a}x_N^{(1)}(k+1) \tag{6-51}$$

由式(6-51),我们便可以根据 k 时刻的已知值 $x_2^{(1)}(k+1)$,$x_3^{(1)}(k+1)$,$\cdots$,$x_N^{(1)}(k+1)$来预报同一时刻的 $\hat{x}_1^{(1)}(k+1)$。并求其还原值:

$$\hat{x}_1^{(0)}(k+1)=\hat{x}_1^{(1)}(k+1)-\hat{x}_1^{(1)}(k) \tag{6-52}$$

6.3.5 GM(1,1)模型

设非负离散数列为

$$x^{(0)}=\{x^{(0)}(1),x^{(0)}(2),\cdots,x^{(0)}(n)\}$$

n 为序列长度。对 $x^{(0)}$ 进行一次累加生成,即可得到一个生成序列 $x^{(1)}=\{x^{(1)}(1),x^{(1)}(2),\cdots,x^{(1)}(n)\}$,对此生成序列建立一阶微分方程

$$\frac{\mathrm{d}x^{(1)}}{\mathrm{d}t}+\otimes ax^{(1)}=\otimes u \tag{6-53}$$

记为 GM(1,1)。式中,$\otimes a$ 和 $\otimes u$ 是灰参数,其白化值(灰区间中的一个可能值)为 $\hat{\boldsymbol{a}}=[a\quad u]^{\mathrm{T}}$。用最小二乘法求解,得:

$$\hat{\boldsymbol{a}}=[a\quad u]^{\mathrm{T}}=(\boldsymbol{B}^{\mathrm{T}}\boldsymbol{B})^{-1}\boldsymbol{B}^{\mathrm{T}}\boldsymbol{y}_N \tag{6-54}$$

式中,
$$\boldsymbol{B}=\begin{bmatrix}-\frac{1}{2}(x^{(1)}(2)+x^{(1)}(1)) & 1\\ -\frac{1}{2}(x^{(1)}(3)+x^{(1)}(2)) & 1\\ \vdots & \vdots\\ -\frac{1}{2}(x^{(1)}(n)+x^{(1)}(n-1)) & 1\end{bmatrix},\quad \boldsymbol{y}_N=\begin{bmatrix}x^{(0)}(2)\\ x^{(0)}(3)\\ \vdots\\ x^{(0)}(n)\end{bmatrix}$$

求出 $\hat{\boldsymbol{a}}$ 后代入(6-53)式,解出微分方程得

$$\hat{x}^{(1)}(k+1)=\left(x^{(0)}(1)-\frac{u}{a}\right)\mathrm{e}^{-ak}+u/a \tag{6-55}$$

对 $\hat{x}^{(1)}(k+1)$作累减生成(IAGO),可得还原数据:

$$\hat{x}^{(0)}(k+1)=\hat{x}^{(1)}(k+1)-\hat{x}^{(1)}(k)$$

或

$$\hat{x}^{(0)}(k+1)=(1-\mathrm{e}^{a})\left(x^{(0)}(1)-\frac{u}{a}\right)\mathrm{e}^{-ak} \tag{6-56}$$

式(6-55)、式(6-56)两式即为灰色预测的两个基本模型。当 $k<n$ 时,称 $\hat{x}^{(0)}(k)$ 为模型模拟值;当 $k=n$ 时,称 $\hat{x}^{(0)}(k)$ 为模型滤波值;当 $k>n$ 时,称 $\hat{x}^{(0)}(k)$ 为模型预测值。

建模的主要目的是预测。为了提高预测精度和效果,首先要保证有较高的滤波精度。因此,建模数据一般应取包括 $x^{(0)}(n)$ 在内的等时距序列。

设原始数列为 $x^{(0)}$,有拓扑空间($x^{(0)}$,J) J 为 $x^{(0)}$ 上的拓扑。令 $x^{(0)}(n)$ 为现实数据,构造现实数据的邻域族为:

$$x_1^{(0)}=\{x^{(0)}(1),x^{(0)}(2),\cdots,x^{(0)}(n)\}$$

$$x_2^{(0)} = \{x^{(0)}(2), x^{(0)}(3), \cdots, x^{(0)}(n)\}$$

$$\cdots\cdots\cdots\cdots$$

$$x_i^{(0)} = \{x^{(0)}(i), x^{(0)}(i+1), \cdots, x^{(0)}(n)\}$$

由 $x_i^{(0)}(i=1,2,\cdots,n-3)$ 建立的模型集合称为 $x^{(0)}$ 的 GM(1,1)模型群。倘若在 $x^{(0)}(n)$ 的邻域族中,由模型 i:$GM_i = GM(\{x^{(0)}(i), x^{(0)}(i+1), \cdots, x^{(0)}(n)\})$ 所得到的曲线构成邻域族 GM(1,1)的上界,由模型 j:$GM_j = GM(\{x^{(0)}(j), x^{(0)}(j+1), \cdots, x^{(0)}(n)\})$ 所得到的曲线构成邻域族 GM(1,1)的下界,则 GM_i 与 GM_j 构成模型群预测值的上下界平面(灰平面)。各个未来时刻的预测值均包含在此平面内。

对模型精度即模型拟合程度评定的方法有残差大小检验、关联度检验和后验差检验三种。残差大小检验是对模型值和实际值的误差进行逐点检验;关联度检验是考察模型值与建模序列曲线的相似程度;后验差检验是对残差分布的统计特性进行检验,它由后验差比值 C 和小误差概率 P 共同描述。灰色模型的精度通常用后验差方法检验。

设由 GM(1,1)模型得到:

$$\hat{x}^{(0)} = \{\hat{x}^{(0)}(1), \hat{x}^{(0)}(2), \cdots, \hat{x}^{(0)}(n)\}$$

计算残差

$$e(k) = x^{(0)}(k) - \hat{x}^{(0)}(k) \quad k = 1,2,\cdots,n$$

记原始数列 $x^{(0)}$ 及残差数列 e 的方差分别为 S_1^2, S_2^2,则

$$S_1^2 = \frac{1}{n}\sum_{k=1}^{n}(x^{(0)}(k) - \bar{x}^{(0)})^2$$

$$S_2^2 = \frac{1}{n}\sum_{k=1}^{n}(e(k) - \bar{e})^2$$

式中,

$$\bar{x}^{(0)} = \frac{1}{n}\sum_{k=1}^{n}x^{(0)}(k); \quad \bar{e} = \frac{1}{n}\sum_{k=1}^{n}e(k)$$

然后,计算后验差比值

$$C = S_2/S_1$$

和小误差概率

$$p = P\{|e(k) - \bar{e}| < 0.6745S_1\}$$

表 6-5 列出了根据 C、P 取值的模型精度等级。模型精度等级判别式为(傅立,1992):

模型精度等级 = max{P 所在的级别, C 所在的级别}。

表 6-5　　模型精度等级

模型精度等级	P	C
1 级(好)	$0.95 \leqslant P$	$C \leqslant 0.35$
2 级(合格)	$0.80 \leqslant P < 0.95$	$0.35 < C \leqslant 0.5$
3 级(勉强)	$0.70 \leqslant P < 0.80$	$0.5 < C \leqslant 0.65$
4 级(不合格)	$P < 0.70$	$0.65 < C$

下面给出 GM(1,1)模型的程序设计框图,如图 6-7 所示。

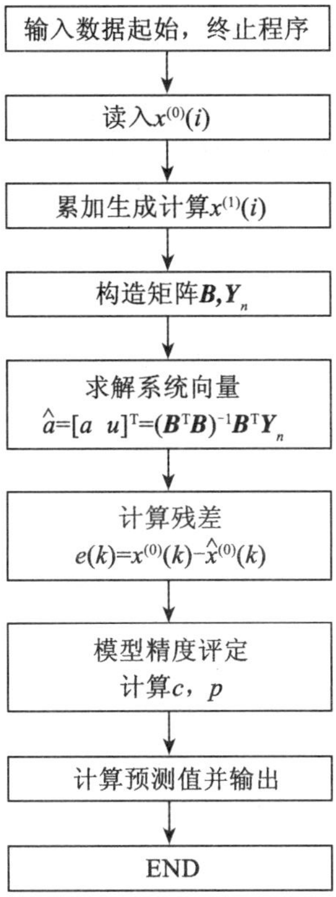

图 6-7　GM(1,1)模型的程序设计框图

例 6.3　下面以三峡某危岩体变形监测点 5 月的监测资料为例,说明灰色模型的建模过程和特点,观测数据序列为 $x^{(0)}=\{15.9,\ 15.4,\ 18.1,\ 21.3,\ 20.1,\ 22.0,\ 22.6,\ 21.4\}$,根据灰色建模的特点,4 期观测数据就可以建立 GM(1,1),下面就以前 4 期观测数据进行GM(1,1)建模,后 4 期观测数据作为模型预报检验,用后 4 期实测值与预测结果进行比较。

下面给出具体步骤:4 期观测数据　$x^{(0)}=\{15.9,\ 15.4,\ 18.1,\ 21.3\}$

1 次累加生成　$x^{(1)}=\{15.9,\ 31.3,\ 49.4,\ 70.7\}$

$$\boldsymbol{B}=\begin{bmatrix}-23.6 & 1\\ -40.35 & 1\\ -60.05 & 1\end{bmatrix}\qquad \boldsymbol{Y}_N=\begin{bmatrix}15.4\\ 18.1\\ 21.3\end{bmatrix}$$

$$\hat{\boldsymbol{a}}=[a\quad u]^{\mathrm{T}}=(\boldsymbol{B}^{\mathrm{T}}\boldsymbol{B})^{-1}\boldsymbol{B}^{\mathrm{T}}\boldsymbol{Y}_N=[-0.118\quad 13.394]$$

从表 6-6 和表 6-7 可以看出,GM(1,1)模型具有在获得信息贫乏的前提条件下,进行数据建模和预测的功能。但从预测效果看,GM(1,1)模型的短期预测效果较好。随着预测时间的延长,预测数据与实测结果差距较大,预测结果不可靠,对此,可进一步优化模型,利用获得的新的信息(数据)更新模型,从而提高预测精度。

表 6-6 模型精度评定结果

维数	a	u	后验差 C	小误差概率 P	模型精度等级
4	-0.118	13.394	0.304	1.00	1

表 6-7 模型预测结果 （单位：mm）

预测	实测值	预测值	残差
1	20.1	23.05	-2.95
2	22.0	25.92	-3.92
3	22.6	29.15	-6.55
4	21.4	32.79	-11.39

6.4 Kalman 滤波模型

Kalman 滤波技术是 20 世纪 60 年代初由卡尔曼（Kalman）等人提出的一种递推式滤波算法，它是一种对动态系统进行实时数据处理的有效方法。测量界开展了多方面的 Kalman 滤波应用研究工作，尤其是在变形监测中的应用较为广泛。本节着重介绍 Kalman 滤波的基本原理及其在变形监测自动化系统中的应用问题。

6.4.1 Kalman 滤波的基本原理与公式

对于动态系统，Kalman 滤波采用递推的方式，借助于系统本身的状态转移矩阵和观测资料，实时最优估计系统的状态，并且能对未来时刻系统的状态进行预报，因此，这种方法可用于动态系统的实时控制和快速预报。

Kalman 滤波的数学模型包括状态方程（也称动态方程）和观测方程两部分，其离散化形式为：

$$\boldsymbol{X}_k = \boldsymbol{\Phi}_{k/k-1}\boldsymbol{X}_{k-1} + \boldsymbol{\Gamma}_{k-1}\boldsymbol{W}_{k-1} \tag{6-57}$$

$$\boldsymbol{L}_k = \boldsymbol{H}_k\boldsymbol{X}_k + \boldsymbol{V}_k \tag{6-58}$$

式中，$\boldsymbol{X}_k$ 为 t_k 时刻系统的状态向量（n 维）；$\boldsymbol{L}_k$ 为 t_k 时刻对系统的观测向量（m 维）；$\boldsymbol{\Phi}_{k/k-1}$ 为时间 t_{k-1} 至 t_k 的系统状态转移矩阵（$n\times n$）；$\boldsymbol{W}_{k-1}$ 为 t_{k-1} 时刻的动态噪声（r 维）；$\boldsymbol{\Gamma}_{k-1}$ 为动态噪声矩阵（$n\times r$）；$\boldsymbol{H}_k$ 为 t_k 时刻的观测矩阵（$m\times n$）；$\boldsymbol{V}_k$ 为 t_k 时刻的观测噪声（m 维）。

如果 $\boldsymbol{W}$ 和 $\boldsymbol{V}$ 满足如下统计特性：

$$E(\boldsymbol{W}_k) = 0, E(\boldsymbol{V}_k) = 0$$

$$\mathrm{Cov}(\boldsymbol{W}_k, \boldsymbol{W}_j) = \boldsymbol{Q}_k\delta_{kj}, \quad \mathrm{Cov}(\boldsymbol{V}_k, \boldsymbol{V}_j) = \boldsymbol{R}_k\delta_{kj}, \quad \mathrm{Cov}(\boldsymbol{W}_k, \boldsymbol{V}_j) = 0$$

式中，$\boldsymbol{Q}_k$ 和 $\boldsymbol{R}_k$ 分别为动态噪声和观测噪声的方差阵；δ_{kj} 是 Kronecker 函数，即

$$\delta_{kj} = \begin{cases} 1, k = j \\ 0, k \neq j \end{cases}$$

那么，可推得 Kalman 滤波递推公式为：

状态预报

$$\hat{\boldsymbol{X}}_{k/k-1} = \boldsymbol{\Phi}_{k/k-1}\hat{\boldsymbol{X}}_{k-1} \tag{6-59}$$

状态协方差阵预报

$$\boldsymbol{P}_{k/k-1} = \boldsymbol{\Phi}_{k/k-1}\boldsymbol{P}_{k-1} + \boldsymbol{\Gamma}_{k-1}\boldsymbol{Q}_{k-1}\boldsymbol{\Gamma}_{k-1}^{\mathrm{T}} \tag{6-60}$$

状态估计

$$\hat{\boldsymbol{X}}_k = \hat{\boldsymbol{X}}_{k/k-1} + \boldsymbol{K}_k(\boldsymbol{L}_k - \boldsymbol{H}_k\hat{\boldsymbol{X}}_{k/k-1}) \tag{6-61}$$

状态协方差阵估计

$$\boldsymbol{P}_k = (\boldsymbol{I} - \boldsymbol{K}_k\boldsymbol{H}_k)\boldsymbol{P}_{k/k-1} \tag{6-62}$$

式中,$\boldsymbol{K}_k$为滤波增益矩阵,其具体形式为

$$\boldsymbol{K}_k = \boldsymbol{P}_{k/k-1}\boldsymbol{H}_k^{\mathrm{T}}(\boldsymbol{H}_k\boldsymbol{P}_{k/k-1}\boldsymbol{H}_k^{\mathrm{T}} + \boldsymbol{R}_k)^{-1} \tag{6-63}$$

初始状态条件为

$$\hat{X}_0 = E(X_0) = \mu_0, \quad \hat{P}_0 = \mathrm{Var}(X_0)$$

由式(6-59)可知,当已知 t_{k-1}时刻动态系统的状态 $\hat{\boldsymbol{X}}_{k-1}$时,令 $\boldsymbol{W}_{k-1}=0$,即可得到下一时刻 t_k 的状态预报值 $\hat{\boldsymbol{X}}_{k/k-1}$。而从式(6-61)可知,当 t_k时刻对系统进行观测 $\boldsymbol{L}_k$ 后,就可利用该观测量对预报值进行修正,得到 $\boldsymbol{t}_k$时刻系统的状态估计(滤波值)$\hat{\boldsymbol{X}}_k$,如此反复进行递推式预报与滤波。因此,在给定了初始值 $\hat{\boldsymbol{X}}_0$、$\hat{\boldsymbol{P}}_0$ 后,就可依据式(6-59)~式(6-63)进行递推计算,实现滤波的目的。

6.4.2 变形监测自动化系统中 Kalman 滤波的应用

由上述的 Kalman 滤波原理可知,对动态系统应用 Kalman 滤波技术可以进行预报和滤波,而这正是变形监测工作中所需要的。

1. 测点的状态方程和观测方程

目前,三维变形监测自动化系统中的典型工具是 GPS 和自动跟踪全站仪(RTS)。GPS 监测工程变形时,其监测点的位置可以是 GPS 的空间三维坐标(X,Y,Z)或大地坐标(B,L,H),也可以是工程本身独立坐标系中的坐标(x,y,h)。为说明问题方便起见,本文以工程独立坐标系中某一测点为例,来列出变形系统的状态方程和观测方程。考虑该测点的位置 $\boldsymbol{X}=(x,y,h)^{\mathrm{T}}$、变形速率 $\dot{\boldsymbol{X}}=(\dot{x},\dot{y},\dot{h})^{\mathrm{T}}$ 和加速率 $\ddot{\boldsymbol{X}}=(\ddot{x},\ddot{y},\ddot{h})^{\mathrm{T}}$ 为状态参数,则其状态方程为:

$$\begin{bmatrix}\boldsymbol{X}\\ \dot{\boldsymbol{X}}\\ \ddot{\boldsymbol{X}}\end{bmatrix}_k = \begin{bmatrix}\boldsymbol{I} & \Delta t_k\boldsymbol{I} & \frac{1}{2}\Delta t_k^2\boldsymbol{I}\\ 0 & \boldsymbol{I} & \Delta t_k\boldsymbol{I}\\ 0 & 0 & \boldsymbol{I}\end{bmatrix}\begin{bmatrix}\boldsymbol{X}\\ \dot{\boldsymbol{X}}\\ \ddot{\boldsymbol{X}}\end{bmatrix}_{k-1} + \begin{bmatrix}\frac{1}{6}\Delta t_k^3\boldsymbol{I}\\ \frac{1}{2}\Delta t_k^2\boldsymbol{I}\\ \Delta t_k\boldsymbol{I}\end{bmatrix}\boldsymbol{W}_{k-1} \tag{6-64}$$

式中,0 和 $\boldsymbol{I}$ 分别为三阶零矩阵和三阶单位阵;$\Delta t_k = t_k - t_{k-1}$,为相邻观测时刻之差。

如果以测点的三维坐标结果作为观测量,则观测方程为:

$$\begin{bmatrix}x\\ y\\ h\end{bmatrix}_k = [\boldsymbol{I} \quad 0 \quad 0]\begin{bmatrix}\boldsymbol{X}\\ \dot{\boldsymbol{X}}\\ \ddot{\boldsymbol{X}}\end{bmatrix}_k + \boldsymbol{V}_k \tag{6-65}$$

式(6-64)、式(6-65)构成了变形系统中单一测点的 Kalman 滤波基本数学模型。

变形系统的状态参数选择应与所监测的对象和观测频率有关,如果被监测对象的动态性强,变化快,就有必要考虑测点的变化速率和加速率;如果被监测对象的动态性不强,变形趋势缓慢,并且观测频率较高,可仅考虑测点的变化速率,而将速率的瞬间变化视为随机干扰。此时,单一测点的状态方程和观测方程为:

$$\begin{bmatrix} \boldsymbol{X} \\ \dot{\boldsymbol{X}} \end{bmatrix}_k = \begin{bmatrix} \boldsymbol{I} & \Delta t_k \boldsymbol{I} \\ 0 & \boldsymbol{I} \end{bmatrix} \begin{bmatrix} \boldsymbol{X} \\ \dot{\boldsymbol{X}} \end{bmatrix}_{k-1} + \begin{bmatrix} \frac{1}{2}\Delta t_k^2 \boldsymbol{I} \\ \Delta t_k \boldsymbol{I} \end{bmatrix} \boldsymbol{W}_{k-1} \tag{6-66}$$

$$\begin{bmatrix} \boldsymbol{x} \\ \boldsymbol{y} \\ \boldsymbol{h} \end{bmatrix}_k = [\boldsymbol{I} \quad 0] \begin{bmatrix} \boldsymbol{X} \\ \dot{\boldsymbol{X}} \end{bmatrix}_k + \boldsymbol{V}_k \tag{6-67}$$

如果将变形系统看成离散随机线性系统,观测数据采样较密,短时间内完全可以忽略其位置的变化,即将位置的瞬间变化视为随机干扰,此时,可以采用数据窗口定长的递推式 Kalman 滤波,即定长递推算法进行。其单一测点的状态方程和观测方程为:

$$\begin{bmatrix} \boldsymbol{x} \\ \boldsymbol{y} \\ \boldsymbol{h} \end{bmatrix}_k = \begin{bmatrix} 1 & 0 & 0 \\ 0 & 1 & 0 \\ 0 & 0 & 1 \end{bmatrix} \begin{bmatrix} \boldsymbol{x} \\ \boldsymbol{y} \\ \boldsymbol{h} \end{bmatrix}_{k-1} + \boldsymbol{W}_{k-1} \tag{6-68}$$

$$\begin{bmatrix} \boldsymbol{x} \\ \boldsymbol{y} \\ \boldsymbol{h} \end{bmatrix}_k = \begin{bmatrix} 1 & 0 & 0 \\ 0 & 1 & 0 \\ 0 & 0 & 1 \end{bmatrix} \begin{bmatrix} \boldsymbol{x} \\ \boldsymbol{y} \\ \boldsymbol{h} \end{bmatrix}_k + \boldsymbol{V}_k \tag{6-69}$$

2. 滤波初值的确定

从 Kalman 滤波递推公式可以看出,要确定系统在 t_k 时刻的状态,首先必须知道系统的初始状态,即应了解系统的初值。对于实际问题,滤波前系统的初始状态是难以精确确定的,一般只能近似地给定。但是,如果给定的初值偏差较大,则可能导致滤波结果中含有较大误差,由此得到的测点变形是不真实的,甚至还会引起发散。因此,合理地确定系统的初值十分重要,系统滤波的初值包括:初始状态向量 $\boldsymbol{X}_0$ 及其相应的方差阵 $\boldsymbol{P}_0$;动态噪声的方差阵 $\boldsymbol{Q}_k$ 和观测噪声的方差阵 $\boldsymbol{R}_k$。

目前,对于 GPS 变形监测系统可概括为两种情形,来讨论变形系统中滤波初值的确定问题。

(1)将测点的位置 $\boldsymbol{X}$ 和变化速率 $\dot{\boldsymbol{X}}$ 作为状态参数,它适合于变形观测时间间隔相对较长的周期性观测情形。其初始状态向量及其方差阵可由 GPS 监测网的前两期观测成果确定。此时,可取第二期平差后的测点位置 $\boldsymbol{X}^{II}$ 为初始位置参数 $\boldsymbol{X}_0$,相应的方差阵为初始位置方差阵;取两期的平均变形速率 $\Delta t^{-1}(\boldsymbol{X}^{II}-\boldsymbol{X}^{I})$ 为初始变形速率参数 $\dot{\boldsymbol{X}}_0$,其相应的方差阵初值取为 $\Delta t^{-2}(\boldsymbol{P}_X^I+\boldsymbol{P}_X^{II})$。观测噪声的方差阵 $\boldsymbol{R}_k$,可由观测量的数据处理方法直接确定。动态噪声的方差阵 $\boldsymbol{Q}_k$,可取 $\boldsymbol{Q}_k=4\Delta t_k^{-4}\boldsymbol{R}_k$,因为此时测点的瞬时加速率为动态噪声。

(2)仅考虑测点的位置 $\boldsymbol{X}$ 作为状态参数,它适合于变形观测时间间隔相对较短的连续性自动观测系统情形。其初始状态向量 $\boldsymbol{X}_0$ 可取定长观测数据序列的均值 $\overline{\boldsymbol{X}}$,相应的方差阵可取数据序列中第一组观测向量所对应的方差阵。观测噪声的方差阵 $\boldsymbol{R}_k$,取第一组观测向量所对应的方差阵。状态噪声的方差阵 $\boldsymbol{Q}_k$,要根据滤波误差序列的试算所得出的经验值来确定,它是滤波初值确定中的关键。据隔河岩大坝 GPS 自动监测系统的经验,在选择恰当的 $\boldsymbol{Q}_k$ 后,该系统从未出现滤波失真现象。

6.4.3 递推式 Kalman 滤波的应用实例

以隔河岩大坝 GPS 自动监测系统为例,来说明递推式 Kalman 滤波的应用。递推式滤波就是对定长的活动窗口数据进行处理,应用时,不仅要达到滤波自动化的目的,而且要确保系统的高度稳定性与安全性,计算速度要快。

递推式 Kalman 滤波的实施步骤为:

(1)由变形系统的数学模型关系式(状态方程和观测方程),确定系统状态转移矩阵 $\boldsymbol{\Phi}_{k/k-1}$、动态噪声矩阵 $\boldsymbol{\Gamma}_{k-1}$ 和观测矩阵 $\boldsymbol{H}_k$。

(2)利用 m 组观测数据中的第一组观测数据,确定滤波的初值,包括:状态向量的初值 $\boldsymbol{X}_0$ 及其相应的协方差阵 $\boldsymbol{P}_0$、观测噪声的协方差阵 $\boldsymbol{R}_k$ 和动态噪声的协方差阵 $\boldsymbol{Q}_k$。

(3)读取 m 组观测数据,实施 Kalman 滤波。

(4)存储滤波结果中最后一组的状态向量估计 $\boldsymbol{X}$ 和相应的协方差阵 $\boldsymbol{P}$。

(5)等待当前观测时段的数据。

(6)将上述 m 组观测数据中的第一组观测数据去掉,把当前新的一组观测数据放在其最后位置,重新构成 m 组观测数据,回到步骤(1),重新进行 Kalman 滤波。如此递推下去,达到自动滤波的目的。

取隔河岩大坝 GPS 自动监测系统中拱冠点 GPS6 的部分资料,观测时间为 1998 年 7 月 1 日至 1998 年 9 月 15 日,共有 483 组有效数据,观测时段为 6 小时和 2 小时(其中,1998 年 8 月 6 日之前为 6 小时解,之后为 2 小时解)。数据结果包含有测点的三维位置信息:径向方向(x)、切向方向(y)和垂直方向(h)。采用递推式 Kalman 滤波方法进行处理,可以得到该数据序列的状态向量 $\boldsymbol{X}=(x,y,h,\dot{x},\dot{y},\dot{h})^{\mathrm{T}}$ 估计值。图 6-8 为该测点 x 方向的观测数据序列和窗口数据为 24 点时的 Kalman 滤波结果。

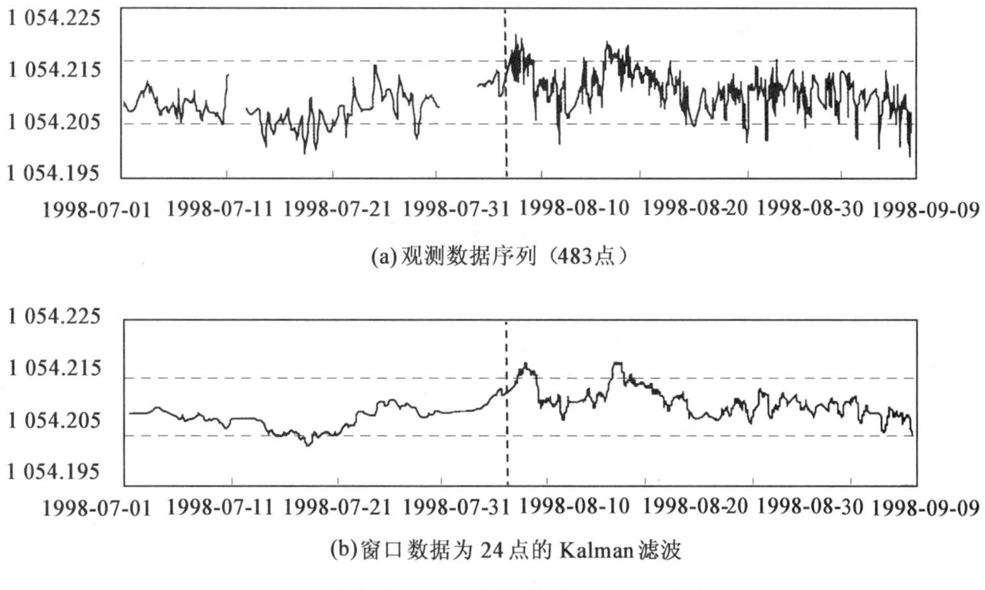

图 6-8 递推式 Kalman 滤波结果(GPS6 x 方向/m)

6.5 人工神经网络模型

6.5.1 人工神经网络的基本概念

1. 人工神经网络的特点

自20世纪80年代以来，人工神经网络(Artificial Neural Networks)发展迅速，应用领域极为广泛，其显著特点是：

(1)以分布方式存储知识，知识不是存储在特定的存储单元中，而是分布在整个系统中。

(2)以并行方式进行处理，即神经网络的计算功能分布在多个处理单元中，大大提高了信息处理和运算的速度。

(3)有很强的容错能力，它可以从不完善的数据和图形中通过学习作出判断。

(4)可以用来逼近任意复杂的非线性系统。

(5)有良好的自学习、自适应、联想等智能，能适应系统复杂多变的动态特性。

正是由于人工神经网络的上述特点，在变形监测数据处理与分析预报方面有着广泛的应用前景。

2. 神经细胞的结构

人工神经网络采用物理可实现的系统来模仿人脑神经细胞的结构和功能。从人脑的结构来看，它由大量的神经细胞(约 10^{10} 个)组合而成。这些细胞相互联结，每个细胞完成某种基本功能，如兴奋和抑制。它们并行工作，整体上完成复杂的信息处理和思维活动。

一个神经细胞或神经元的结构如图6-9所示。主要包括细胞体、树突、轴突和突触。

(1)细胞体：由细胞核、细胞质和细胞膜等组成。

(2)轴突：是细胞体向外伸出的最长的一条分支，即神经纤维。它的功能是传出由细胞体来的信息，相当于细胞的"输出"。

(3)树突：是细胞体向外伸出的许多较短的分支，它们的作用是接收来自四面八方传入的神经冲击信息，相当于细胞的"输入端"。信息流从树突出发，经过细胞体，然后由轴突传出。

(4)突触：是两个神经元之间连接的接口，每个细胞约有100~1 000个突触，突触有兴奋型和抑制型两种类型。一个细胞内传送的冲击，通过突触将在第二个细胞内引起冲击响应，这种冲击信号只能沿一个方向传送。

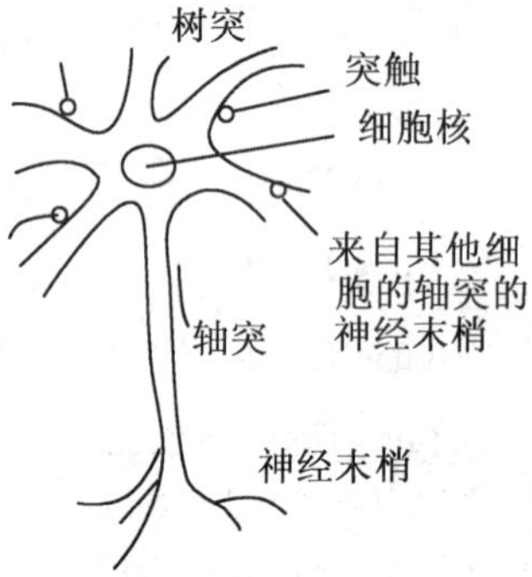

图6-9 神经元的结构

3. 神经网络的处理单元

人工神经网络的处理单元就是人工神经元，也称为节点。处理单元用来模拟生物的神经元，但只模拟了其中3个功能：①对每个输入信号进行处理，以确定其强度(权值)；②确定所有输入信号组合的效果(加权和)；③确定其输出(转移特性)。

图6-10是处理单元的示意图。输入信号来自外部或其他处理单元的输出，分别为：

$$x_1, x_2, \cdots, x_n$$

其中，n 为输入的数目。

连接到节点 j 的权值相应为

$$w_{1j}, w_{2j}, \cdots, w_{nj}$$

其中，w_{ij}表示从节点 i（或输入 i）到节点 j 的权值，即 i 和 j 节点间的连接强度。w_{ij}可以为正，也可以为负，分别表示兴奋型突触或抑制型突触。

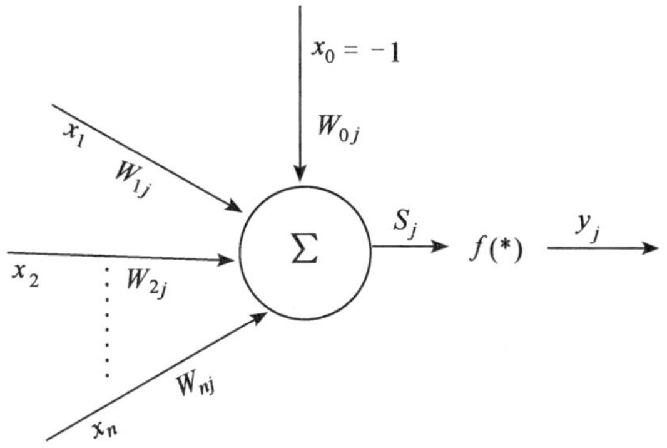

图 6-10　处理单元示意图

处理单元的内部门限为 Q_j，若用 $x_0=-1$ 的固定偏量输入表示，其连接强度取 $w_{0j}=Q_j$，于是，输入的加权总和可表示为

$$S_j=\sum_{i=1}^{n} w_{ij}\cdot x_i-Q_j=\sum_{i=0}^{n} w_{ij}\cdot x_i \tag{6-70}$$

如果用向量表示，则

$$\boldsymbol{X}=(x_0,x_1,x_2,\cdots,x_n)^{\mathrm{T}}$$

$$\boldsymbol{W}_j=(w_{0j},w_{1j},w_{2j},\cdots,w_{nj})^{\mathrm{T}}$$

$$\boldsymbol{S}_j=\boldsymbol{W}_j^{\mathrm{T}}\cdot\boldsymbol{X} \tag{6-71}$$

$\boldsymbol{S}_j$ 通过转移函数 $f(0)$ 的处理，得到处理单元的输出

$$y_j=f(\boldsymbol{S}_j)=f\left(\sum_{i=0}^{n} w_{ij}\cdot x_i\right)=f(\boldsymbol{W}_j^{\mathrm{T}}\cdot\boldsymbol{X}) \tag{6-72}$$

4. 处理单元的转移函数

转移函数又称为激励函数，它描述了生物神经元的转移特性。

在神经网络中，处理单元最常用的转移函数有如下两类：

（1）符号函数（如图 6-11（a）），即

$$y=f(s)=\begin{cases}1, & 当\ s\geqslant 0;\\ -1, & 当\ s<0\end{cases} \tag{6-73}$$

（2）S 型函数（如图 6-11（b）），常表示成对数函数：

$$y=f(s)=\frac{1}{1+\mathrm{e}^{-s}},\qquad -\infty<s<\infty \tag{6-74}$$

6.5.2　BP 网络结构及算法

神经网络有多种不同类型，其中前馈型神经网络在人工神经网络发展史上产生过重大影响，并且是目前最流行的神经网络模型之一，所以，以下仅介绍最常用的误差反向传播（Error Back Propagation）神经网络，通常简称为 BP 网络。

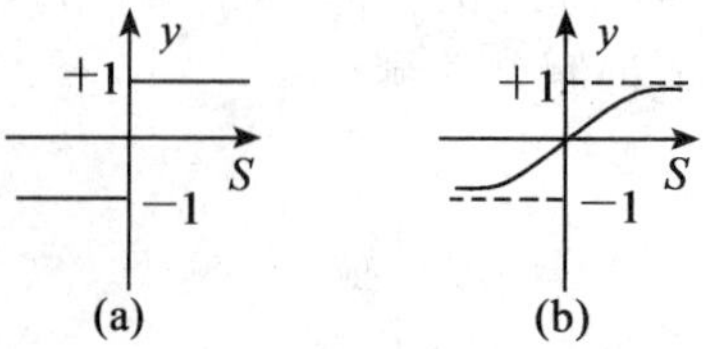

图 6-11　处理单元的转移函数

1. BP 网络的拓扑结构

BP 模型网络结构一般由输入层、隐含层和输出层 3 部分组成(如图 6-12 所示)。在 BP 网络中,层与层之间多采用全互联方式,但同一层的节点之间不存在相互连接。隐含层可以是一层,也可以是多层。

图 6-12 为一个 3 层 BP 网络结构,图中,x_i 表示输入层的输入;w_{ik} 表示从输入层节点到隐含层节点的连接权值;v_k 表示隐含层的输出;w_{kj} 表示从隐含层节点到输出层节点的连接权值;y_j 表示输出层的输出。其中,下标 i、k、j 分别表示输入节点、隐含节点和输出节点;n、l、m 分别表示输入节点、隐含节点和输出节点的数量。

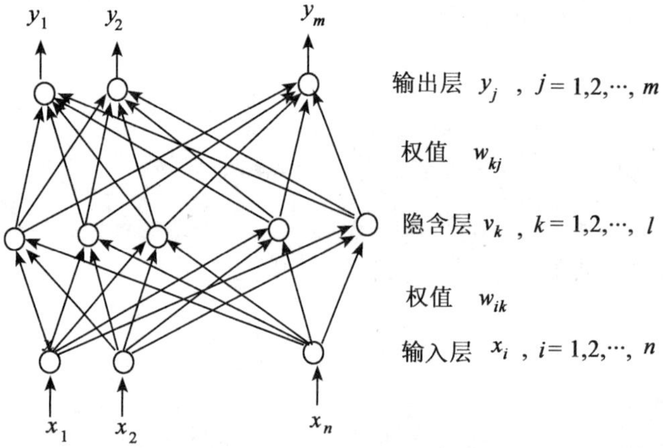

图 6-12　BP 网络模型结构

由 BP 网络的拓扑法结构可知,为了最终确定神经网络的输入、输出关系,首先需要选定神经网络的层次数、各层的节点数和转移函数,然后还要确定各层之间节点的连接权值。

通常,网络的层次和不同层中神经元(节点)的个数由实际需要并由设计者选定,转移函数一般采用式(6-74)的 Sigmoid 函数,而连接权值则是由输入、输出的观测数据通过网络的学习过程进行估计。

2. BP 网络的学习算法

BP 网络的学习过程是由正向传播和误差反向传播组成的。当给定网络一组输入模式时,BP 网络将依次对这组输入模式中的每个输入模式按如下方式进行学习:把输入模式从输入层传到隐含层节点,经隐含层节点逐层处理后,产生一个输出模式传至输出层,这一过程称为正向传播;如果经正向传播在输出层没有得到所期望的输出模式,则转为误差反向传播过程,即把误差信号沿原连接路径返回,并通过修改各层神经元的连接权值,使误差信号为最小;重复正向传播和反向传播过程,直至得到所期望的输出模式为止。

参照图 6-12 所示的 BP 网络结构,设网络的输入为 $\boldsymbol{X}=(x_1,x_2,\cdots,x_n)$,目标输出为 $\boldsymbol{D}=(d_1,d_2,\cdots,d_m)$,而实际输出为 $\boldsymbol{Y}=(y_1,y_2,\cdots,y_m)$,依据上述 BP 网络的学习过程,其网络的一般学习步骤为:

(1)用均匀分布随机数将各权值设定为一个小的随机数,作为节点间连接权的初值和阈值。

(2)计算网络的实际输出 $\boldsymbol{Y}$:

①对于输入层节点,其输出 O_i^{I} 与输入数据 x_i 相等,即 $O_i^{\mathrm{I}}=x_i$,$i=1,2,\cdots,n$。

②对于隐含层节点,其输入为:

$$\mathrm{net}_k^{\mathrm{H}}=\sum_{i=1}^{n}w_{ki}^{\mathrm{HI}}O_i^{\mathrm{I}},\quad k=1,2,\cdots,l \tag{6-75}$$

输出为:

$$O_k^{\mathrm{H}}=f(\mathrm{net}_k^{\mathrm{H}}-\theta_k^{\mathrm{H}}) \tag{6-76}$$

式(6-75)、式(6-76)中,w_{ki}^{HI} 为隐含层节点 k 与输入层节点 i 的连接权;θ_k^{H} 为隐含层节点 k 的阈值;l 为隐含层节点个数;O_i^{I} 为输入层节点 i 的输出,即 x_i;f 为 Sigmoid 函数。

③对于输出层节点,其输入为:

$$\mathrm{net}_j^{0}=\sum_{k=1}^{l}w_{jk}^{\mathrm{OH}}O_k^{\mathrm{H}},\quad j=1,2,\cdots,m \tag{6-77}$$

输出为:

$$y_j=f(\mathrm{net}_j^{0}-\theta_j^{0}) \tag{6-78}$$

式中,w_{jk}^{OH} 为输出层节点 j 与隐含层节点 k 的连接权,θ_j^{0} 为输出层节点 j 的阈值。

(3)由输出节点 j 的误差:

$$e_j=d_j-y_j \tag{6-79}$$

计算所有输出节点的误差平方总和,得能量函数:

$$E=\frac{1}{2}\sum_{j=1}^{m}(d_j-y_j)^2 \tag{6-80}$$

如果 E 小于规定的值,转步骤(5),否则继续步骤(4)。

(4)调整权值:

①对于输出层节点与隐含层节点的权 w_{jk}^{OH} 调整为

$$\bar{w}_{jk}^{\mathrm{OH}}=w_{jk}^{\mathrm{OH}}+\Delta w_{jk}^{\mathrm{OH}}$$

$$\Delta w_{jk}^{\mathrm{OH}}=\eta\delta_j^{0}\cdot O_k^{\mathrm{H}}$$

$$\delta_j^{0}=(d_j-y_j)\cdot y_j(1-y_j) \tag{6-81}$$

式中,η 为训练速率,一般 $\eta=0.01\sim1$。

②对于隐含层节点与输入层节点的权 w_{ki}^{HI} 调整为

$$\bar{w}_{ki}^{\mathrm{HI}}=w_{ki}^{\mathrm{HI}}+\Delta w_{ki}^{\mathrm{HI}}$$

$$\Delta w_{ki}^{\mathrm{HI}}=\eta\delta_k^{H}\cdot O_i^{\mathrm{I}}$$

$$\delta_k^{\mathrm{H}} = O_k^{\mathrm{H}}(1 - O_k^{\mathrm{H}}) \sum_{j=1}^{m} \delta_j^0 w_{jk}^{\mathrm{OH}} \tag{6-82}$$

(5)进行下一个训练样本,直至训练样本集合中的每一个训练样本都满足目标输出,则BP 网络学习完成。

6.5.3 BP 模型在滑坡及沉降预测中的应用

例 6.4 BP 模型用于滑坡变形预测。用某一滑坡体发生滑动前若干天的实测位移量作为训练样本集,输入网络进行学习,经过多次迭代学习,神经网络模型就能较好地模拟观测位移量。表 6-8 为几个典型滑坡的实测位移量和网络学习的结果。同时,在已学习训练好的网络上,如果输入要预测位移量的日期,网络便可输出该日的位移预测值,表 6-9 为其预测结果。比较表 6-8 和表 6-9 可以看出,BP 网络模型的预测位移量和实测值颇为接近。

表 6-8 几个典型滑坡的学习结果 单位:m

天水黄龙西村滑坡			意大利 Vaiont 滑坡			卧龙寺滑坡		
日　期	实测位移	学习结果	日　期	实测位移	学习结果	日　期	实测位移	学习结果
9.22	0.025	0.045	9.18	0.01	0.019	3.25	8	8.9
9.23	0.032	0.014	9.25	0.08	0.073	3.30	10	10.0
9.24	0.055	0.042	10.1	0.20	0.194	4.5	12	11.7
9.25	0.100	0.122	10.5	0.30	0.321	4.10	14	13.5
9.26	0.300	0.293	10.7	0.40	0.386	4.15	17	16.0
			10.8	0.50	0.430	4.20	20	20.0
						4.25	25	25.5
						4.30	32	35.0
						5.2	42	40.0
						5.3	48	47.7

表 6-9 BP 网络对几个典型滑坡的预测结果 单位:m

黄龙西村滑坡		意大利 Vaiont 滑坡		卧龙寺滑坡	
日　期	预测位移量	日　期	预测位移量	日　期	预测位移量
9.26	0.293	10.7	0.386	4.30	35.0
9.27	0.534	10.8	0.430	5.2	40.0
9.28	0.743	10.9	0.467	5.3	47.7
9.29	0.867	10.10	0.500	5.4	58.0

例 6.5 BP 模型用于沉降预测。某大型钢铁联合企业一号高炉,为了监测其沉降变形,已进行了十多年的沉降观测。现利用三层 BP 网络方法根据实测数据进行预测,预测结果和实测值的对比见表 6-10。由表 6-10 可见,BP 网络用于沉降预测效果良好。

表 6-10　　BP 网络用于高炉沉降预测的结果　　单位:m

测量时间/a	实测值/mm	预测值/mm	误差/%
1	27.9		
2	43.4		
3	51.7		
4	69.7		
5	76.3	76.32	-0.026
6	84.0	83.69	0.369
7	91.3	91.33	-0.033
8	97.4	96.56	0.862
9	100.9	101.00	-0.099
10	104.6	103.33	1.214
11	107.4	106.35	0.978
12	109.3	111.62	-2.122
13	115.7	114.53	1.011
14	116.0	115.54	0.397
15		121.11	

6.6　频谱分析及其应用

变形按其时间特性可分为静态模式、运动模式和动态模式 3 种。动态模式变形的显著特点是周期性,例如高层建筑物在风力、温度作用下的摆动;桥梁在动荷载作用下的振动;地壳在引潮力、温度、气压作用下的变形等。监测这类变形一般采用连续的、自动的记录装置,所得到的是一组以时间相关联的观测数据序列。分析这类观测数据时,变形的频率和幅度是主要参数。

动态变形分析分为几何分析和物理解释两部分。几何分析主要是找出变形的频率和振幅,而物理解释是寻找变形体对作用荷载(动荷载)的幅度响应和相位响应,即动态响应。本节主要介绍动态变形分析的原理和方法。

6.6.1　线性系统原理

线性系统表示系统的信息过程性质,它把输入信号 $x(t)$ 转换成输出信号 $y(t)$,如图 6-13 所示。在变形监测数据处理中,输入信号可以是多个,输出信号可以是一个或多个(我们通常处理的则是一个)。在动态变形分析时,我们用系统代表变形体,输入信号是作用在变形体上的荷载,而输出信号则是观测的变形值。

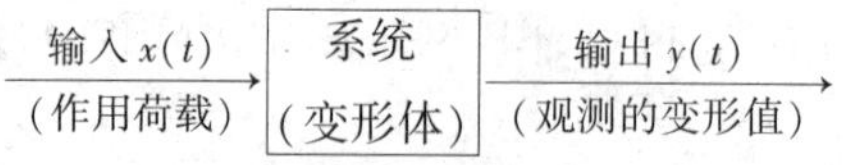

图 6-13　动态变形观测理想化的线性系统

大多数系统可以看成是线性系统,线性系统是指系统的信息变换具有线性的特点,即

$$L\{Cx(t)\} = CL\{x(t)\} \quad (齐次性)$$

$$L\left\{\sum_{i=1}^{n} C_i x_i(t)\right\} = \sum_{i=1}^{n}(C_i L\{x_i(t)\}) \quad (可加性)$$

式中,$L\{\cdot\}$是线性算子;C_i 和 C 是任意常数。

一个线性系统的输出信号和输入信号之间可以用卷积积分表示

$$y(t) = \int_{-\infty}^{\infty} w(\tau)x(t-\tau)\mathrm{d}\tau \tag{6-83}$$

式中,τ 是时间延迟;$w(\tau)$是权函数(或叫激励响应函数),表示系统对输入信号的响应。对于现实的系统,积分下限为零。动态响应分析就是要找出 $w(\tau)$。

在频域中,频率响应函数是权函数 $w(\tau)$的傅里叶(Fourier)变换

$$W(f) = \int_{-\infty}^{\infty} w(\tau)\mathrm{e}^{-i2\pi f\tau}\mathrm{d}\tau \tag{6-84}$$

$W(f)$是复数,可表示为极坐标形式,有

$$W(f) = \| W(f) \| \mathrm{e}^{i\varphi(f)} \tag{6-85}$$

式中,$\| W(f) \|$为模(或幅度);$\varphi(f)$为幅角(或初相位),用 $W(f)$的实部 $\mathrm{real}\{W(f)\}$和虚部 $\mathrm{imag}\{W(f)\}$计算:

$$\| W(f) \| = \sqrt{(\mathrm{real}\{W(f)\})^2 + (\mathrm{imag}\{W(f)\})^2} \tag{6-86a}$$

$$\varphi(f) = \tan^{-1}(\mathrm{imag}\{W(f)\}/\mathrm{real}\{W(f)\}) \tag{6-86b}$$

对(6-83)式两边施加傅里叶变换,有

$$Y(f) = W(f) \cdot X(f)$$

式中,$Y(f)$和 $X(f)$分别为输出信号和输入信号的傅里叶变换。类似于式(6-85),该式可进一步写成

$$\begin{aligned} \| Y(f) \| \mathrm{e}^{i\varphi(f)} &= \| W(f) \| \mathrm{e}^{i\varphi(f)} \cdot \| X(f) \| \mathrm{e}^{i\theta(f)} \\ &= \| W(f) \| \cdot \| X(f) \| \cdot \mathrm{e}^{i[\varphi(f)+\theta(f)]} \end{aligned} \tag{6-87}$$

或

$$\| W(f) \| \mathrm{e}^{i\varphi(f)} = \| Y(f) \| / \| X(f) \| . \mathrm{e}^{i[\varphi(f)-\theta(f)]} \tag{6-88}$$

可见,$\| W(f) \|$是频率为 f 的输出信号和输入信号的幅度比,也叫增益或系统的幅度响应;而 $\varphi(f)$是该频率的输出信号的初相位和输入信号的初相位之差,也叫系统的相位响应。

在实际工作中,系统的输入信号和输出信号的取样都包含有测量误差,假设输入信号的测量误差为 $\varepsilon_x(t)$,输出信号的测量误差为 $\varepsilon_y(t)$,如图 6-14 所示,那么

$$\tilde{x}(t) = x(t) + \varepsilon_x(t) \tag{6-89a}$$

$$\tilde{y}(t) = y(t) + \varepsilon_y(t) \tag{6-89b}$$

对测量信号 $\tilde{x}(t)$ 和 $\tilde{y}(t)$ 进行傅里叶变换分别得到 $\tilde{X}(f)$ 和 $\tilde{Y}(f)$，它们也受到测量误差的影响。因此，响应函数

$$\tilde{W}(f) = \tilde{Y}(f)/\tilde{X}(f) \tag{6-90}$$

也受输入信号和输出信号测量误差的影响。

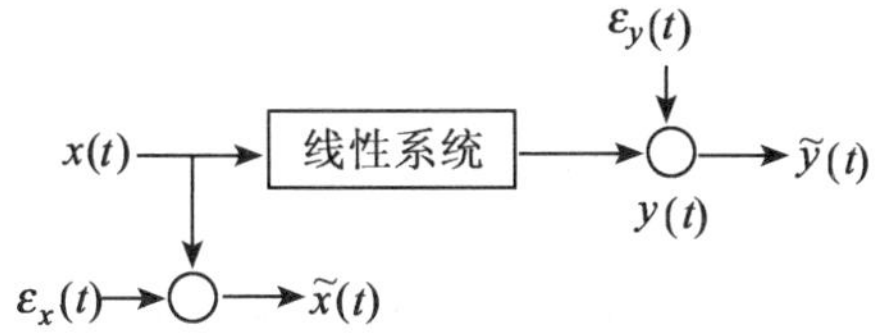

图 6-14　含有测量误差的线性系统

6.6.2　频谱分析法

频谱分析是动态观测时间序列研究的一个途径。该方法是将时域内的观测数据序列通过傅里叶级数转换到频域内进行分析，它有助于确定时间序列的准确周期并判别隐蔽性和复杂性的周期数据。图 6-15 为一个连续时间序列在频域中的图像，表示了频率和振幅的关系，峰值大意味着相应的频率在该时间序列中占主导地位。图 6-16 是一个离散时间序列的频谱图，从图上我们同样可以找到所含的主频率，振幅数值大所对应的频率便为主频率。

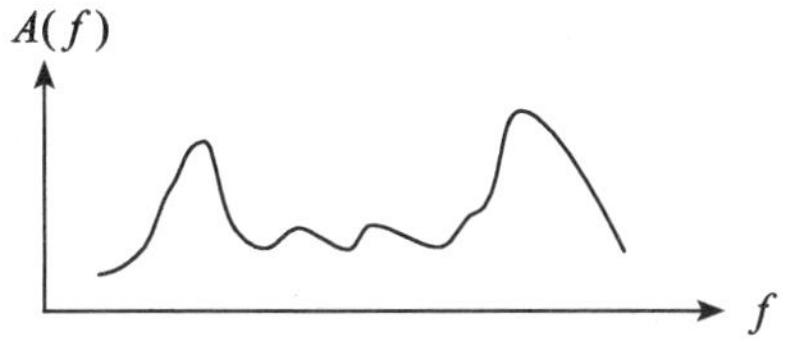

图 6-15　连续时间序列的频谱图

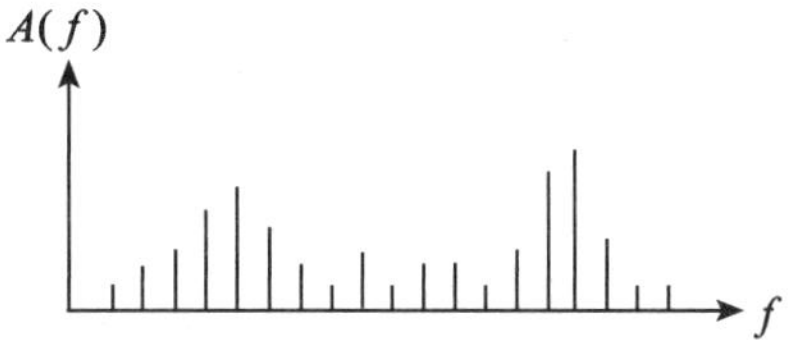

图 6-16　离散时间序列的频谱图

对于时间序列 $x(t)$ 的傅里叶级数展开式为：

$$x(t) = A_0 + \sum_{n=1}^{\infty}(a_n\cos2\pi nft + b_n\sin2\pi nft) \tag{6-91}$$

式中，$f = 1/T$ 为 $x(t)$ 的基本频率；$A_0 = \frac{1}{T}\int_0^T x(t)\,\mathrm{d}t$；$a_n = \frac{2}{T}\int_0^T x(t)\cos2\pi nft\,\mathrm{d}t$；$b_n = \frac{2}{T}\int_0^T x(t)\sin2\pi nft\,\mathrm{d}t$；$n = 1,2,\cdots$。

式(6-91)还可以写成如下形式：

$$x(t) = A_0 + \sum_{n=1}^{\infty} A_n \sin(2\pi nft + \phi_n) \tag{6-92}$$

式中，$A_n = \sqrt{a_n^2 + b_n^2}$ 为傅里叶级数的频谱值；ϕ_n 为傅里叶级数的相位角，即相位谱值 $\phi_n = \arctan(a_n/b_n)$。式(6-92)表明了复杂周期数据由一个静态分量 A_0 和无限个不同频率的谐波分量组成。实用上，对于离散的有限时间序列，应用频谱分析法求频率谱值(A_n，ϕ_n)实际上就是求式(6-91)中的傅里叶系数 A_0、a_n 和 b_n。

如图6-17所示，设观测时间 T 内的采样数为 N，采样间隔 $\Delta t = T/N$，t_i 时刻的观测值为 $x(t_i)$，$i=0,1,2,\cdots,N-1$，则

$$A_0 = \frac{1}{N}\sum_{i=0}^{N-1} x(t_i) \tag{6-93}$$

$$a_n = \frac{2}{N}\sum_{i=0}^{N-1} x(t_i)\cos 2\pi ni/N \tag{6-94}$$

$$b_n = \frac{2}{N}\sum_{i=0}^{N-1} x(t_i)\sin 2\pi ni/N \tag{6-95}$$

式中，$n=1,2,\cdots,M$，M 满足条件 $N \geqslant 2M+1$。

式(6-93)～式(6-95)就是离散的有限傅里叶级数的计算公式。

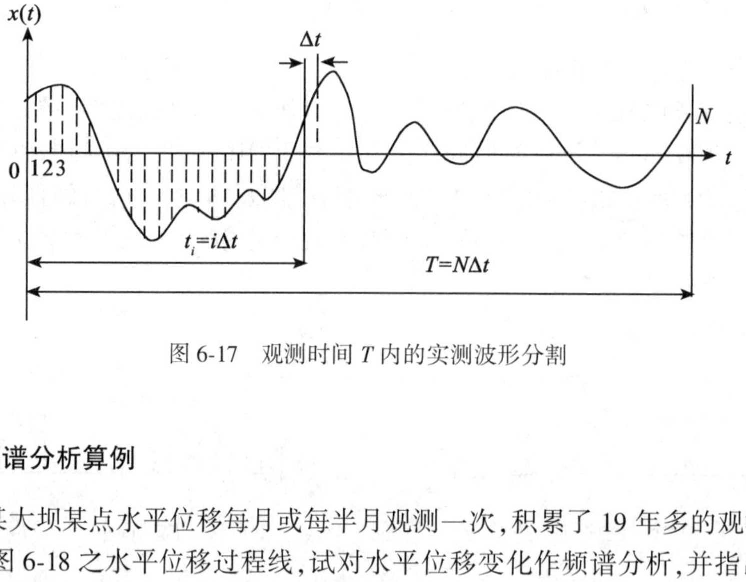

图6-17　观测时间 T 内的实测波形分割

6.6.3　频谱分析算例

例6.6　某大坝某点水平位移每月或每半月观测一次，积累了19年多的观测资料。由观测资料可绘制图6-18之水平位移过程线，试对水平位移变化作频谱分析，并指出其主要频率值。

解

(1)将19年多的观测时间(化成19.36年)对应的水平位移过程线(图6-14)看成是该坝段的一个周期振动(周期 T=19.36年)，则式(6-91)中的基频 $f=1/T$。

(2)根据观测周期为一个月或半个月，为了使取的 $x(t)$ 有足够的精度，在将 T 分为 N 等份时，可取 N 等于观测值个数，本例中 N=236。

(3)对 $i=0,1,2,\cdots,235$，由观测资料求得水平位移值 $x(t_i)$。

(4)对 $n=1,2,3,\cdots,\frac{N}{2}$，按式(6-93)～式(6-95)计算 A_0，a_n，b_n。

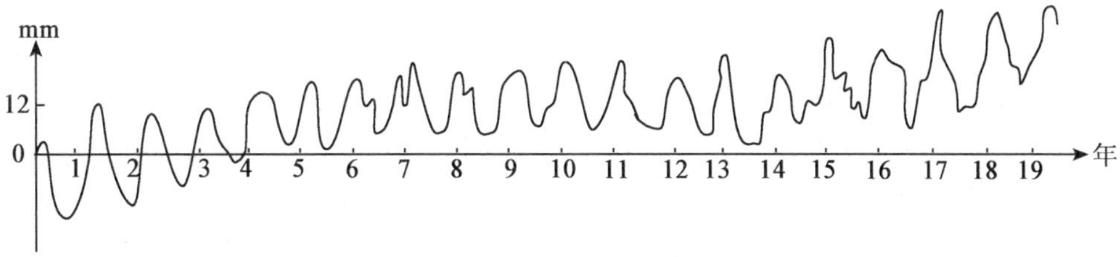

图 6-18　实测位移过程线

(5)在进行变形监测的数据处理时,尚需进一步将水平位移的频谱峰值分布与影响水平位移因子(水位、温度等)的频谱峰值分布进行比较,初步确定水平位移的主要频率,最后利用最小二乘法对各谐波参数(幅值与相位)进行估计(方法见后),图 6-19 是由最小二乘法估算求得的水平位移频谱峰值分布图。

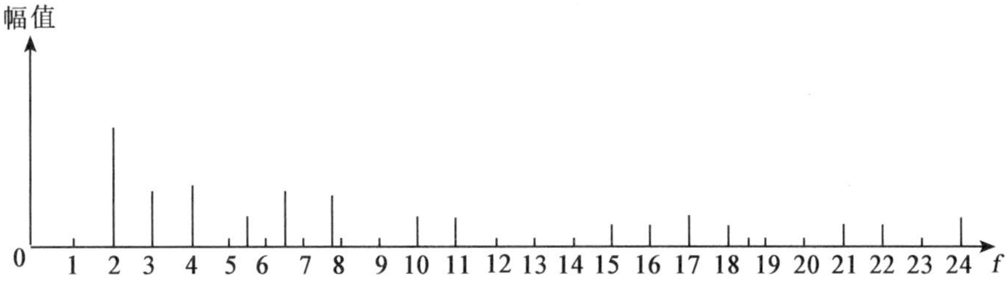

图 6-19　水平位移观测的频谱图

6.6.4　最小二乘响应分析

最小二乘响应分析是首先用上述的频谱分析法,分析输入信号 $x(t)$ 中所包含的谐波分量,并确定其主频率,设其主频率为 $f(s)$ $(s=1,2,\cdots,k)$,然后根据这些频率利用式(6-92)来模拟输入和输出信号。

对 N 个观测值($N>2k+1$),可写出输入和输出信号中每一观测值的误差方程:

$$x(t_i)+v_{x_i}=A_0+\sum_{s=1}^{k}A_s\sin(2\pi f_s\cdot t_i+\varphi_s) \tag{6-96a}$$

$$y(t_i)+v_{y_i}=B_0+\sum_{s=1}^{k}B_s\sin(2\pi f_s\cdot t_i+\psi_s) \tag{6-96b}$$

或写成矩阵形式:

$$\boldsymbol{x}(t)+\boldsymbol{v}_x=\boldsymbol{A}\cdot\boldsymbol{\lambda}_x \tag{6-97a}$$

$$\boldsymbol{y}(t)+\boldsymbol{v}_y=\boldsymbol{B}\cdot\boldsymbol{\lambda}_y \tag{6-97b}$$

式中,$\boldsymbol{v}_x$ 和 $\boldsymbol{v}_y$ 为测量误差。

用最小二乘原理,可以估计式(6-97)中的振幅参数 A_s、B_s 和初相位 φ_s、ψ_s。对于每一个频率 f_s,系统的幅度和相位响应分别用下式计算

$$\| W(f_s) \| = \frac{B_s}{A_s}, \quad s = 1,2,\cdots,k \tag{6-98a}$$

$$\theta(f_s) = \psi_s - \varphi_s \tag{6-98b}$$

当有多个输入信号时,最小二乘响应分析法可以做如下扩展:设 l 个输入信号为 $x_1(t)$,$x_2(t)$,$\cdots$,$x_l(t)$,先用频谱分析确定每一个输入信号所包含的主频率,并估计相应的振幅和初相位。然后在模拟输出信号时,将所有输入信号的主频率都包括在式(6-97b)中,估计相应的振幅和初相位,最后用式(6-98)求系统的响应。

对所选频率在模拟输出信号中是否重要的判断,可以用回归分析中因子显著性检验的类似方法。现简述如下:

设由 k 个所选频率对输出信号 $y(t)$ 进行模拟,求得

$$\hat{y}(t_i) = B_0 + \sum_{s=1}^{k} B_s \sin(2\pi f_s \cdot t_i + \psi_s) \tag{6-99}$$

为了检验频率 f_j 是否显著,可去除 f_j,由 $k-1$ 个频率对输出信号 $y(t)$ 进行模拟,则可求得

$$\hat{y}_{(t_i)}^{(j)} = B'_0 + \sum_{s=1}^{k-1} B'_s \sin(2\pi f_s \cdot t_i + \psi'_s) \tag{6-100}$$

根据模拟值与实测值 $y(t)$ 之差 $\| y(t) - \hat{y}(t) \|$ 与 $\| y(t) - \hat{y}_{(t)}^{(j)} \|$,若有 $\| y(t) - \hat{y}(t) \| \ll \| y(t) - \hat{y}_{(t)}^{(j)} \|$,则说明频率 f_j 对模拟 $y(t)$ 是很重要的。关于 f_j 的显著性也可用回归分析中的 F 检验验证。

应当指出,如果几个输入信号中含有共同的频率,对于这些频率,最小二乘响应分析法将不能分解出各影响因子的单独作用。

思考题 6

1. 分析比较各类典型的趋势模型,可否写出它们统一的模型形式?
2. 为什么说多元线性回归模型是一种静态模型,而时间序列分析方法是一种动态数据的方法?
3. 对 ARMA 模型做相应的变换,并作出合适的物理解释。
4. 设 AR(2)模型为

   $$x_t = 0.1x_{t-1} + 0.2x_{t-2} + a_0$$

   求自相关函数 ρ_k,检验 ρ_k 具有什么特性。
5. 设从观测样本大小 $N=150$ 的时间序列数据计算得样本自相关函数值和偏相关函数值如下表所示:

k	1	2	3	4	5	6	7	8	9	10	11	12	13	14	15	16
$\hat{\rho}_k$	0.80	0.59	0.42	0.32	0.25	0.17	0.10	0.05	0.03	0.03	0.03	0	−0.05	−0.07	−0.08	−0.04
$\hat{\varphi}_{kk}$	0.80	−0.15	0	0.08	−0.03	−0.06	−0.02	0.02	0	0.04	−0.02	−0.09	−0.04	0.01	0	0.09

   试分析 $\hat{\rho}_k$、$\hat{\varphi}_{kk}$ 的变化特点,识别模型类型,并写出模型。
6. 何谓灰数、灰元和灰关系?何谓累加生成和累减生成?

7. 试根据某工程某一测点1982—1986年观测的变形数据，建立GM(1,1)模型，求其模型拟合值及残差，并对模型的精度进行评定。

年份	1982	1983	1984	1985	1986
变形值(mm)	3.38	4.27	4.55	4.69	5.59

8. 试用流程框图描述递推式Kalman滤波。
9. 何谓BP网络？简述BP网络的算法及其在变形分析中的作用。
10. 在变形分析中，采用频谱分析法对变形监测资料有何特定要求？

第7章　变形的确定性模型和混合模型

前面有关章节已介绍了变形物理解释的统计模型。统计模型的特点是利用变形和变形原因的相关性，建立变形与变形原因的关系模型。从本质上讲，它是物理解释的经验模型。由于统计模型建模简单，使用方便，又有成熟的应用经验，所以在变形分析中广泛应用。然而它也存在下列问题：

(1)当观测资料序列较短或工程建筑物未经历荷载极值工况时，由这些资料建立的数学模型不能用于监控建筑物的安全状况。

(2)统计模型主要依赖于数学处理，没有联系工程或建筑物的结构状态，因此，对建筑物的变形状态难以作出力学意义上的解释。

针对上述问题，本章将主要以大坝为对象，论述变形物理解释的确定性模型和混合模型。

确定性模型的建立思路是：结合建筑物及其地基的实际工作状态，用有限元法计算荷载作用下的变形场，然后与实测值进行优化拟合，以求得调整参数（改正由于物理参数或边界条件取得不准确而引起的误差），从而建立准确的变形确定模型。

混合模型的建立思路是：就大坝而言，混合模型包含水压分量和其他分量，其中水压分量模型用有限元法的计算值确定，其他分量用统计模式，然后与实测值进行拟合而建立模型。

从上述建模思路可见，建立确定性模型和混合模型的核心是：用有限元法计算不同荷载作用下的效应量，并研究计算效应量与实测值的拟合问题。为此，本章首先介绍弹性力学的基本知识以及有限元法的基本概念。然后，介绍建立确定性模型和混合模型的原理、方法及其应用实例，最后介绍反分析理论在建模中的应用。

7.1　弹性力学的有关内容简介

7.1.1　位移、应变、应力

1. 位移

弹性体内任一点的位移，用它在坐标轴 x,y,z 上的投影 u,v,w 来表示，以沿坐标轴正方向为正，负方向为负，这3个投影称为在该点的位移分量。一般说来，位移分量也是坐标 x,y,z 的函数，即

$$\boldsymbol{u}=\begin{pmatrix}u(x,y,z)\\v(x,y,z)\\w(x,y,z)\end{pmatrix}\tag{7-1}$$

2. 应变

弹性体受力后，任一点 P 将产生形变，也即微小线段 $PA=\Delta x$，$PB=\Delta y$，$PC=\Delta z$ 的长度以及它们之间的直角都将有所改变。线段每单位长度的伸缩称为正应变，分别以 $\varepsilon_x,\varepsilon_y,\varepsilon_z$ 表示 x，y,z 方向的正应变；线段之间的直角的改变称为剪应变，坐标轴间直角的变化分别以剪应变 $\nu_{xy},\nu_{yz},\nu_{zx}$ 表示。利用这6个分量可以求过 P 点任意方向微小线段的正应变与任意两个线段

之间的夹角变化。这 6 个分量完全确定了应变状态,称它们为应变分量。当然,一般来说它们也是坐标 x,y,z 的函数,即应变分量

$$\boldsymbol{\varepsilon}=\begin{bmatrix}\varepsilon_x(x,y,z)\\ \varepsilon_y(x,y,z)\\ \varepsilon_z(x,y,z)\\ \nu_{xy}(x,y,z)\\ \nu_{yz}(x,y,z)\\ \nu_{zx}(x,y,z)\end{bmatrix} \tag{7-2}$$

3. 应力

弹性体受力以后,其内部将发生应力。弹性体内某一点 p 的应力状态可用正应力 $\sigma_x,\sigma_y,\sigma_z$ 和剪应力 $\tau_{xy},\tau_{yz},\tau_{zx}$ 来描述,它们称为该点的应力分量。

一般说来,弹性体内各点的应力状态都不相同。上述 6 个分量都是坐标 x,y,z 的函数,即

$$\boldsymbol{\sigma}=\begin{bmatrix}\sigma_x(x,y,z)\\ \sigma_y(x,y,z)\\ \sigma_z(x,y,z)\\ \tau_{xy}(x,y,z)\\ \tau_{yz}(x,y,z)\\ \tau_{zx}(x,y,z)\end{bmatrix} \tag{7-3}$$

7.1.2 弹性力学的基本方程

1. 几何方程

几何方程描述了弹性体内位移分量与应变分量之间的关系。在小变形条件下,这种关系可以表示为:

$$\left.\begin{aligned}&\varepsilon_x=\frac{\partial u}{\partial x},\quad \varepsilon_y=\frac{\partial v}{\partial y},\quad \varepsilon_z=\frac{\partial w}{\partial z}\\ &\nu_{xy}=\frac{\partial u}{\partial y}+\frac{\partial v}{\partial x},\nu_{yz}=\frac{\partial v}{\partial z}+\frac{\partial w}{\partial y},\nu_{zx}=\frac{\partial w}{\partial x}+\frac{\partial u}{\partial z}\end{aligned}\right\} \tag{7-4}$$

这 6 个方程通称几何方程,其矩阵表示为

$$\boldsymbol{\varepsilon}=\begin{bmatrix}\varepsilon_x\\ \varepsilon_y\\ \varepsilon_z\\ \nu_{xy}\\ \nu_{yz}\\ \nu_{zx}\end{bmatrix}=\begin{bmatrix}\frac{\partial u}{\partial x}\\ \frac{\partial v}{\partial y}\\ \frac{\partial w}{\partial z}\\ \frac{\partial u}{\partial y}+\frac{\partial v}{\partial x}\\ \frac{\partial v}{\partial z}+\frac{\partial w}{\partial y}\\ \frac{\partial w}{\partial x}+\frac{\partial u}{\partial z}\end{bmatrix}=\begin{bmatrix}\frac{\partial}{\partial x}&0&0\\ 0&\frac{\partial}{\partial y}&0\\ 0&0&\frac{\partial}{\partial z}\\ \frac{\partial}{\partial y}&\frac{\partial}{\partial x}&0\\ 0&\frac{\partial}{\partial z}&\frac{\partial}{\partial y}\\ \frac{\partial}{\partial z}&0&\frac{\partial}{\partial x}\end{bmatrix}\begin{pmatrix}u\\ v\\ w\end{pmatrix}=\boldsymbol{L}\boldsymbol{u} \tag{7-5}$$

式中，$\boldsymbol{L}$ 是微分算子矩阵。

2. 物理方程

弹性体内任意一点的应力-应变关系由物理方程描述。物理方程的矩阵形式是

$$\boldsymbol{\sigma} = \boldsymbol{D}\boldsymbol{\varepsilon} \tag{7-6}$$

式中，$\boldsymbol{D}$ 称为刚性矩阵

$$\boldsymbol{D} = \frac{E(1-\mu)}{(1+\mu)(1-2\mu)}\begin{bmatrix} 1 & \frac{\mu}{(1-\mu)} & \frac{\mu}{(1-\mu)} & 0 & 0 & 0 \\ & 1 & \frac{\mu}{(1-\mu)} & 0 & 0 & 0 \\ & & 1 & 0 & 0 & 0 \\ & & & \frac{1-2\mu}{2(1-\mu)} & 0 & 0 \\ & \text{对称} & & & \frac{1-2\mu}{2(1-\mu)} & 0 \\ & & & & & \frac{1-2\mu}{2(1-\mu)} \end{bmatrix} \tag{7-7}$$

式中，E，μ 分别是弹性模量和泊松比。

3. 平衡方程

作用在弹性体内任意一点处的体积力 $\boldsymbol{f}=(f_x \quad f_y \quad f_x)^{\mathrm{T}}$（如重力等，它们作用在弹性体中的任意一点，故称为体积力，其单位为 $\mathrm{kg/m^3}$ 或 $\mathrm{N/m^3}$）与该点处的应力满足平衡方程

$$\boldsymbol{L}^{\mathrm{T}}\boldsymbol{\sigma} + \boldsymbol{f} = 0 \tag{7-8}$$

式中，$\boldsymbol{L}$ 是几何方程中定义的微分算子矩阵。

7.1.3 边界条件

弹性问题定解的求取需要给出边界条件。边界条件可以以力的边界条件或位移边界条件的形式给出。力的边界条件是给出作用在边界上的外力，位移边界条件是给出边界上的位移。对于一个弹性体，我们可能知道的是整个边界上的外力，或者整个边界上的位移，也可能知道的是一部分边界上的外力，或另一部分边界上的位移。因而弹性体的边界 $\boldsymbol{S}$ 可以分为两部分：力的边界 $\boldsymbol{S}_\sigma$ 和位移边界 $\boldsymbol{S}_\mu$，且有 $\boldsymbol{S}=\boldsymbol{S}_\sigma+\boldsymbol{S}_\mu$。

在力的边界 $\boldsymbol{S}_\sigma$ 上，设外力为 $\boldsymbol{T}=(T_X \quad T_Y \quad T_Z)^{\mathrm{T}}$，边界的外法线方向矢量为 $(n_x \quad n_y \quad n_z)^{\mathrm{T}}$，由力的平衡条件可得到力的边界条件表达式：

$$\boldsymbol{T} = \boldsymbol{n}\boldsymbol{\sigma} \tag{7-9}$$

式中，

$$\boldsymbol{n} = \begin{bmatrix} n_x & 0 & 0 & n_y & 0 & n_z \\ 0 & n_y & 0 & n_x & n_z & 0 \\ 0 & 0 & n_z & 0 & n_y & n_x \end{bmatrix} \tag{7-10}$$

在位移边界 $\boldsymbol{S}_\mu$ 上，设已知位移为 $\boldsymbol{u}_0=(u_0 \quad v_0 \quad w_0)^{\mathrm{T}}$，则边界条件式可表示成

$$\boldsymbol{u} = \boldsymbol{u}_0 \tag{7-11}$$

以图 7-1 为例，当基岩的厚度与范围足够大时，可以给出图示的位移边界条件；坝体与库区基岩所受的水压可以由水位高度计算，坝体未受水压部分和下游基岩的表面边界所受的边

界力为零。所以整个变形体的边界条件不难给出。

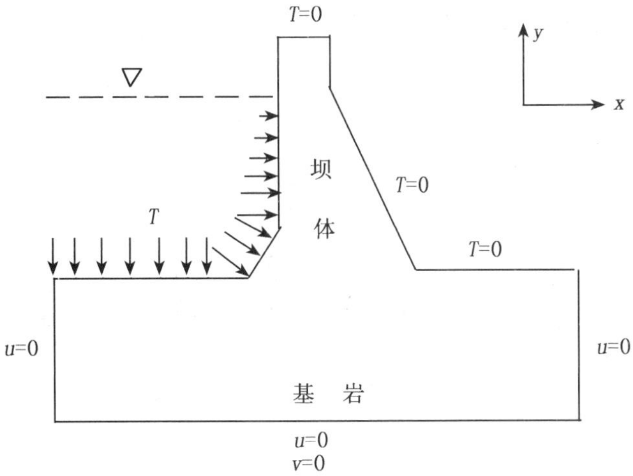

图 7-1 求解混凝土重力坝弹性问题的边界条件

7.1.4 弹性力学问题的求解

从原理上看,弹性力学问题可以由上述基本方程和边界条件解决。但是由于工程问题的复杂性,很难得到问题的解析解。对于大多数工程力学问题,只能通过数值方法求解。有限元方法是求解复杂力学问题最常用的数值计算方法。

7.2 有限元法的基本概念

有限元法分析工程力学问题的基本特点是将结构物进行离散,即将连续体离散为有限多个在节点上互相连接的单元,这些单元简称为有限单元。

根据工程问题的复杂性,一般分平面和空间两类问题,或者简称二维和三维问题。为了说明上述模型,现以水工建筑物为例来加以说明。

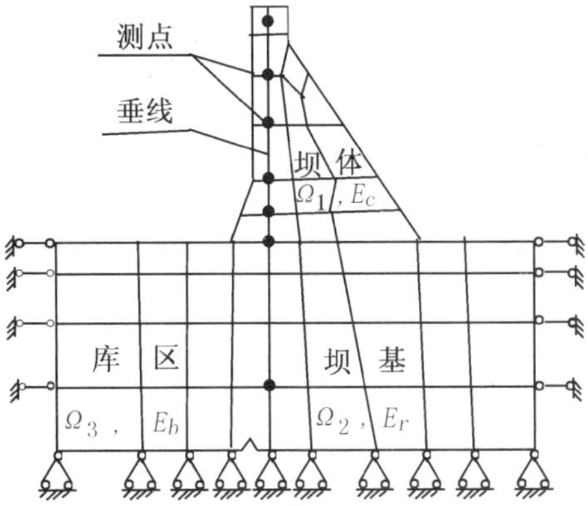

图 7-2 平面问题的有限元网格

7.2.1 有限元网格和有限单元

平面问题以重力坝为例,将大坝、坝基和库盘离散为有限个单元,见图 7-2。其单元可以是三角形单元或四边形单元,见图 7-3。

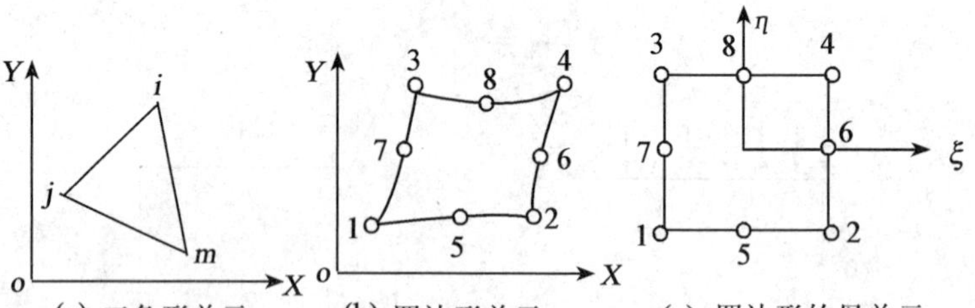

(a) 三角形单元　(b) 四边形单元　(c) 四边形的母单元

图 7-3　平面有限单元

空间问题以拱坝、土石坝和地面模拟计算为例,将其剖分为有限元单元,见图 7-4。其单元一般为六面体单元,也可以是五面体单元,见图 7-5。

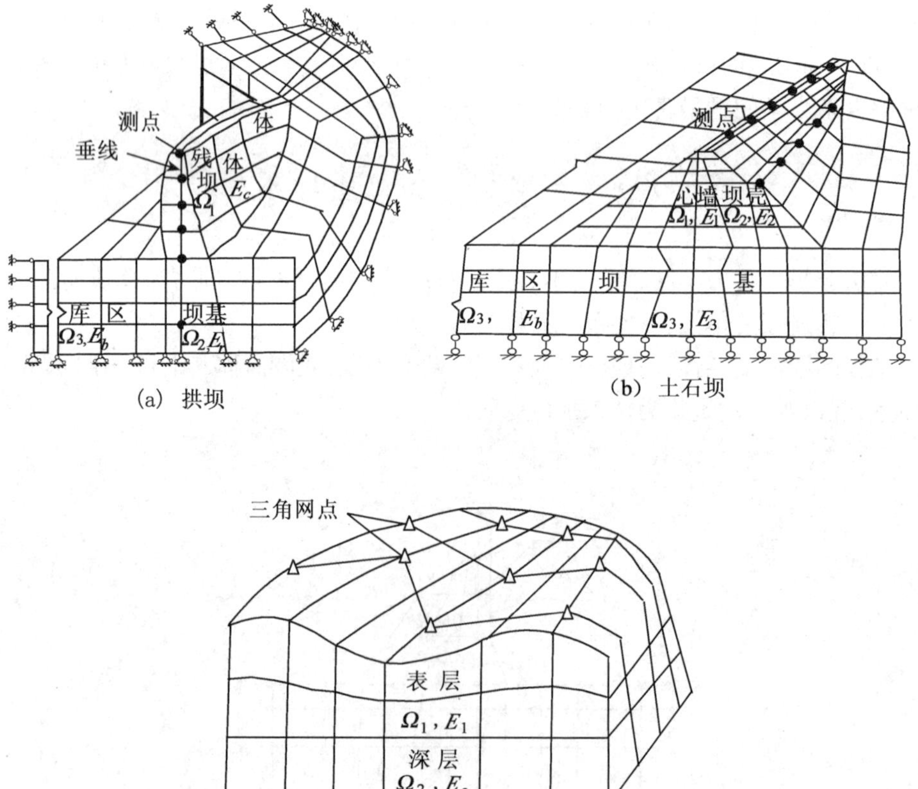

(a) 拱坝　(b) 土石坝

(c) 地面变形

图 7-4　空间有限元网格

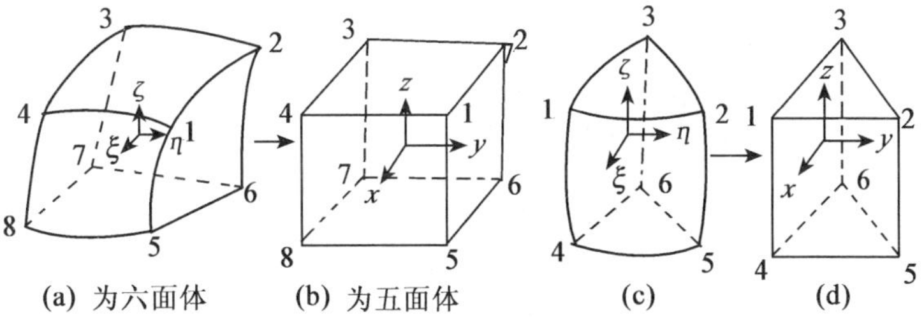

图 7-5　空间有限单元

在划分网格和布置节点时需注意以下几个问题：

(1)单元形态一般取等参单元，每个单元的节点数依据建筑物及其地基的复杂程度以及变形和温度测点的位置来确定，其中变形和温度测点一般应作为单元的节点，以减小计算内插所产生的误差。

(2)为了使单元的形函数比较合理，要求单元的最小二面角应大于 30°，单元的最长和最短边的比值要小于 5。另外，在建筑物的某些部位(如大坝的坝踵、坝址和形状变化处)，单元的尺寸与坝高之比要大于临界尺寸 $[L]=0.043\ 5\times13/R$，R 为混凝土的抗拉强度。

7.2.2　有限元模拟范围

为了充分反映坝基和库盘对监测效应量的影响，有限元网格应取一定的范围，其中考虑坝基影响，上、下游和坝基深度一般取 2~3 倍坝底宽度；考虑库盘受到的影响，上、下游应取库水重作用下，地面变形的变化基本不变，如龙羊峡工程上游取了 120km，下游取 10km，基岩深增至 6~8km。

7.2.3　平面问题有限元求解方法

工程力学问题在一定条件下可以简化为平面问题求解。为了了解有限元法的一般计算模式，这里介绍平面问题的有限元求解方法。

用有限元法求解平面问题的基本思路是：首先对分析域进行单元剖分，对每一个单元建立以单元节点位移为参数的位移插值函数，使得单元内任意一点处的位移可由单元节点位移内插求得。根据几何方程和物理方程，可由位移插值函数求得单元内任意一点处的应变和应力。整个弹性体的应变位能可表示成节点位移的函数，外力(包括体积力和边界力)所做的功也可表示成外力在节点上的等效力与节点位移的乘积。这样，整个弹性体的变形位能可表示成节点位移和等效节点力(荷载)的函数。按照最小位能原理得到求节点平衡方程。在位移边界条件的约束下，求得节点位移，继而求得各个单元内的任意一点的位移、应变和应力。

(1)单元的划分。

一般采用三角形单元或四面体单元对分析域进行剖分，这里讨论以三角形单元划分分析域的情况。如图 7-6 所示，为一重力坝力学问题按平面问题计算的三角形单元划分。

单元剖分后，需要对单元、边、节点分别进行编号，并算出节点坐标。为了处理上的方便，一般将给出位移边界条件的边界节点编号依次编在最后，就图 7-6 的情形而言，固定铰支座。节点是位移强制为零的节点，它们的编号依次编在最后。

设将分析域剖分成几个三角形单元，一个典型的 3 节点三角形单元节点编码为 i,j,k，以

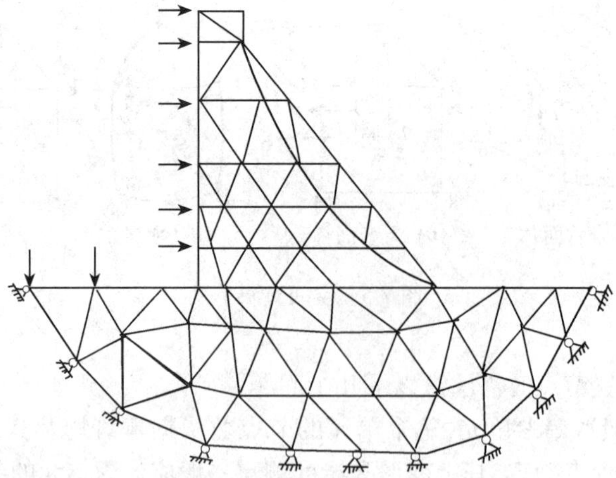

图 7-6　重力坝的平面有限元模型

逆时针编码为正向。每个节点有 2 个位移分量如图 7-7 所示。

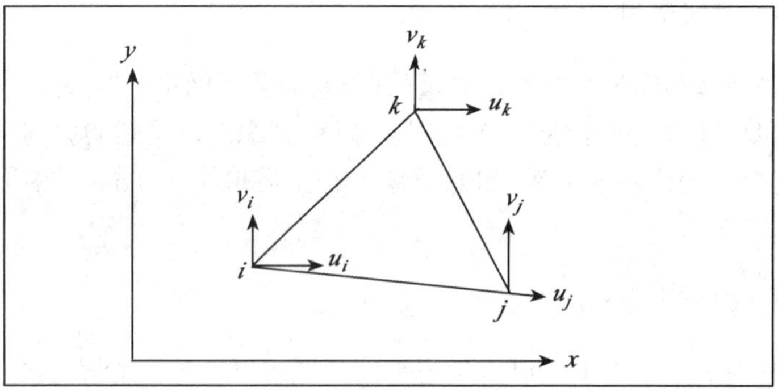

图 7-7　单位节点位移分量

$$\boldsymbol{a}_i=\begin{Bmatrix}u_i\\v_i\end{Bmatrix}\qquad(i,j,k)$$

(i,j,k)表示下标轮换,在后面的叙述中,为避免重复地列出下标不同但形式一样的表达式,采用在表达式后附以下标轮换的标注(i,j,k),它表示当对表达式中的下标进行轮换 $i\to j\to k\to i$,表达式仍然成立。

每个单元有 6 个节点位移

$$\boldsymbol{a}^e=\begin{Bmatrix}\boldsymbol{a}_i\\\boldsymbol{a}_j\\\boldsymbol{a}_k\end{Bmatrix}=(u_i\quad v_i\quad u_j\quad v_j\quad u_k\quad v_k)^{\mathrm{T}}$$

单元内任意点 P 处的位移可表示为单元节点位移的内插：

$$\boldsymbol{u}=\begin{pmatrix}u\\v\end{pmatrix}=\begin{pmatrix}N_iu_i+N_ju_j+N_wu_w\\N_iv_i+N_jv_j+N_wv_w\end{pmatrix}=[\boldsymbol{N}_i\quad\boldsymbol{N}_j\quad\boldsymbol{N}_k]\boldsymbol{a}^e=\boldsymbol{N}\quad\boldsymbol{a}^e\tag{7-12}$$

式中，

$$\boldsymbol{N}=\begin{pmatrix}N_i & 0 & N_j & 0 & N_k & 0\\ 0 & N_i & 0 & N_j & 0 & N_k\end{pmatrix} \tag{7-13}$$

式中，N_i, N_j, N_w 是插值基函数，又称为形函数，$\boldsymbol{N}$ 是形函数矩阵。

$$\left.\begin{aligned}N_i&=\frac{1}{2A}(a_i+b_ix+c_iy)\\ N_j&=\frac{1}{2A}(a_j+b_jx+c_jy)\\ N_k&=\frac{1}{2A}(a_k+b_kx+c_ky)\end{aligned}\right\} \tag{7-14}$$

式中，A 为单元的面积；其他参数也是节点坐标的函数

$$\left.\begin{aligned}a_i&=x_jy_k-y_jx_k\\ b_i&=y_j-y_k \qquad (i,j,k)\\ c_i&=-(x_j-x_k)\end{aligned}\right\} \tag{7-15}$$

确定了单元位移以后，可以利用几何方程和物理方程求得单元的应变和应力。由几何方程(7-5)得到单元应变

$$\boldsymbol{\varepsilon}=\begin{pmatrix}\varepsilon_x\\ \varepsilon_y\\ \nu_{xy}\end{pmatrix}=\boldsymbol{L}\,\boldsymbol{u}=\boldsymbol{L}\,\boldsymbol{N}\,\boldsymbol{a}^e=\boldsymbol{B}\,\boldsymbol{a}^e \tag{7-16}$$

$\boldsymbol{B}$ 称为应变矩阵

$$\boldsymbol{B}=[\boldsymbol{B}_i \quad \boldsymbol{B}_j \quad \boldsymbol{B}_k]=\frac{1}{2A}\begin{pmatrix}b_i & 0 & b_j & 0 & b_k & 0\\ 0 & c_i & 0 & c_j & 0 & c_k\\ c_i & b_i & c_j & b_j & c_k & b_k\end{pmatrix} \tag{7-17}$$

由物理方程(7-6)得到单元应力

$$\boldsymbol{\sigma}=\begin{pmatrix}\sigma_x\\ \sigma_y\\ \tau_{xy}\end{pmatrix}=\boldsymbol{D}_{\varepsilon}=\boldsymbol{D}\,\boldsymbol{B}\,\boldsymbol{a}^e=\boldsymbol{S}\,\boldsymbol{a}^e \tag{7-18}$$

式中，$\boldsymbol{S}$ 称为应力矩阵

$$\boldsymbol{S}=\boldsymbol{D}\,\boldsymbol{B}=\boldsymbol{D}[\boldsymbol{B}_i \quad \boldsymbol{B}_j \quad \boldsymbol{B}_k]=[\boldsymbol{S}_i \quad \boldsymbol{S}_j \quad \boldsymbol{S}_k] \qquad (i,j,k) \tag{7-19}$$

其中的分块矩阵为：

$$\boldsymbol{S}_i=\boldsymbol{D}\,\boldsymbol{B}_i=\frac{E_0}{2(1-v_0^2)A}\begin{pmatrix}b_i & v_oc_i\\ v_0b_i & c_i\\ \dfrac{1-v_0}{2}c_i & \dfrac{1-v_0}{2}b_i\end{pmatrix} \tag{7-20}$$

式中，E_0, v_0 为材料常数。

对于平面应力问题：

$$E_0=E, \qquad v_0=v \tag{7-21}$$

对于平面应变问题：

$$E_0=\frac{E}{1-v_0^2} \qquad v_0=\frac{v}{1-v} \tag{7-22}$$

(2)利用最小位能原理建立有限元方程。

按照最小位能原理,真实的位移是使得总位能 Π_p(它是可能位移的泛函)最小的位移。

$$\Pi_p = \int_{\Omega} \frac{1}{2} \boldsymbol{\varepsilon}^{\mathrm{T}} \boldsymbol{D}_{\boldsymbol{\varepsilon}} t\mathrm{d}x\mathrm{d}y - \int_{\Omega} \boldsymbol{u}^{\mathrm{T}} \boldsymbol{f} t\mathrm{d}x\mathrm{d}y - \int_{S_\sigma} \boldsymbol{u}^{\mathrm{T}} \boldsymbol{T} t\mathrm{d}S \tag{7-23}$$

式中,t 是弹性体厚度;$\boldsymbol{f}$ 是作用在弹性体内的体积力;$\boldsymbol{T}$ 是作用在弹性体边界上的面积力。将式(7-23)积分分别在各单元求积并求和,得到

$$\Pi_p = \frac{1}{2}\boldsymbol{a}^{\mathrm{T}}\boldsymbol{K}\boldsymbol{a} - \boldsymbol{a}^{\mathrm{T}}\boldsymbol{P} \tag{7-24}$$

式中,$\boldsymbol{a}$ 是结构节点位移向量,它是 n 个节点位移分量排成的列向量;$\boldsymbol{P}$ 称为结构节点荷载向量;$\boldsymbol{K}$ 称为结构刚度矩阵,且有

$$\boldsymbol{K} = \sum_e \boldsymbol{G}^{\mathrm{T}}\boldsymbol{K}^e\boldsymbol{G} \tag{7-25}$$

$$P = \sum_e \boldsymbol{G}^{\mathrm{T}}\boldsymbol{P}^e \tag{7-26}$$

式中,$\boldsymbol{K}^e$,$\boldsymbol{P}^e$ 分别为单元刚度矩阵和单元等效节点荷载向量;$\boldsymbol{G}$ 是单元向量到整体向量的转换矩阵,每一个单元对应一个转换矩阵 $\boldsymbol{G}$,且有

$$\boldsymbol{a}^e = \boldsymbol{G}\,\boldsymbol{a} \tag{7-27}$$

$$\boldsymbol{a} = \sum_e \boldsymbol{G}^{\mathrm{T}}\boldsymbol{a}^e \tag{7-28}$$

按照变分原理,可得到结构平衡方程

$$\boldsymbol{K}\boldsymbol{a} = \boldsymbol{P} \tag{7-29}$$

(3)单元刚度矩阵和单元等效节点荷载。

①单元刚度矩阵。

单元刚度矩阵的矩阵形式为:

$$\boldsymbol{K}^e = \boldsymbol{B}^{\mathrm{T}}\boldsymbol{D}\,\boldsymbol{B}tA = \begin{bmatrix} \boldsymbol{K}_{ii} & \boldsymbol{K}_{ij} & \boldsymbol{K}_{ik} \\ \boldsymbol{K}_{ji} & \boldsymbol{K}_{jj} & \boldsymbol{K}_{jk} \\ \boldsymbol{K}_{ki} & \boldsymbol{K}_{kj} & \boldsymbol{K}_{kk} \end{bmatrix} \tag{7-30}$$

它的任一分块矩阵可表示成

$$\boldsymbol{K}_{rs} = \frac{E_0 t}{4(1 - v_0^2)A}\begin{bmatrix} K_1 & K_3 \\ K_2 & K_4 \end{bmatrix} \tag{7-31}$$

式中,$r=i,j,k$;$s=i,j,k$;且

$$\left.\begin{aligned} K_1 &= b_r b_s + \frac{1-v_0}{2}c_r c_s \\ K_2 &= v_0 c_r b_s + \frac{1-v_0}{2}b_r c_s \\ K_3 &= v_0 b_r c_s + \frac{1-v_0}{2}c_r b_s \\ K_4 &= c_r c_s + \frac{1-v_0}{2}b_r b_s \end{aligned}\right\} \tag{7-32}$$

②单元等效节点荷载。

单元等效节点荷载 $\boldsymbol{P}^e$ 是单元内部的体积力 $\boldsymbol{f}$ 和作用在单元边界上的边界力 $\boldsymbol{T}$ 在单元节点上的等效力。

$$\boldsymbol{P}^e = \boldsymbol{P}_f^e + \boldsymbol{P}_S^e \tag{7-33}$$

$$\boldsymbol{P}_f^e = \int_{\Omega^e} \boldsymbol{N}^{\mathrm{T}} \boldsymbol{f} t \mathrm{d}x\mathrm{d}y \tag{7-34}$$

$$\boldsymbol{P}_S^e = \int_{S_\sigma^e} \boldsymbol{N}^{\mathrm{T}} \boldsymbol{T} t \mathrm{d}S \tag{7-35}$$

若单元的受力如图 7-8 所示,这是只有一条边是区域边界的情形。单元等效节点荷载可展开表达为:

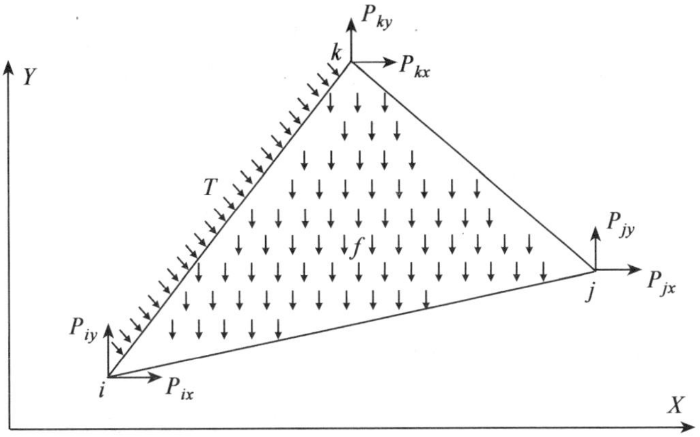

图 7-8　单元体积力和边界力及其单元等效节点荷载

节点 i:

$$\boldsymbol{P}_i^e = \begin{pmatrix} P_{ix} \\ P_{iy} \end{pmatrix} = \int_{\Omega^e} \boldsymbol{N}_i^{\mathrm{T}} \boldsymbol{f} t \mathrm{d}x\mathrm{d}y + \int_{l_{ik}} \boldsymbol{N}_i^{\mathrm{T}} \boldsymbol{T} t \mathrm{d}s = \begin{pmatrix} \int_{\Omega^e} N_i f_x \mathrm{d}x\mathrm{d}y + \int_{l_{ik}} N_I T_x \mathrm{d}s \\ \int_{\Omega^e} N_i f_y \mathrm{d}x\mathrm{d}y + \int_{l_{ik}} N_I T_y \mathrm{d}s \end{pmatrix} \tag{7-36a}$$

节点 k:

$$\boldsymbol{P}_k^e = \begin{pmatrix} P_{kx} \\ P_{ky} \end{pmatrix} = \int_{\Omega^e} \boldsymbol{N}_k^{\mathrm{T}} \boldsymbol{f} t \mathrm{d}x\mathrm{d}y + \int_{l_{ik}} \boldsymbol{N}_k^{\mathrm{T}} \boldsymbol{T} t \mathrm{d}s = \begin{pmatrix} \int_{\Omega^e} N_k f_x \mathrm{d}x\mathrm{d}y + \int_{l_{ik}} N_k T_x \mathrm{d}s \\ \int_{\Omega^e} N_k f_y \mathrm{d}x\mathrm{d}y + \int_{l_{ik}} N_k T_y \mathrm{d}s \end{pmatrix} \tag{7-36b}$$

节点 j:

$$\boldsymbol{P}_j^e = \begin{pmatrix} P_{jx} \\ P_{jy} \end{pmatrix} = \int_{\Omega^e} \boldsymbol{N}_j^{\mathrm{T}} \boldsymbol{f} t \mathrm{d}x\mathrm{d}y = \begin{pmatrix} \int_{\Omega^e} N_j f_x \mathrm{d}x\mathrm{d}y \\ \int_{\Omega^e} N_j f_y \mathrm{d}x\mathrm{d}y \end{pmatrix} \tag{7-36c}$$

(4)平面有限元问题的求解过程。

平面有限元问题的求解步骤是：

①对分析域进行单元剖分；

②构造每个单元的单元刚度矩阵并计算单元等效节点荷载由式(7-30)～式(7-35)计算；

③构造结构刚度矩阵和结构等效节点荷载由式(7-25)、式(7-26)计算，从而得到结构平衡方程式(7-29)；

④求解节点平衡方程，利用位移边界条件或位移约束求解节点平衡方程，从而得到节点位移；

⑤计算各单元的应变和应力，利用式(7-16)、式(7-18)计算各个单元的应变和应力。

7.3 大坝位移确定性模型的建立

变形的确定性模型是利用变形体的结构、物理性质所建立起来的变形-荷载的关系模型。变形量有不同类型，相应的有不同类型的变形确定性模型，具体而言，有位移确定性模型、应力确定性模型等。本节以混凝土大坝为例，讨论位移确定性模型的建立方法。

混凝土坝的外荷载主要有水压 H、温度等。坝体上任意一点的位移按成因可以分为三个部分：水压分量 $f_H(t)$、温度分量 $f_T(t)$ 以及时效分量 $f_\theta(t)$，即

$$\delta = f_H(t) + f_T(t) + f_\theta(t) \tag{7-37}$$

建立位移确定性模型，就是建立这个模型的具体表达式。建立大坝位移确定性模型的思路是：首先假设坝体和基岩的物理参数，用有限元法计算不同外荷载(水位或温度)下的位移，通过对位移计算值的拟合，得到水位分量和温度分量的表达式，由于采用假设的物理参数，须对拟合的表达式施加调整参数，调整参数修正假设的物理参数与实际的物理参数的偏差所引起的模型系数的误差。由于时效分量的产生原因复杂，它综合反映了坝体和基岩在多种因素影响下的不可逆变形，难以用确定性方法得到其表达式，因而它仍采用统计模式。为得到调整参数，下面就各分量的函数形工进行介绍。利用位移和荷载的观测值对模型中的调整参数进行估计。最后得到位移确定性模型。

7.3.1 水压分量 $f_H(t)$

在水荷载的作用下，坝体上任意点的位移由坝体、坝基和库区基岩等三部分变形引起(如图7-9)。这三部分变形的基本形态是：坝体在水压作用下产生向下游的挠曲变形(图 7-9(a))，坝体对坝基的作用使得坝基产生倾斜变形，这种变形加剧了坝体向下游的位移(图 7-9(b))，水压对库区的基岩的压力使得库区基岩产生倾斜，这使得坝体产生向上游的倾斜变形(图 7-9(c))。

根据基岩坝体混凝土、坝基和库区基岩的力学参数(主要是弹性模量 E)的已知情况，水压分量 $f_H(t)$ 的求解存在以下 3 种处理方法。

(1)已知坝体混凝土和基岩的平均弹性模量(简称弹模)E_c，E_r，E_b(见图 7-10)。

由于变形体的三部分的弹性模量已知，记坝体、坝基和库区基岩的弹性模量分别为 E_c，E_r，E_b(如图 7-10 所示)，就可以用有限元法计算在不同水位时，大坝任意一点的位移(参见图 7-2)。将大坝某一点处的位移在不同水位高度的计算值列于表 7-1，并绘于图 7-11。

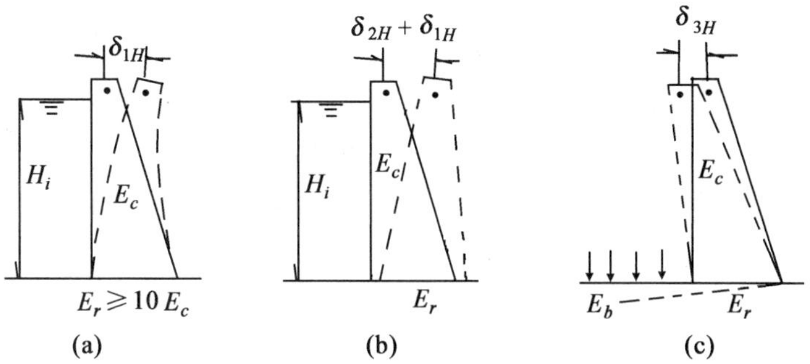

图 7-9　坝体任意一点的位移组成

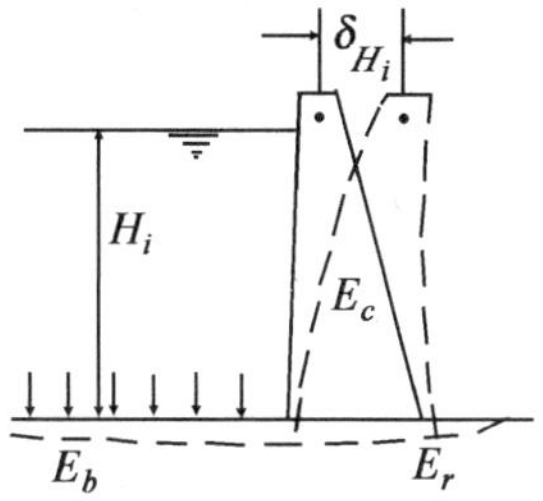

图 7-10　已知 E_c, E_r, E_b 情况

表 7-1　　　　**不同库水位某点的位移计算值**

库区水位 H_i	H_1	H_2	…	H_n
某点处的位移 δ_i	δ_1	δ_2	…	δ_n

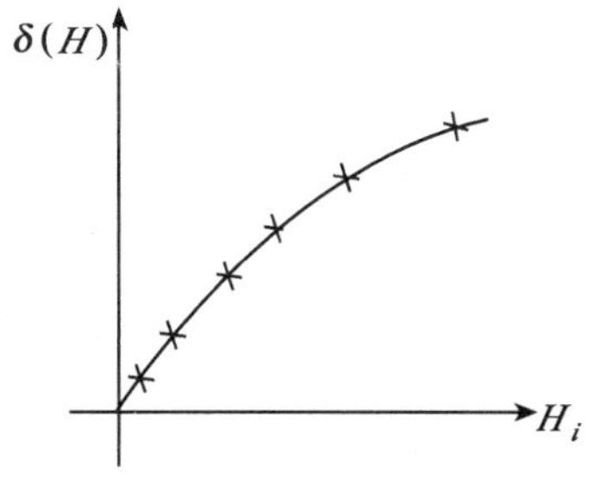

图 7-11　$H_i \sim \delta_{H_i}$

由这些计算值,可以拟合出位移-库水位的关系函数,拟合函数采用多项式

$$\delta(H) = \sum_{i=0}^{m_1} a_i H^i \tag{7-38}$$

式中,m_1 是多项式的阶数,一般重力坝 m_1 取为 3,拱坝和连拱坝 m_1 取 4。用最小二乘拟合法,求得多项式系数 a_i。

由于 E_c、E_r、E_b 均已知,位移的计算值 δ_i 是利用真实的弹模(而非假设的弹模,如后两种情况)计算的,所以 $\delta(H)$ 无需修正,即 $f_H(t)=\delta(H)$。

(2)已知坝体混凝土弹模与基岩弹模之比($R=E_r/E_c$),并且库盘基岩与坝基的弹模相同。

在这种情况时的计算简图基本与图 7-10 相同,但是,需要假设 E_{c0},用有限元计算 $H_i \to \delta_{H_i}$,然后用多项式(7-38)进行拟合,求得 a_i。由于 δ_H 是假设 E_{c0} 而求得的,而 E_{c0} 与实际的 E_c 有差别,为此需用调整参数进行校准,即:

$$f_H(t) = x\sum_{i=0}^{m_1} a_i H^i \tag{7-39}$$

(3)当 $R(E_r/E_c)$,E_b 也未知的情况。

实际上,运行多年的大坝,其坝体、坝基和库盘变形参数与设计和试验值相差较大,这些因素对坝体变形都会有较大影响。因此,在一般情况下,R 和 E_b 均为未知。

在这种情况时,其计算简图见图 7-9(c)。

①坝体本身位移 δ_{1H},$f_{1H}(t)$。

此位移近似等于坝基变模与坝体弹模之比很大的情况,即 $R=E_r/E_c \geqslant 10$。首先假设坝体混凝土弹模 E_{c0},用有限元计算不同水位时的位移,即 $H_i \to \delta_{1H_i}$。

由多项式:

$$\delta_{1H} = \sum_{i=0}^{m_1} a_{1i} H^i \tag{7-40}$$

拟合,求得 a_{1i}。

由于 δ_{1H} 是假设 E_{c0} 求得的位移,为些需用调整参数 x 进行校准,即

$$f_{1H}(t) = x\delta_{1H} = x\sum_{i=0}^{m_1} a_{1i} H^i \tag{7-41}$$

②坝基位移。

设 $R_0(E_{r0}/E_{c0})$,用有限元计算 $H_i \to \delta'_{2H_i}$,由多项式

$$\delta'_{2H} = \sum_{i=0}^{m_1} a_{2i} H^i \tag{7-42}$$

拟合,求得 a_{2i}。

上述位移中包括坝体位移 δ_{1H} 和坝基位移 δ_{2H}。因此,坝基位移为:

$$\delta_{2H} = \delta'_{2H} - \delta_{1H} = \sum_{i=0}^{m_1} (a_{2i} - a_{1i}) H^i \tag{7-43}$$

由于 δ_{2H} 是由假设 R_0 求得,为此需要调整参数 y 进行校准,即

$$f_{2H}(t) = y\delta_{2H} = y\sum_{i=0}^{m_1} (a_{2i} - a_{1i}) H^i \tag{7-44}$$

③库盘变形引起的位移。

设库盘基岩变模为 E_{b0},用有限元计算库水重作用在基岩表面时或渗透力作用于基岩岩体内时所引起的坝体位移,即 $H_i \to \delta_{3H_i}$,或 $p_i \to \delta_{3H_i}$,由多项式

$$\delta_{3H} = \sum_{i=0}^{m_1} a_{3i} H^i \tag{7-45}$$

拟合,求得 a_{3i}。同理:

$$f_{3H}(t) = Z\sum_{i=0}^{m_1} a_{3i}H^i \tag{7-46}$$

综上所述,水压分量的表达式为:

$$f_H(t) = x\sum_{i=0}^{m_1} a_{1i}H^i + y\sum_{i=0}^{m_1}(a_{2i} - a_{1i})H^i + z\sum_{i=0}^{m_1} a_{3i}H^i \tag{7-47}$$

由上式看出:式(7-38)和式(7-39)仅为式(7-47)的特例。

7.3.2 温度分量 $f_T(t)$

$f_T(t)$是由于坝体混凝土变温所引起的位移。这部分位移一般在总位移中占相当大的比重,尤其是拱坝和连拱坝。所以正确地处理$f_T(t)$对建立确定性模型至关重要。

下面根据温度计的设置情况,分三种情况讨论。

1. 坝体和边界设置足够数量的温度计,并连续观测温度

在这种情况时,温度计的测值足以描绘坝体的温度场。其温度位移的表达式为:

$$\delta_T = \sum_{i=1}^{m_2}[\Delta\bar{T}_i(t)\cdot b_{1i}(x,y,z) + \Delta\beta_i(t)\cdot b_{2i}(x,y,z)] \tag{7-48}$$

式中,$\Delta\bar{T}_i(t)$、$\Delta\beta(t)$分别为变温场的等效温度的平均温度和梯度,其中$\Delta\bar{T}_i(t)=\bar{T}_i(t)-\bar{T}_{0i}(t)$,$\Delta\beta(t)=\beta_i(t)-\Delta\beta_{0i}(t)$。$\bar{T}_i(t)$、$\beta_i(t)$为位移场所对应温度场的等效平均温度和梯度,$\bar{T}_{0i}(t)$、$\Delta\beta_{0i}(t)$分别为初始温度场(即零位移时的温度场)的等效温度的平均温度和梯度;$b_{1i}(x,y,z)$、$b_{2i}(x,y,z)$分别为单位平均变温($\Delta\bar{T}_i(t)=1$℃或10℃)、单位梯度的位移值,即载常数;m_2为温度计的层数。

这里需要解释等效温度和载常数的概念及其计算方法。

(1)等效温度。

将图7-12(b)中任一高程处的温度计测值过程线绘出温度分布图$OBCA$($T\sim x$),然后用等效温度$OBC'A'$($T_e\sim x$)代替。其原则是两者对OT轴的面积矩相等。这样每层的等效温度就可以用平均温度$\bar{T}$和梯度$B=\tan\xi$代替。

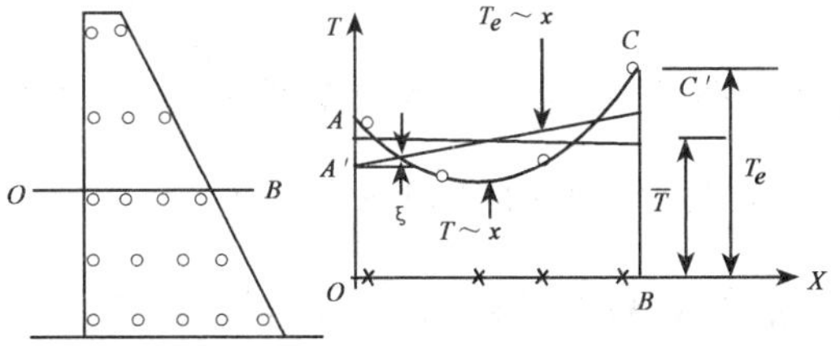

图7-12 温度计布置和等效温度

根据力学原理可以推得:

$$\bar{T} = A_t/B,\quad B = \frac{12M_t - 6A_tB}{B} \tag{7-49}$$

式中,A_t、M_t分别为原温度分布($OBCA$)的面积及其对OT轴的面积矩;B为每层的厚度。

(2)载常数$b_{1i}(x,y,z)$、$b_{2i}(x,y,z)$。

用有限元分别计算 $\Delta\bar{T}_i=1$℃或10℃、$\Delta\beta_i=1/B$ 时,大坝任一测点的位移,即为 $b_{1i}(x,y,z)$ 和 $b_{1i}(x,y,z)$。

由于在计算 $b_{1i}(x,y,z)$、$b_{2i}(x,y,z)$ 时,是假设热力学参数 α_{c0} 求得的,从而与真实值有差别,需要用参数 J 来调整,即

$$f_T(t)=J\delta_T=J\sum_{i=1}^{m_2}\left[\Delta\bar{T}_i(t)b_{1i}(x,y,z)+\Delta\beta_i(t)b_{2i}(x,y,z)\right] \tag{7-50}$$

由力学概念推得 $J=\alpha_c/\alpha_{c0}$,即温度位移与线性膨胀系数有关。

2. 混凝土温度计较少或不连续观测

在这种情况时,用混凝土温度计的测值来描述坝体温度场就不够准确,尤其是竣工不久的大坝。为此需要研究另外的处理方法。

(1)变温场的计算

坝体混凝土的温度均可分为4个部分:初始温度(T_0)、水化热散发产生的温度(T_i)、准稳定温度场(T_2)以及随机量(T_3),即

$$T(x,y,z,t)=T_0(x,y,z,t)+T_1(x,y,z,t)+T_2(x,y,z,t)+T_3(x,y,z,t) \tag{7-51}$$

通常 T_0 可预先确定,因此可确定初始位移 A_0;T_3 对坝体总变形影响很小,一般可忽略不计。为此,下面重点讨论 T_1 和 T_2 的计算。

①$T_1(x,y,z,t)$的计算

在天然冷却时,水化热产生的温升可由下式表示:

$$T_1(x,y,z,t)=\sum_{i=1}^{m_2}B_i e^{-k_i t}\varphi_i(x,y,z) \tag{7-52}$$

式中,B_i 为任一温度计 i 处的变幅;$\varphi_i(x,y,z)$ 为 i 温度计的形函数,由热传导方程及其初始和边界条件求得;K_i 为特征值,每个 K_i 相当于 $\varphi_2(x,y,z)$;m_2 为温度计的支数。

②$T_2(x,y,z,t)$的计算

当温度资料不连续;温度计数量不够,需要用仅有的温度计资料反映坝体温度场,则温度场的表达式为:

$$T_2(x,y,z,t)=\sum_{i=1}^{m_2}T_i(t)U_i(x,y,z)+\sum_{i=1}^{m_2}\frac{dT_i(t)}{dt}V_i(x,y,z) \tag{7-53}$$

式中,$U_i(x,y,z)$为单位温度;$V_i(x,y,z)$为 $T_i(t)$对 t 导数$\left(\frac{dT_i(t)}{dt}\right)$的单位值。$T_i(t)$为坝体任一温度计处的温度,在准稳定温度时,可用周期项表示,即

$$T_i(t)=\sum_{i=1}^{n}\bar{T}_{ij}\sin(j\omega t+\varphi_{ij}),\ i=1,2,4,\cdots;j=1,2,4,\cdots \tag{7-54}$$

式中,$\bar{T}_{ij}$为 i 温度计处 j 周期的温度变幅;φ_{ij}为相应的滞后相位角,$\omega=7.173\times10^{-4}(h)^{-1}$。

$U_i(x,y,z)$和 $V_i(x,y,z)$必须满足下列方程:

$$a\nabla^2U_{ij}+\omega^2V_{ij}=0 \tag{7-55}$$
$$U_{ij}-a\nabla^2V_{ij}=0\qquad(i=1,2,\cdots,m;j=1,2,\cdots,n)$$

以及边界条件:

$$U_i=1(\text{或}10),\text{在} i \text{处}$$
$$U_k=0,\quad V_k=0,\quad \text{在} k \text{处}, k\neq i \tag{7-56}$$

从式(7-55)和式(7-56)求得 U_{ij},V_{ij}。

应用式(7-53)~(7-56)可求得任一温度计的缺测资料;也可根据现有温度计的测值作为边界条件,求得坝体内任一处的温度资料。

(2) $T_1(x,y,z,t)$ 和 $T_2(x,y,z,t)$ 产生温度位移的计算

①$T_1(x,y,z,t)$ 的温度位移 δ_{T_1}

用有限元可计算 $\varphi_i(x,y,z)$ 作用时,大坝任一点的位移 $b_i^{(1)}$,则温度位移为:

$$\delta_{T_1} = \sum_{i=1}^{m_2} b_i^{(1)} B_i \mathrm{e}^{-k_i t} \tag{7-57}$$

②$T_2(x,y,z,t)$ 的温度位移 δ_{T_2}

用有限元可计算 U_{ij},V_{ij} 所对应的位移 $b_{ij}^{(2)}$ 和 $b_{ij}^{(3)}$,则温度位移为:

$$\delta_{T_2} = \sum_{i=1}^{m_2}\sum_{j=1}^{n} b_{ij}^{(2)} T_i(t) + \sum_{i=1}^{m_2}\sum_{j=1}^{n} b_{ij}^{(3)} \frac{\mathrm{d}T_i(t)}{\mathrm{d}t} \tag{7-58}$$

③调整参数

由于 $b_i^{(1)}$、$b_{ij}^{(2)}$、$b_{ij}^{(3)}$ 是在已知导温系数(α),假设线膨胀系数 α_{c0},用有限元求得,为此需要用 J 参数(α/α_{c0})来调整,即

$$f_T(t) = J\left[\sum_{i=1}^{m_2} b_i^{(1)} B_i \mathrm{e}^{-k_i t} + \sum_{i=1}^{m_2}\sum_{j=1}^{n} b_{ij}^{(2)} T_i(t) + \sum_{i=1}^{m_2}\sum_{j=1}^{n} b_{ij}^{(3)} \frac{\mathrm{d}T_i(t)}{\mathrm{d}t}\right] + A_0 \tag{7-59}$$

若 α 也为未知,则需要假设 α_0 计算温度场,这与实际温度场有差异,从而引起温度位移的差异,同样需要用参数 ρ 来修正,由热传导方程可推得 $\rho=\sqrt{\alpha/\alpha_0}$。因此式(7-59)变为:

$$f_T(t) = J\cdot\rho\left[\sum_{i=1}^{m_2} b_i^{(1)} B_i \mathrm{e}^{-k_i t} + \sum_{i=1}^{m_2}\sum_{j=1}^{n} b_{ij}^{(2)} T_i(t) + \sum_{i=1}^{m_2}\sum_{j=1}^{n} b_{ij}^{(3)} \frac{\mathrm{d}T_i(t)}{\mathrm{d}t}\right] + A_0 \tag{7-60}$$

3. *无温度计,只有边界温度*

在这种情况时,温度位移计算比较复杂,下面介绍一般处理方法。

(1)根据边界和初始条件,应用热传导方程计算变温场,然后用有限元计算变温位移。

当坝体厚度较薄(如连拱坝、薄拱坝),在外界温度作用下,沿厚度方向的温度变化可近似视为线性,这样可用式(7-50)计算温度位移。但是应指出的是:在下游面有一很薄的空气粘滞层,在该层中不发生热对流,主要是热传导,使混凝土表面与气温有差值,此值随季节和地区而变化。

(2)用混合模型,即 δ_H 用有限元的计算值,δ_T 用模型模式。

4. *温度分量的表达式*

综上所述,温度分量的一般表达式为:

$$f_T(t) = A_0 + J\rho\left[\sum_{i=1}^{m_2} b_i^{(1)} B_i \mathrm{e}^{-k_i t} + \sum_{i=1}^{m_2} b_{ij}^{(2)} T_i(t) + \sum_{i=1}^{m_2} b_{ij}^{(3)} \frac{\mathrm{d}T_i(t)}{\mathrm{d}t}\right] \tag{7-61}$$

当坝体水化热已散发,则上式中的 $k_i t\to\infty$,则水化热产生的位移为零。当温度计连续观测,则 $\mathrm{d}T_i(t)/\mathrm{d}t=0$,并且 $\rho=1.0$。

7.3.3 时效分量 $f_\theta(t)$

大坝产生时效分量的原因较为复杂,这综合反映了坝体混凝土和基岩的徐变、塑性变形以及基岩地质构造的压缩变形,同时还包括坝体裂缝引起的不可逆变形以及自身体积变形。

一般正常运行的大坝,时效位移($\theta\sim\delta_\theta$)的变化规律为初期变化急剧,后期渐趋稳定(见图

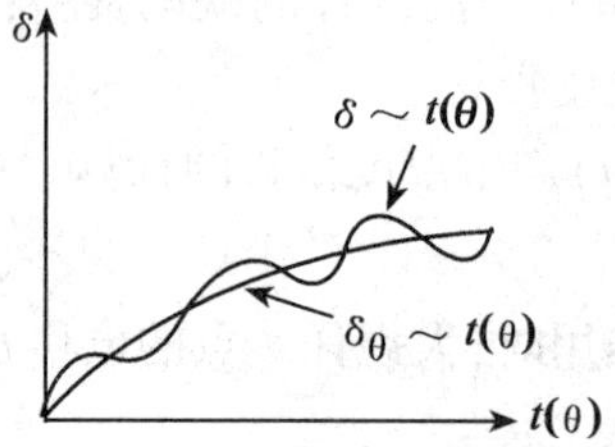

图 7-13　时效位移变化规律

7-13)。其时效位移的数学模式为(见参考文献[6]):

$$\delta_\theta = C_1\theta + C_2\ln\theta \tag{7-62}$$

$$\delta_\theta = C(1 - e^{-k\theta}) + \sum_{i=1}^{2}\left(C_{1i}\sin\frac{2\pi i\theta}{365} + C_{2i}\cos\frac{2\pi i\theta}{365}\right) \tag{7-63}$$

7.3.4　确定性模型的一般表达式

综上分析,测点位移确定性模型的一般表达式为:

$$\begin{aligned}\delta &= x\delta_{1H} + y\delta_{2H} + z\delta_{3H} + J\rho\delta_T + \delta_\theta \\ &= x\sum_{i=1}^{m_1}a_{1i}H^i + y\sum_{i=1}^{m_1}(a_{2i} - a_{1i})H^i + z\sum_{i=1}^{m_1}a_{3i}H^i + J\rho\Bigg[\sum_{i=1}^{m_2}b_i^{(1)}Be^{-k_it} + \\ &\sum_{i=1}^{m_2}\sum_{j=1}^{n}b_{ij}^{(2)}T_i(t) + \sum_{i=1}^{m_2}\sum_{j=1}^{n}b_{ij}^{(3)}\frac{dT_i(t)}{dt}\Bigg] + A_0 + \delta_\theta\end{aligned} \tag{7-64}$$

δ_θ 可采用式(7-62)或式(7-63)。

各种特殊情况时,各分量的表达式见上面的分析。

7.3.5　参数估计

从式(7-64)看出:除参数 $x,y,z,J\rho,C_1,C_2,\cdots$ 以外,水压分量(δ_H)和温度分量(δ_T)首先是用有限元计算求得,θ 为从初始观测日算起(以 100 天为单位),每增加 1 天,θ 增加 0.01。因此,将观测日(θ_i)的 H_i、T_i 代入有限元计算的各表达式中,得到:

$$\delta_i = f_1(x,y,z,J\rho,C_1,C_2)$$

上式为参数 $x,y,z,J\rho,C_1,C_2$ 的隐函数。

其值与观测位移 δ_i^0 的残差的平方和:

$$Q(t_i) = \sum^{n}(\delta_i^0 - \delta_i)^2 = F(x,y,z,J\rho,C_1,C_2) \tag{7-65}$$

要使 $Q(t_i)$ 为最小,则必须满足下列条件:

$$\frac{\partial F}{\partial x} = 0,\frac{\partial F}{\partial y} = 0,\frac{\partial F}{\partial z} = 0,\frac{\partial F}{\partial(J\rho)} = 0,\frac{\partial F}{\partial C_1} = 0,\frac{\partial F}{\partial C_2} = 0 \tag{7-66}$$

由上式求得 x,y,z,C_1,C_2;从而建立了测点位移的确定性模型。

7.4　混合模型的表达式

根据混合模型的定义,参照 7.3 中的水压分量的力学分析,则测点位移的混合模型表达式为：

$$\delta = X\sum_{i=1}^{m_1} a_i H^i + Y\sum_{i=1}^{m_1}(a_{2i} - a_{1i})H^i + Z\sum_{i=1}^{m_1} a_{3i}H^i + \sum_{i=1}^{m_2} b_i T_i + C_1\theta + C_2\ln\theta \tag{7-67}$$

参数估计原理同确定性模型一样。测点模型的参数估计用下式：

$$\begin{cases} \dfrac{\partial Q(t_i)}{\partial X} = 0, \quad \dfrac{\partial Q(t_i)}{\partial Y} = 0, \quad \dfrac{\partial Q(t_i)}{\partial Z} = 0, \\ \dfrac{\partial Q(t_i)}{\partial b} = 0, \quad \dfrac{\partial Q(t_i)}{\partial C_1} = 0, \quad \dfrac{\partial Q(t_i)}{\partial C_2} = 0。\end{cases} \tag{7-68}$$

由式(7-68)得到混合模型的调整参数,从而得到了混合模型。

7.5 确定性模型和混合模型的应用实例

7.5.1 位移确定性模型应用实例

某连拱坝有 20 个拱,21 个垛。13 垛位于河床中间,垛高 60m。垛墙为变厚的双支墩,一片支墩的最大底厚 1.7m,最小顶厚 0.6m。上游坡 1∶0.9,下游坡 1∶0.3。13 垛的两边坝垛的坝高、结构性态和尺寸基本相同,荷载对称,所测侧向水平位移很小。因此,取 1/2 坝段当做空间问题研究(即取 1/2 跨度的拱圈、面板,一片支墩以及 0.75 倍坝高的地基),有限元计算模型见图 7-14。

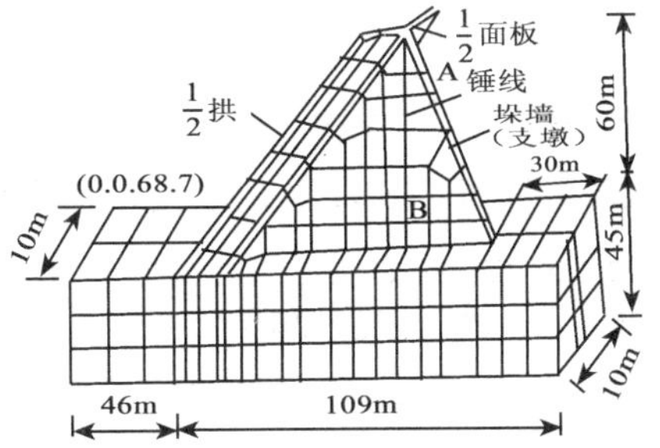

图 7-14　13[#]支墩的有限元模型

该坝垛设有正锤线一条(顶高程 125.2m,观测处高程 83.57m),观测资料年限为 1967 年 1 月至 1984 年 12 月。

由北京勘测设计院在 1965 年测定坝体混凝土弹模(E_c)与地基变模(E_r)之比 $R = 0.62$。同时,考虑该坝的垛墙厚度很薄,因此用边界温度计算,即用上游的 8 个水温计,下游用 1 个气温计,垛内用上、中、下 3 个高程的气温计。单位温度用 10℃(为了扩大 b_i)。以上温度计在观测年限内连续观测。根据以上情况,选用确定性模型的表达式为

$$\delta = X\delta_H + J\delta_T + \delta_\theta = X\sum_{i=0}^{4} a_i H^i + J\sum_{i=1}^{12} b_i T_i + C_1\theta + C_2\ln\theta \tag{7-69}$$

用有限元法计算 δ_H、δ_T,并调整有限元计算值与正锤线观测值的一致性,同时考虑初始温度场和初始水位,以及该坝的三次大的变故后,三个阶段的确定性模型以及预报方程为：

第一阶段(1967 年 1 月—1969 年 6 月)

$$\hat{\delta}_{\mathrm{I}} = 1.504 - 9.598\times10^{-2}H + 6.481\times10^{-3}H^2 - 1.990\times10^{-4}H^3 + 2.189\times10^{-6}H^4 + 0.072T_{75} + 0.042T_{80} + 0.053T_{90} + 0.066T_{105} + 0.066T_{110} + 0.054T_{120} + 0.049T_{125} + 0.018T_{127} + 0.037T_a - 0.023T_{1401} - 0.115T_{1405} - 0.087T_{1407} + 0.0359\theta - 0.1121\ln\theta \tag{7-70}$$

$S=0.494$(mm)

第二阶段(1969 年 8 月—1982 年 9 月)

$$\hat{\delta}_{\mathrm{II}} = -0.58 - 0.101H + 6.825\times10^{-3}H^2 - 2.096\times10^{-4}H^3 + 2.035\times10^{-6}H^4 + 0.054T_{75} + 0.032T_{80} + 0.040T_{90} + 0.049T_{105} + 0.050T_{110} + 0.040T_{120} + 0.037T_{125} + 0.013T_{127} + 0.003T_a - 0.017T_{1401} - 0.086T_{1405} - 0.065T_{1407} + 0.0042\theta + 0.0692\ln\theta \tag{7-71}$$

$S=0.287$(mm)

第三阶段(1983 年 6 月—1984 年 12 月)

$$\hat{\delta}_{\mathrm{III}} = -0.149 - 8.187\times10^{-2}H + 5.528\times10^{-3}H^2 - 1.698\times10^{-4}H^3 + 1.867\times10^{-6}H^4 + 0.058T_{75} + 0.034T_{80} + 0.043T_{90} + 0.053T_{105} + 0.054T_{110} + 0.043T_{120} + 0.040T_{125} + 0.014T_{127} + 0.003T_a - 0.019T_{1401} - 0.093T_{1405} - 0.070T_{1407} - 0.036\theta + 0.066\ln\theta \tag{7-72}$$

$S=0.28$(mm)

三个阶段的确定性模型的计算值与实测值拟合得相当好,尤其是第三阶段。

为了检验预报效果,将 $\hat{\delta}_{\mathrm{I}}$ 预报第二阶段位移,$\hat{\delta}_{\mathrm{II}}$ 预报第三阶段的位称,$\hat{\delta}_{\mathrm{III}}$ 报预 1984 年 12 月以后的位移,见图 7-15。

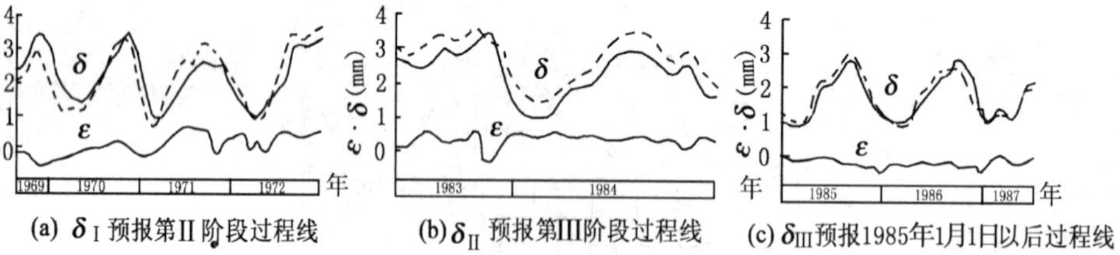

图 7-15 确定性模型预报过程线

从图中看出:

①将 $\hat{\delta}_{\mathrm{I}}$ 预报第二阶段的位移(图 7-15(a)),并用置信带宽度 $\Delta=1.96s$ 控制,用二年半资料建立的 $\hat{\delta}_{\mathrm{I}}$ 可预报第二阶段的三年 5 个月时间;而统计模型仅能预报半年。

②将 $\hat{\delta}_{\mathrm{II}}$ 预报第三阶段的位移(图 7-15(b)),用 $\Delta=1.96s$ 控制,$\hat{\delta}_{\mathrm{II}}$ 可预报整个第三阶段;而统计模型仅能预报 1 年左右时间。并且 $\hat{\delta}_{\mathrm{II}}$ 的计算值普遍比实测值大,这是由于建立 $\hat{\delta}_{\mathrm{II}}$ 时,有限元模型与实测值均没有反映加固加高措施,即 $\hat{\delta}_{\mathrm{II}}$ 中没有反映这些因素,因而 $\hat{\delta}_{\mathrm{II}}$ 的预报值普遍比第三阶段实测值大(约 0.4mm),这也说明大坝加固加高后,刚度增大。

③将 $\hat{\delta}_{\mathrm{III}}$ 预报 1985 年 1 月以后的位移(图 7-15(c)),也用 $\Delta=1.96s$ 控制,共有 382 个样本,其中在置信带以内有 377 个,以外有 5 个。这 5 个点均发生在秋末初冬(11~12 月份)气温

骤降的时候，而在式(7-69)中没有考虑 $\partial T(t)/\partial t$ 的影响。统计模型的预报值在 Δ 以内的有299个点，以外的有83个点，均发生在1986年2月以后，说明统计模型失去预报作用。

7.5.2 变形混合模型的应用实例

某重力拱坝，坝高145m，在拱冠左右1/4拱处设置垂线(正、倒锤组合)，共有31支坝体混凝土温度计(分8层)。温度计每月观测一次，与位移观测不同步，因此，用混合模型监测大坝比较适合。其表达式为：

$$\delta = X\delta_{1H} + Y\delta_{2H} + \delta_T + \delta_\theta = X\sum_{i=1}^{4} a_{1i}H^i +$$

$$Y\sum_{i=1}^{4}(a_{2i} - a_{1i})H^i + \sum_{i=1}^{8}(b_{1i}\bar{T}_i + b_{2i}\beta_i) + c_1\theta + c_2\ln\theta + b_0 \tag{7-73}$$

式中，X，Y 为调整参数；H 为坝前水深；$\bar{T}_i$，β_i 为各层等效温度的平均温度和梯度；θ 为时间，每增加一天，θ 增加0.01。

根据1986年10月26日至1988年9月的变形观测资料，应用上述模型和方法，建立各测点的变形混合模型。这里列出530m高程处拱冠径向位移的混合模型：

$$\delta = 0.256 - 0.247H + 4.39\times10^{-3}H^2 - 2.472\times10^{-5}H^3 + 1.315\times10^{-8}H^4 + 0.385\bar{T}_1 - 28.96\beta_1 + 0.847\bar{T}_2 - 29.61\beta_2 + 1.784\bar{T}_3 + 1.982\beta_3 + 0.130\bar{T}_4 - 12.41\beta_4 - 0.238\bar{T}_5 + 6.853\beta_5 + 0.086\bar{T}_6 - 0.626\theta + 0.280\ln\theta$$

$$R = 0.933, \quad S = 0.450\text{mm} \tag{7-74}$$

上式的计算值与实测值的拟合较好。由于没有提供1988年9月以后的资料，所以无法进行预报检验。

7.6 反分析理论及其应用

前面介绍了原型观测资料的正分析理论和方法，其核心为建立各种数学监控模型，用以监测和评价建筑物及其周围(包括地面)的变形性态。如果仿效系统识别理论，将上述正分析成果作为依据，通过一定的理论分析，借以反求建筑物及其周围的材料参数，以及寻找某些规律和信息，及时反馈到设计、施工和运行中去，统称为反分析。它包括反演分析和反馈分析两个部分，它们之间既有联系又有区别。为表达正分析、反演分析和反馈分析三者的概念，用图7-16表示。

从图中看出：

(1)反演分析是将正分析的成果作为依据，通过相应的理论分析，借以反求大坝等水工建筑物和地基的材料参数及其某些结构特征等。

(2)反馈分析是综合应用正分析与反演分析的成果，并通过相应的理论分析，从中寻找某些规律和信息，及时反馈到设计、施工和运行中去，达到馈控的目的，另一方面还为未建坝的设计、施工反馈信息，达到优化设计、施工的目的，从而最大限度地从观测资料中提取信息。

下面介绍反演分析和反馈分析法的理论及其应用。

7.6.1 反演分析法及其应用

反演分析的内涵十分丰富，可以反演大坝和地基材料的物理力学和热力学参数、渗流参

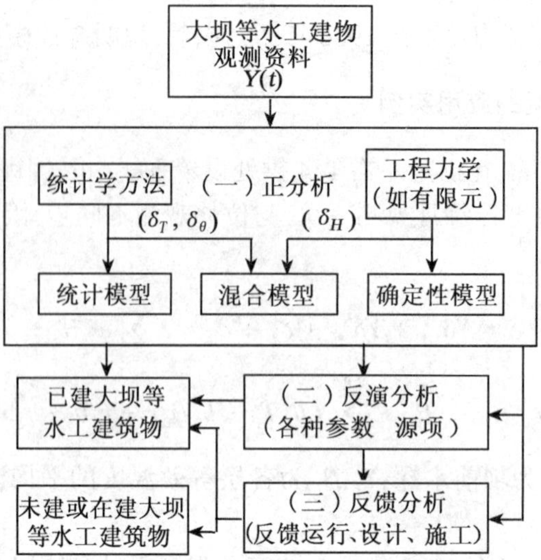

图 7-16　正分析、反演分析和反馈分析示意图

数、断裂判据、接缝的结构作用以及拱坝的温度荷载与拱梁荷载分配等,其反演原理和计算公式及其应用,详见有关文献。

这里简单介绍利用变形观测资料反演大坝和地基的物理力学参数。

为了评价和监控大坝的运行工况以及进行有关方面的研究,需要确定大坝和地基的有关参数。混凝土坝的平均弹性模量和基岩的变形模量可由变形观测值反演。

1. 反演的基本原理和方法

根据式(7-41)、式(7-44)、式(7-46),并根据调整参数的物理意义,可以推得:

$$E_c = E_{c_0}\delta'_H/\delta_H \tag{7-75}$$

$$E_r = E_{r_0}\delta'_H/\delta_H \tag{7-76}$$

$$E_b = E_{b_0}\delta'_H/\delta_H \tag{7-77}$$

式中,E_c,E_r,E_b 分别为坝体、坝基和库盘基岩的变形模量;E_{c_0},E_{r_0}、E_{b_0}分别为坝体、坝基和库盘假设的变形模量;δ'_H 为假设模量下,用有限元计算水压所产生的位移;δ_H 为由模型(如统计模型、确定性模型或混合模型)分离的水压分量。

2. 反演时应注意的问题

(1)在模型中,各个分量 δ_H、δ_T、δ_θ 应相互独立。这样分离出来的 δ_H 才是真实的水压分量。

(2)在反演 E_c,E_r 和 E_b 时,必须分别用坝体、坝基和库盘的变形值。因此,在测值中要分离出上述变形。与此同时,要注意基准值相同。

(3)必须用较高水位,使坝体、坝基和库盘有较大的变形观测值,以减少观测误差的影响。

7.6.2　反馈分析法

反馈分析法是在综合原型观测资料正分析和反演分析成果的基础上,通过理论分析计算或归纳总结,从中寻找某些规律和信息,及时反馈到设计、施工和运行中去,从而达到优化设计、施工和运行的目的，并补充和完善现行设计和施工规范。因此，反馈分析的内涵十分丰富，它不仅具有重大的科学价值，而且具有重大的社会经济效益，是当前坝工界中的一个综合性新课题，目前尚处于深化和完善阶段。这里介绍反馈大坝的实际安全度和监控指标等方法。

(一)大坝实际安全度的估计方法

大坝实际安全度包括强度和稳定两部分。在水工建筑物中，评价安全度通常用工程力学法，即设计规范法。目前逐步开展用可靠度理论进行复核。下面简述上面的两种方法。

1. 设计规范法

重力坝的强度用材料力学法，拱坝用拱梁荷载分配法。其稳定复核，用上述方法计算应力，然后用刚体极限平衡理论，复核可能滑动面上的抗滑安全系数。土石坝的稳定复核用圆弧或折线滑动法。根据复核的应力(σ)和抗滑稳定安全系数(k)，由规范的允许值($[\sigma]$)，($[k]$)，判别其强度和稳定安全度，即：

$$\left.\begin{array}{l}\sigma \leqslant [\sigma] \\ k \geqslant [k]\end{array}\right\} \tag{7-78}$$

若用有限元法复核时，其应力用高斯积分点的应力，然后按上述思路进行校核。但是由于目前尚无有限元分析的评判标准。因此，其分析成果仅作为参考。

但应注意的一点是，在分析应力及其稳定时，其参数用反演的成果。

2. 可靠度理论

其主要特点是将影响大坝安全度的所有量当做随机变量。在工程中为简化计算，在满足安全度的前提下，将变异性较小(如坝体尺寸等)或影响较小(如浪压力等)的量当做常量。其他看做随机变量，其特征值用下式估计：

$$\bar{X} = \sum_{i=1}^{n} x_i/n, \quad s = \sqrt{\frac{1}{n-1}\sum_{i=1}^{n}(x_i - \bar{x})^2}, \quad v = s/\bar{x} \tag{7-79}$$

式中，$\bar{X}$ 为均值；s 为标准差；v 为变异系数；x_i 为随机变量的子样($i=1,2,\cdots,n$)。

根据坝土理论、大坝等水工建筑物的失事主要归结为强度、稳定和裂缝破坏。因此，其极限状况方程(见图 7-17)为：

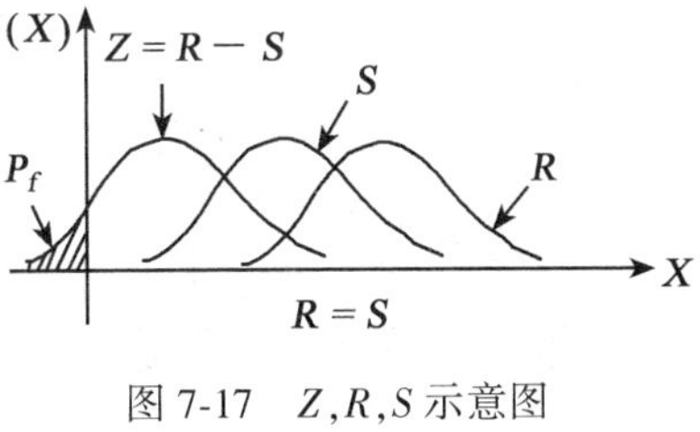

图 7-17　Z,R,S 示意图

$$Z = R - S \tag{7-80}$$

式中，R 为抗力，对强度，R 为坝体或地基材料的极限强度(如抗拉、抗压和抗剪强度)。对稳定：R 为沿坝基面或软弱夹层面上的抗滑力。对抗剪：R 为断裂韧度；S 为荷载效应。对强度、稳定和抗裂分别为极值应力、沿坝基面或软弱夹层面上的滑动力、裂缝尖端的应力强度因子。

应指出的是，计算 R 所用的参数，由现场或室内试验资料，或者由反演的成果，用式 7-79 计算其特征值。计算 S 时，用式(7-79)，并由工程力学进行计算。

用可靠度理论复核大坝等水工建筑物的实际安全度,最终归结为计算各种失事模式的极限状态方式(式 7-80)的可靠指标 β 或失事概率 P_f。目前工程上常用 JC 法来计算 β 或 P_f,其原理可见相关参考文献。其功能函数为:

$$g(x_1^*, x_2^*, \cdots, x_i^*) = 0 \tag{7-81}$$

式中,x_i^* 为 x_i 的设计验算点。

由于在式(7-81)中,x_i^* 和 β 为未知数。因此,需要迭代计算。先设 β_j,求出相应的 x_i^*,若满足式(7-81),则 β_j 即为所求的 β。否则,重新假设 β_{j+1} 直至满足下式:

$$|\beta_{j+1} - \beta_j| / \beta_j \leqslant 5\% \tag{7-82}$$

(二)安全监控指标的拟定

1. 基本原理

安全监控指标是评估和监测大坝等水工建筑物安全的重要指标,是国内外坝工界研究的重要课题。下面介绍安全监控指标拟定的原理和方法。

根据大坝安全准则:

$$R - S \geqslant 0 \tag{7-83}$$

式中,R 为大坝或坝基的抗力;S 为荷载效应。

当 R 采用设计允许值或经长期运行所允许的变化范围值,则满足式(7-83)的荷载组合所产生的效应量(如变形、应力和扬压力等)是警戒值。若 R 为极限值,则满足式(7-83)的荷载组合所产生的效应量是极值。

对地面变形,如滑坡体的失稳,往往无明显的上述力学关系,通常是较长时间的蠕变过程。工程上一般用变形过程线进行判别,见图 7-18。将其过程线分为三个部分:初始蠕变、等常蠕变和加速蠕变。当达到 B 点时,其变形处于临界状态,因此,当其变形 δ 满足下式

$$\delta \leqslant \delta B \tag{7-84}$$

时,地面或滑坡处于相当稳定状态。当

$$\delta > \delta B \tag{7-85}$$

时,地面或滑坡体失稳。

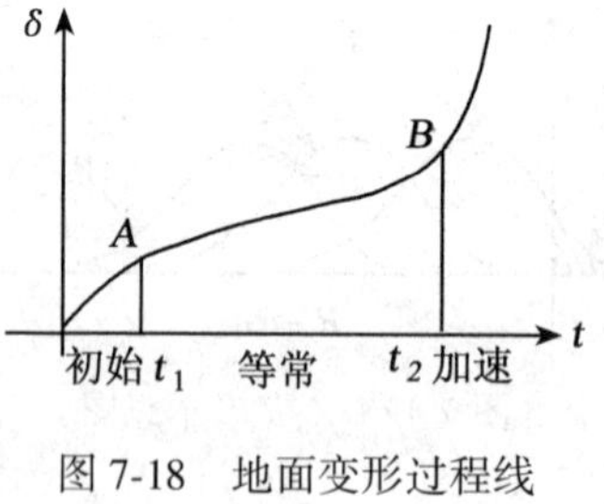

图 7-18　地面变形过程线

2. 估计大坝安全监控指标的方法

拟定监控指标的主要目的是:根据大坝和坝基已经承受的荷载能力,来评估和预测可能发生荷载的承受能力。从而确定不利荷载组合作用下,监测物理量的警戒值和极值。然而,由于有些大坝尚未遭遇最不利荷载,与此同时,其承载能力随时间在变化。因此,估计安全指标是一个相当复杂的问题,需要根据各座大坝的具体情况,用多种方法进行分析论证。下面介绍几种估计监控指标的方法。

(1)量信区间估计法

该法的基本思路是:根据实测资料,建立数学监控模型(如统计模型、确定性模型和混合模型),用这些模型计算的监测效应量 $\hat{Y}$(如变形、应力应变、裂缝开度、渗压和渗流量等)与其相应的实测值 Y 的差值($Y-\hat{Y}$),有 $100(1-\alpha)\%$的概率在量信带($\Delta=\pm is$)范围内,即:

$$Y \leqslant \hat{Y} \pm is \tag{7-86}$$

而且测值无明显的趋势性变化,那么大坝运行是正常的。否则,其测值不正常,要分析其物理成因。如果不是监测系统的问题,则大坝运行异常。

(2)典型监测效应量的小概率法

在实测序列中,根据不同坝型和各座大坝的具体情况,选择不利荷载组合时的监测效应量 y_m(如混凝土坝在高温高水位和低温高水位时的位移)或者数字模型中的各个荷载分量 y_H(如水压分量)。显然 y_m 是随机变量,每年选择一个或两个子样。得到样本:

$$Y=\{y_{m_1},y_{m_2},y_{m_3},\cdots,y_{m_n}\}$$

对上述样本,用小子样统计检验方法(如 A-D 法,K-S 法)进行分布检验和特性值估计。

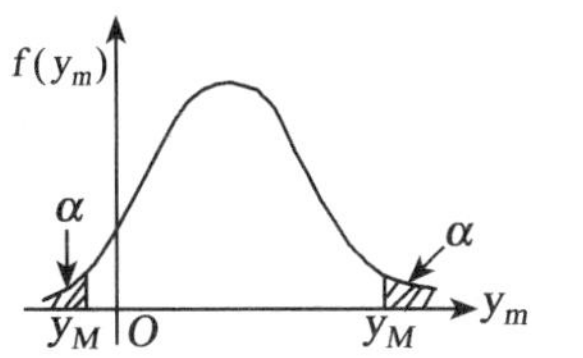

图 7-19　$f(y)$函数

首先,求出上述子样的概率密度函数 $f(y_m)$ 和分布函数 $F(y_m)$,见图 7-19。

$$F(y_m)=\int_{-\infty}^{\infty} f(y_m)\,\mathrm{d}y_m \tag{7-87}$$

对上述函数进行分布检验,一般为正态分布、对数正态分布和极值 I 型分布。然后求出特性值:

$$\bar{y}_m=\frac{1}{n}\sum_{i=1}^{n} y_{m_i} \tag{7-88}$$

$$S_{y_m}=\sqrt{\frac{1}{n-1}\left(\sum_{i=1}^{n} y_{m_i}^2-n\bar{y}_m^2\right)} \tag{7-89}$$

在确定子样的分布后,对监控指标的计算公式为:

$$y_M=F^{-1}(\bar{y}_m,S_{y_m},\alpha) \tag{7-90}$$

根据大坝的实际情况,确定失事概率 α(一般为 5%)。则由式(7-90)求出监控指标 y_M。

当实测值 $y \leqslant y_M$ 时大坝运行正常,否则为异常。

(3)安全系数法

若式(7-90)中,抗力 R 除以完全系数(即允许应力、抗滑力和扬压力等),并计算所采用的参数一阶矩(即均值);S 用最不利荷载组合时的各个荷载的一阶矩(即均值)。则平衡方程为:

$$\bar{R}/K-\bar{S}=0 \quad \text{或} \quad [\bar{R}]-\bar{S}=0 \tag{7-91}$$

用式(7-91)求得最不利荷载组合时的各种荷载,然后将其代入各监测效应量的数学模型(如统计模型、确定性模型和混合模型等)中,求出水压和温度分量,其时效分量可根据时间求出,从而求出各监测效应量的监控指标(y_M)。

(4)一阶矩极限状态法

若式(7-80)中,R 用抗力均值 $\bar{R}$(即极限抗拉强度、抗压强度和抗剪强度等),即平衡方程为:

$$\bar{R} - \bar{S} = 0 \tag{7-92}$$

其他步骤类似于安全系数法求 γ_M。

(5)二阶矩极限状态法

将 R 和 S 都当做随机变量,根据实测资料或试验资料求出概率密度函数 $f(R)$ 和 $f(S)$ 及其特征值($\bar{R}, \bar{S}, \sigma_R, \sigma_S$)。由极限状态方程

$$R - S = 0 \tag{7-93}$$

及失事概率 α,用可靠度理论可求得最不利荷载组合时的各种荷载,然后用监控模型求出监控指标。

3. 评价

(1)如果大坝已经历最不利荷载组合的考验,那么用量信区间估计法、安全系数法确定的指标为警戒值,否则为大坝已经历荷载组合的控制值。同样,用监测效应量的小概率法拟定的指标也为大坝已经历最不利荷载时的极值,否则,只能是现行荷载条件下的极值,一阶矩极限状态法和二阶矩极限状态法确定的指标为极值。

(2)用量信区间估计法监控大坝安全是国内外普遍采用的方法。该法简单,易于掌握,但是必须要有完整的长期观测资料,且精度较高;另外,该法没有联系大坝的力学特性(强度和稳定),物理概念不明确。对其他方法,尤其是安全系数法、一阶矩极限状态法和二阶矩极限状态法既反映了大坝的力学特性,又联系了观测资料,因此当大坝超出监控指标时,可以对其作力学分析,并为此作出物理成因解释。但是,二阶矩极限状态法要有完整的大坝和坝基材料的物理力学参数的试验资料,这在实际工程中是较难做到的。

(3)由于大坝和坝基工作条件十分复杂,因此对重要的工程,应采用多种方法拟定监控指标,并由经验丰富的专家进行审定后才能确定。

思考题 7

1. 由平面有限元的有关公式分析,若弹性模量增加 k 倍,那么所计算的位移将如何变化?
2. 在建立确立性模型时,仅仅用有限元法还不够,为什么要利用实测值进行拟合?
3. 在建立水压分量模型时,如何在有限元法计算中分离坝体、坝基和库盘的水压位移分量?
4. 为什么时效分量 $f_\theta(t)$ 一般采用统计模式而不像其他分量一样由有限元法分析?
5. 什么是反分析? 反分析的基本思路是什么?
6. 反馈分析有何作用?
7. 相对于统计模型,确定性模型有何优点?
8. 混合模型与确立性模型有何异同?

参 考 文 献

[1]吴子安.工程建筑物变形观测数据处理.北京:测绘出版社,1989
[2]陈永奇,吴子安,吴中如.变形监测分析与预报.北京:测绘出版社,1998
[3]陈永奇.变形观测数据处理.北京:测绘出版社,1988
[4]李庆海,陶本藻.概率统计原理和在测量中的应用.北京:测绘出版社,1982
[5]陶本藻.自由网平差与变形分析.北京:测绘出版社,1984
[6]吴中如,沈长松,阮焕祥.水工建筑物安全监控理论及其应用.南京:河海大学出版社,1990
[7]李青岳,陈永奇.工程测量学.北京:测绘出版社,1995
[8]费业泰.误差理论与数据处理.北京:机械工业出版社,1987
[9]徐绍铨,张华海,杨志强,等.GPS 测量原理及应用.武汉:武汉测绘科技大学出版社,1998
[10]黄声享.变形数据分析方法研究及其在精密工程 GPS 自动监测系统中的应用:[学位论文].武汉:武汉大学,2001
[11]尹晖.时空变形分析与预报的理论和方法. 北京:测绘出版社,2002
[12]张华海,李景芝,余学祥,等.GPS 形变监测网的数据处理模型.中国矿业大学学报,2000,29(4):423~427
[13]吴子安.动态变形分析讲座(第四讲).武测科技,1991(4):45~48
[14]邓跃进,王葆元,张正禄.边坡变形分析与预报的模糊人工神经网络方法.武汉测绘科技大学学报,1998,23(1):26~31
[15]刘大杰,于正林,陶本藻.形变测量数据的动态处理方法.地壳形变与地震,1991(增刊):51~62
[16]王耀南.计算智能信息处理技术及其应用.长沙:湖南大学出版社,1999
[17]徐国祥.统计预测和决策.上海:复旦大学出版社,1994
[18]杨叔子,吴雅,等.时间序列的工程应用.武汉:华中理工大学出版社,1991
[19]邓聚龙.灰色预测和决策.武汉:华中理工大学出版社,1986
[20]傅立.灰色系统理论及其应用.北京:科学技术文献出版社,1992
[21]张启锐.实用回归分析.北京:地质出版社,1988
[22]徐进军,余明辉,郑炎兵. 地面三维激光扫描仪应用综述. 工程勘察,2008
[23]陈德豪. 时序分析在危岩体监测数据处理中的应用. 武汉测绘科技大学学报,1994(3)
[24]陈德豪. 序列性形变观测资料的数据处理. 武汉测绘科技大学硕士论文,1992
[25]张年学,盛祝平. 云阳—奉节段长江顺层岸坡稳定性的多元线性回归方程预测. 自然边坡稳定性分析暨华蓥山边坡变形研讨会,北京:地震出版社,1992